“十二五”普通高等教育本科国家级规划教材

无机元素化学学习指导

（第二版）

朱亚先　林丽榕　刘新锦　编

科学出版社

北京

内 容 简 介

本书为《无机元素化学(第三版)》(刘新锦,科学出版社,2021)配套使用的学习指导与习题解答,是"十二五"普通高等教育本科国家级规划教材。全书共17章,其中重点章节内容按学习要点、重要内容、重要化学方程式、习题解答四部分进行编写,还编写了章节测试题、主族元素测试题、副族元素测试题各一套及其参考答案。

本书可作为高等学校化学类各专业的无机化学和普通化学课程的辅助教材,也可供其他相关专业的教师和学生参考。

图书在版编目(CIP)数据

无机元素化学学习指导/朱亚先,林丽榕,刘新锦编. —2版. —北京:科学出版社,2021.12

"十二五"普通高等教育本科国家级规划教材

ISBN 978-7-03-070508-2

Ⅰ.①无… Ⅱ.①朱… ②林… ③刘… Ⅲ.①无机化学-高等学校-教学参考资料 Ⅳ.①O61

中国版本图书馆CIP数据核字(2021)第224685号

责任编辑:丁 里 / 责任校对:严 娜

责任印制:赵 博 / 封面设计:迷底书装

科学出版社出版

北京东黄城根北街16号

邮政编码:100717

http://www.sciencep.com

天津市新科印刷有限公司印刷

科学出版社发行 各地新华书店经销

*

2011年 3 月第 一 版 开本:787×1092 1/16

2021年12月第 二 版 印张:13

2024年12月第十次印刷 字数:307 000

定价:49.00元

第二版前言

2021年4月，“十二五”普通高等教育本科国家级规划教材、国家精品课程配套教材《无机元素化学(第三版)》出版了。为了适应读者学习《无机元素化学(第三版)》的需要，编者在《无机元素化学学习指导》的基础上修改了以下内容：

(1) 重新梳理了每章的学习要点，指导读者进一步明确章节要求。

(2) 再次整理了每章的重要内容，指导读者更好地将元素与化合物的结构、性质和应用系统化，并将元素化学知识与原理相结合。

(3) 增加了章节测试题，帮助读者巩固每章的基础知识与重点内容。

(4) 增加了第17章“超分子化学”的思考题解答，帮助读者学习超分子化学的相关内容。

本书的编写工作由《无机元素化学(第三版)》主编刘新锦指导，朱亚先与林丽榕共同完成。朱亚先主要负责编写第1～4、7、8、15、16章，林丽榕主要负责编写5、6、9～14、17章，两人共同编写章节测试题、主族元素测试题和副族元素测试题。

由于编者水平有限，书中不妥和疏漏之处在所难免，恳请专家与广大读者批评指正。

编　者

2021年10月

第一版前言

“十二五”普通高等教育本科国家级规划教材《无机元素化学(第二版)》(刘新锦、朱亚先、高飞,科学出版社,2010)出版后,得到不少兄弟院校的关注,一些读者希望出版一本配套的学习指导。为了方便读者学习,编者编写了本书作为《无机元素化学(第二版)》的配套参考书。

本书的章节顺序与《无机元素化学(第二版)》一致,对于重点章节内容按以下几方面编写,希望对读者学习元素及化合物性质有所帮助。

(1) 学习要点:列出每章元素、化合物性质的学习要点,指导读者掌握元素及化合物的基本内容、基本性质。

(2) 重要内容:将部分元素、化合物性质规律,重要分子的结构进行总结归纳,以利于读者将纷乱繁杂的物质的性质与结构知识、原理相结合。

(3) 重要化学方程式:在多年的教学中,我们感到初学者总是不知道哪些化学方程式是最基本、最重要的,因此列出每章元素及化合物的主要化学方程式,希望能给读者以帮助。

(4) 习题解答:对《无机元素化学(第二版)》的习题进行解答,在解答中尽量给出完整的思路和详细步骤,使读者通过习题加深对无机元素化学的理解。

学习指导书是一把双刃剑,它可以帮助学生学习、巩固、归纳、总结知识,是对课堂教学的一种补充,是强化基础知识的助手。但是如果有的学生贪图方便,从习题解答上抄来答案应付作业,那就自欺欺人、本末倒置了。

本书是在《无机元素化学(第二版)》主编刘新锦教授指导下编写完成的,朱亚先负责编写第1～4、7、8、15、16章,林丽榕负责编写第5、6、9～14章。黄荣彬教授、章慧教授和教学课程组其他教师为本书的编写做了很多有意义的工作,谨此致谢。参加无机化学课程的研究生教学助理做了部分文字录入、修改等工作,在此一并表示感谢。

由于编者水平有限,本书不妥和疏漏之处在所难免,恳请使用本书的教师和学生批评指正。

编　者

2010年11月

目　　录

第1章　碱金属和碱土金属

一、学习要点

（1）碱金属、碱土金属的价电子构型与金属物理性质、化学性质的关系。

（2）碱金属、碱土金属氧化物、氢氧化物碱性变化规律；ROH 规则及应用。

（3）碱金属、碱土金属氢化物、氧化物、过氧化物、超氧化物的生成和重要性质。

（4）碱金属、碱土金属盐类的通性、溶解特点、热稳定性变化规律（主要是硝酸盐和碳酸盐）。

（5）碱金属、碱土金属单质的制备，特别是钠、钾的制备。

（6）碱金属、碱土金属重要盐类制备，特别是用重晶石制备各类钡盐。

（7）锂、铍的特殊性。

二、重要内容

1. ROH 规则

任何碱和含氧酸都可表示为 R—O—H 的结构（R 代表 M^{n+}）。以 ROH 为例，分子中存在 R—O 及 O—H 两种极性键，ROH 在水中有以下两种电离方式：

$$ROH \longrightarrow R^+ + OH^- \qquad 碱式电离$$

$$ROH \longrightarrow RO^- + H^+ \qquad 酸式电离$$

ROH 按碱式还是按酸式电离，与阳离子的极化作用有关。阳离子的电荷越高，半径越小，则这种阳离子的极化作用越大。卡特雷奇（Cartledge）曾经把这两种因素结合在一起考虑，提出“离子势”的概念，用离子势 $\phi = Z/r$（Z 为电荷数；r 为离子半径，单位为 pm）表示阳离子的极化能力。ϕ 值越大，R^+ 的静电场越强，对氧原子上的电子云的吸引力就越强，其共用电子对强烈地偏向氧原子，在水分子的作用下，按酸式电离的趋势就越大。相反，ϕ 值越小，对氧原子上的电子云的吸引力就越弱，在水分子的作用下，ROH 按碱式电离的趋势就越大。

根据 ROH 规则，可定性判断主族元素同周期氧化物以及氧化物对应的水化物从左到右酸性增强，碱性减弱；同主族氧化物以及氧化物对应的水化物从上到下酸性减弱，碱性增强。

有人提出用 $\sqrt{\phi}$ 作为定量判断 $M(OH)_n$ 酸碱性的经验值（仅适用于 8 电子构型的 M^{n+}）。

$\sqrt{\phi} < 0.22$　　　　氢氧化物呈碱性

$0.22 < \sqrt{\phi} < 0.32$　　氢氧化物呈两性

$\sqrt{\phi} > 0.32$　　氢氧化物呈酸性

不过，$\phi = Z/r$ 是从事实经验导出的，它不能符合所有事实。也有人用 Z/r^2 或 Z^2/r 等其他函数式来表征离子的极化能力，以符合另一些事实。不论其表示方法如何，都说明离子的电荷半径比是决定离子极化程度大小的主要因素。

2. 常用的离子型盐类溶解度判断方法

水合能、晶格能比较

以 ⅠA 族无水卤化物溶解为例，$\Delta G_s^\ominus$ 为离子型盐类溶解过程的标准自由能变。

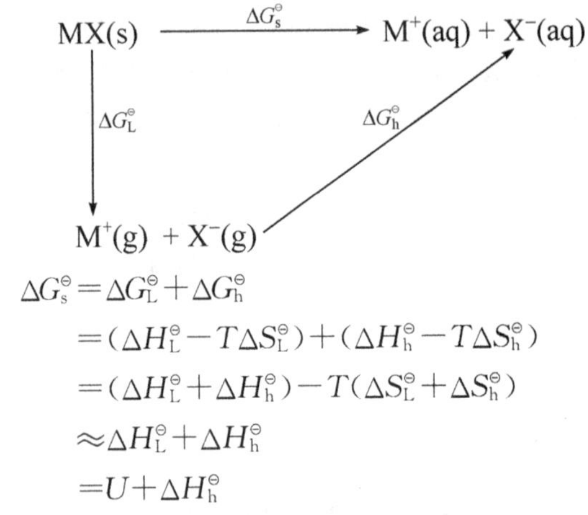

$$\begin{aligned}\Delta G_s^\ominus &= \Delta G_L^\ominus + \Delta G_h^\ominus \\ &= (\Delta H_L^\ominus - T\Delta S_L^\ominus) + (\Delta H_h^\ominus - T\Delta S_h^\ominus) \\ &= (\Delta H_L^\ominus + \Delta H_h^\ominus) - T(\Delta S_L^\ominus + \Delta S_h^\ominus) \\ &\approx \Delta H_L^\ominus + \Delta H_h^\ominus \\ &= U + \Delta H_h^\ominus\end{aligned}$$

离子型盐类在水中溶解的难易程度粗略地用晶格能和水合能（总的）的相对大小来判断。若水合能大于晶格能，其盐类可以溶解或溶解度较大；反之，则难溶。

巴索洛经验规则

在缺乏有关数据的前提下，可用巴索洛经验规则粗略判断：当阴、阳离子电荷的绝对值相同而它们的半径相近时，生成的盐类一般难溶于水。即当大阳离子配大阴离子、小阳离子配小阴离子时，该盐难溶于水；当大阳离子配小阴离子，相反小阳离子配大阴离子，它们之间半径大小严重不匹配（结构不稳定），该盐易溶于水。例如，LiF 和 CsI，前者是小与小配，后者是大与大配，说明它们匹配得好，难溶于水；而 LiI、CsF 的阴、阳离子半径相差很远，大小严重不匹配，能溶于水。

3. 对角线规则

第二周期元素 Li、Be、B 和第三周期处于对角位置的元素 Mg、Al、Si 性质相似，它们的相似性都符合对角线规则。

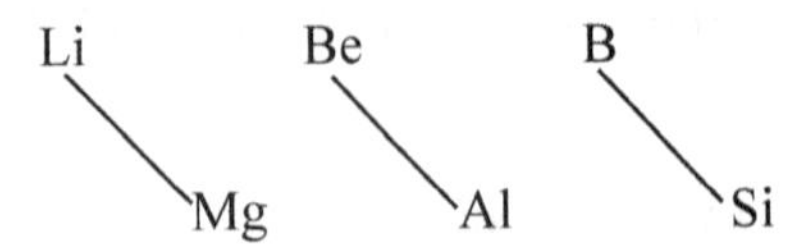

锂和镁的相似性

(1) 锂、镁在氧气中燃烧，均生成氧化物(Li_2O 和 MgO)，不生成过氧化物。

(2) 锂、镁在加热时直接与氮气反应生成氮化物(Li_3N 和 Mg_3N_2)。

(3) 锂、镁的氟化物(LiF、MgF_2)、碳酸盐(Li_2CO_3、$MgCO_3$)、磷酸盐[Li_3PO_4、$Mg_3(PO_4)_2$]均难(或微)溶于水。

(4) 水合锂、镁氯化物晶体受热发生水解，产物分别为 LiOH 和 HCl 及Mg(OH)Cl或 MgO、HCl 和 H_2O。

(5) ⅠA 族元素中只有锂能直接与碳化合生成 Li_2C_2，镁与碳化合生成 Mg_2C_3 [$(C{=}C{=}C)^{4-}$]。

(6) 锂、镁的氯化物均溶于有机溶剂中，表现出它们的共价特性。

铍和铝的相似性

(1) 铍和铝均为两性金属，标准电极电势相近，既溶于酸，又溶于碱。

(2) 氧化物和氢氧化物均为两性。

(3) 卤化物具有一定的共价性，无水氯化物 $BeCl_2$、$AlCl_3$ 为共价化合物，易生成二聚体(气态下)，易升华，溶于乙醇、乙醚等有机溶剂中。

(4) 铍、铝和冷硝酸接触表面易钝化。

(5) 盐都水解，且高价阴离子的盐难溶。

硼和硅的相似性

(1) 两者在单质状态都有一定的金属性。

(2) 自然界中多以氧化物形式存在，B—O、Si—O 十分稳定。

(3) 氢化物多种多样，是共价型化合物。

(4) 卤化物是路易斯(Lewis)酸，彻底水解。

(5) 氧化物及其水化物是弱酸。

三、重要化学方程式

$$2Li(熔化) + H_2 \xlongequal{973\sim1073K} 2LiH$$

$$4LiH + AlCl_3(无水) \xlongequal{在乙醚中} LiAlH_4 + 3LiCl$$

$$CaH_2(s) + 2H_2O(g) \xlongequal{\quad} Ca(OH)_2(s) + 2H_2(g)$$

$$M_1 + (x+y)NH_3 \xlongequal{NH_3(l)} M_1(NH_3)_y^+ + e(NH_3)_x^-(蓝色)$$

$$M_2 + (2x+y)NH_3 \xlongequal{NH_3(l)} M_2(NH_3)_y^{2+} + 2e(NH_3)_x^-(蓝色)$$

$$2M + 2NH_3 \xlongequal{\quad} 2MNH_2 + H_2\uparrow \qquad (M = Na、K、Rb、Cs)$$

$$6Li + N_2 \xlongequal{\quad} 2Li_3N$$

$$3Mg + N_2 \xlongequal{\quad} Mg_3N_2$$

$2Na + Na_2O_2 \xlongequal{} 2Na_2O$

$2Na(\text{熔融}) + O_2 \xlongequal{} Na_2O_2$

$CaCl_2 + H_2O_2 + 2NH_3 \cdot H_2O + 6H_2O \xlongequal{} CaO_2 \cdot 8H_2O + 2NH_4Cl$

$2SrO + O_2(2\times10^7 Pa) \xlongequal{\triangle} 2SrO_2$

$M + O_2 \xlongequal{\triangle} MO_2$　　(M=K、Rb、Cs)

$2MO_2 + 2H_2O \xlongequal{} H_2O_2 + O_2\uparrow + 2MOH$　　(M=K、Rb、Cs)

$4MO_2 + 2CO_2 \xlongequal{} 2M_2CO_3 + 3O_2\uparrow$　　(M=K、Rb、Cs)

$3MOH + 2O_3 \xlongequal{} 2MO_3 + MOH \cdot H_2O + 1/2O_2\uparrow$　　(M=K、Rb、Cs)

$M + O_3 \xlongequal{NH_3(l)} MO_3$　　(M=K、Rb、Cs)

$4MO_3 + 2H_2O \xlongequal{} 4MOH + 5O_2\uparrow$

$2MNO_3 + 10M \xlongequal{} 6M_2O + N_2\uparrow$　　(M=K、Rb、Cs)

$4LiNO_3 \xlongequal{993K} 2Li_2O + 2N_2O_4 + O_2\uparrow$

$2NaNO_3 \xlongequal{1003K} 2NaNO_2 + O_2\uparrow$

$2KNO_3 \xlongequal{943K} 2KNO_2 + O_2\uparrow$

$LiCl \cdot H_2O \xlongequal{\triangle} LiOH + HCl\uparrow$

$BeCl_2 \cdot 4H_2O \xlongequal{\triangle} BeO + 2HCl\uparrow + 3H_2O$

$MgCl_2 \cdot 6H_2O \xlongequal{>398K} Mg(OH)Cl + HCl\uparrow + 5H_2O$

$Mg(OH)Cl \xlongequal{\sim873K} MgO + HCl\uparrow$

$M_2CO_3(s) \xlongequal{\triangle} M_2O(s) + CO_2(g)$　　(M=碱金属)

$2MHCO_3(s) \xlongequal{\triangle} M_2CO_3(s) + CO_2(g) + H_2O(g)$　　(M=碱金属)

$MCO_3(s) \xlongequal{\triangle} MO(s) + CO_2(g)$　　(M=碱土金属)

$2NaCl(l) \xlongequal{\text{电解}} 2Na(l) + Cl_2(g)$

$Na(g) + KCl(l) \xlongequal{} NaCl(l) + K(g)$

$Na(g) + MCl(l) \xlongequal{\triangle} NaCl(l) + M(g)$　　(M=Rb、Cs)

$2CsCl(g) + CaC_2(s) \xlongequal{1600K} CaCl_2(l) + 2C(s) + 2Cs(g)$

$3SrO + 2Al \xlongequal{} Al_2O_3 + 3Sr$

$3BaO + 2Al \xlongequal{} Al_2O_3 + 3Ba$

四、习题解答

1. 试说明为什么 Be^{2+}、Mg^{2+}、Ca^{2+}、Sr^{2+}、Ba^{2+} 的水合能依次减弱。

答　从 Be^{2+} 至 Ba^{2+}，电荷相同，Be^{2+} 为 2 电子构型，其他为 8 电子构型，且离子半径依次增大，与水中氧原子结合的倾向越来越弱，水合离子越来越不稳定，所以水合能依次减弱。

2. 某酸性 $BaCl_2$ 溶液中含少量 $FeCl_3$ 杂质。用 $Ba(OH)_2$ 或 $BaCO_3$ 调节溶液的 pH，均可把 Fe^{3+} 沉淀为 $Fe(OH)_3$ 而除去。为什么？利用平衡移动原理进行讨论。

答　在溶液中存在如下平衡：

$$Fe^{3+} + 3H_2O \longrightarrow Fe(OH)_3\downarrow + 3H^+$$

加入 $Ba(OH)_2$ 或 $BaCO_3$，会发生下列反应：

$$H^+ + OH^- \longrightarrow H_2O$$

$$2H^+ + CO_3^{2-} \longrightarrow CO_2 + H_2O$$

H^+ 不断被消耗，促使 Fe^{3+} 以 $Fe(OH)_3$ 沉淀的形式离开溶液体系。

同时，要使杂质 Fe^{3+} 沉淀为 $Fe(OH)_3$，即要求溶液中$[Fe^{3+}]<10^{-6}mol\cdot L^{-1}$：

$$[Fe^{3+}]\times[OH^-]^3 = K^{\ominus}_{sp,Fe(OH)_3} = 4\times10^{-38}$$

$$[OH^-] = 3.4\times10^{-11}mol\cdot L^{-1}$$

$$pH = 3.5$$

即当溶液的 pH=3.5 时，可以除去 Fe^{3+}。

$K^{\ominus}_{sp,Ba(OH)_2} = 2.55\times10^{-4}$，在 pH=3.5 的情况下，不会产生 $Ba(OH)_2$ 沉淀。

因此，利用 $Ba(OH)_2$ 或 $BaCO_3$ 调节溶液的 pH=3.5，均可除去 Fe^{3+}。

3. 试解释为什么碱金属的液氨溶液：(1)有高的导电性，(2)是顺磁性的，(3)稀溶液呈蓝色。

答　(1) 产生了可以自由移动的氨合电子和阳离子。

(2) 电子在 4 或 6 个 NH_3 分子聚合在一起形成的空穴中，未成对。

(3) 蓝色是氨合电子跃迁导致的。

4. Rb_2SO_4 的晶格能是 $1729kJ\cdot mol^{-1}$，溶解热是 $-24kJ\cdot mol^{-1}$，利用这些数据求 SO_4^{2-} 的水合能(已知 Rb^+ 的水合能为 $-289.5kJ\cdot mol^{-1}$)。

解　由题画出下列循环：

$$Rb_2SO_4(s) \xrightarrow{\Delta H} 2Rb^+(aq) + SO_4^{2-}(aq)$$

$$Rb_2SO_4(s) \xrightarrow{U} 2Rb^+(g) + SO_4^{2-}(g) \xrightarrow{\Delta H_h} 2Rb^+(aq) + SO_4^{2-}(aq)$$

$$\Delta H = U + 2\Delta H_h(Rb^+) + \Delta H_h(SO_4^{2-})$$

$$-24 = 1729 + 2\times(-289.5) + \Delta H_h(SO_4^{2-})$$

$$\Delta H_h(SO_4^{2-}) = -1174kJ\cdot mol^{-1}$$

5. 根据下图，可以由重晶石($BaSO_4$)作为原料，制造金属钡及一些钡的化合物。试回答下列问题：

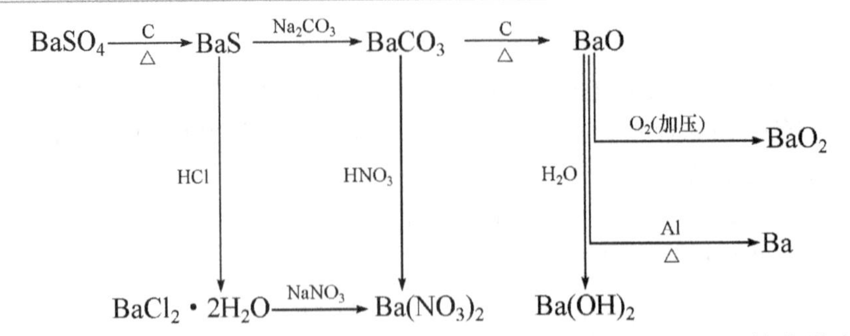

(1) 现拟从重晶石制备 $BaCl_2 \cdot 2H_2O$。应该采用哪些步骤？写出其化学方程式，并说明完成反应的理由。

(2) 为何不能用 BaS 与硝酸作用直接制备 $Ba(NO_3)_2$？

(3) 为何工业上不采用 $BaCO_3$ 直接加热分解方法制备 BaO？

答 (1)

$$BaSO_4 + 2C \xlongequal{600\sim800℃} BaS + 2CO_2\uparrow$$

C 作为还原剂还原 $BaSO_4$，在较低温度下自身生成 CO_2。

$$BaS + 2HCl + 2H_2O \xlongequal{\quad} BaCl_2 \cdot 2H_2O + H_2S\uparrow$$

BaS 遇强酸作用，生成水合盐与 H_2S 气体，气体离开反应体系，促使反应完全。

(2) 因为 BaS 中硫有还原性，硝酸有氧化性，发生氧化还原反应，生成硫和氮氧化物，不仅多耗硝酸浪费试剂，而且污染环境。

(3) Ba^{2+} 半径大，极化作用小，$BaCO_3$ 分解温度高，直接加热将耗费能源，成本高，用 C 还原降低反应温度，节约成本。

6. 利用下列数据计算 KF 和 KI 的晶格能(单位：$kJ \cdot mol^{-1}$)。

物 质	$K^+(g)$	$F^-(g)$	$I^-(g)$	物 质	KF	KI
水合能/($kJ \cdot mol^{-1}$)	−360.2	−486.2	−268.6	溶解热/($kJ \cdot mol^{-1}$)	−17.6	20.5

由计算结果再联系有关理论加以讨论。

解 依题意画出下列循环：

$K^+(g)$ + $F^-(g)$ —($-U_{KF}$)→ KF(s)

$K^+(g)$ ↓ ΔH_{h_1}　　$F^-(g)$ ↓ ΔH_{h_2}　　$K^+(aq) + F^-(aq)$ —($-\Delta H_s$)→ KF(s)

$K^+(aq)$ + $F^-(aq)$

$$-U_{KF} = \Delta H_{h_1} + \Delta H_{h_2} - \Delta H_s$$

$$U_{KF} = 828.8kJ \cdot mol^{-1}$$

同理得

$$U_{KI} = 649.3kJ \cdot mol^{-1}$$

理论上：$U \propto (Z^+Z^-)/d$，F^- 半径小，所以 KF 的 U 大，与计算相同。

7. 讨论 Li^+、Na^+、K^+、Rb^+、Cs^+ 系列在水溶液的迁移率大小顺序。若在熔融盐中，是否具有相同的顺序？

答 迁移率顺序为 $Li^+ < Na^+ < K^+ < Rb^+ < Cs^+$。

由于离子在水溶液中是充分水合的，水合作用大小与离子电荷、半径和电子层构型有关，Li^+ 的半径最小且为 2 电子构型，有效核电荷人，电场强度就大，可吸引的水分了数多。由于 Li^+ 的水合半径最大，Li^+ 周围携带了较多的水分子，行动最为缓慢，因此迁移率最小。

由于熔融盐不水合，因此迁移率顺序为 $Li^+ > Na^+ > K^+ > Rb^+ > Cs^+$。

8. Na_2O_2 可作为潜水密闭舱中的供氧剂，这是根据它的什么特点？写出有关反应式。

答 根据 Na_2O_2 和 CO_2 反应放出氧气：

$$2Na_2O_2 + 2CO_2 = 2Na_2CO_3 + O_2 \uparrow$$

9. 写出 M_2O、M_2O_2、MO_2 与水反应的方程式，并加以比较。

答

$$M_2O + H_2O = 2MOH$$

$$2M_2O_2 + 2H_2O = 4MOH + O_2 \uparrow$$

$$2MO_2 + 2H_2O = 2MOH + H_2O_2 + O_2 \uparrow$$

M_2O_2、MO_2 与水反应发生氧化还原反应，有氧气放出；M_2O 没有该现象。

10. 如何用离子势概念说明碱金属、碱土金属氢氧化物的碱性随 M^+、M^{2+} 半径的增大而增强？

答 根据 ROH 规则，氢氧化物的强弱通常用 M^{n+} 离子势（$\phi = Z/r$）做定性判断。

对于 MOH 或 $M(OH)_2$，因为 Z 保持不变，故其离子势 ϕ 随着 M^+、M^{2+} 半径的增大而减小，因此 M^+ 或 M^{2+} 的静电场减弱，对氧原子的极化能力减弱，MOH 或 $M(OH)_2$ 按碱式电离的趋势增大，因而其碱性随着离子半径的增大而增强。

11. 如何证明碱金属氢化物中的氢是带负电的组分？预测 CaH_2、LiH 与水反应的产物。

答 碱金属氢化物与水反应放出 H_2，证明氢是带负电的组分。

$$CaH_2 + 2H_2O = Ca(OH)_2 + 2H_2 \uparrow$$

$$LiH + H_2O = LiOH + H_2 \uparrow$$

12. 什么叫对角线规则？引起 Li-Mg、Be-Al、B-Si 三对元素性质上相似的原因是什么？

答 第二周期元素 Li、Be、B 的性质和第三周期处于对角线位置的元素 Mg、Al、Si 的性质相似，即对角线规则。

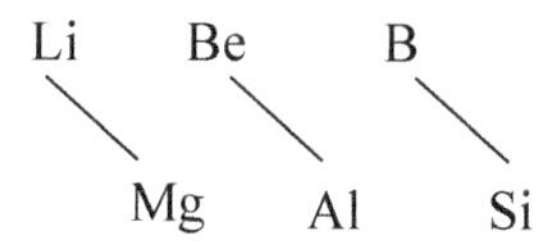

引起 Li-Mg、Be-Al、B-Si 三对元素性质上相似的原因是它们具有相似的离子势 $\phi = Z/r$。

13. 下列每对化合物中，哪一个在水中的溶解度可能更大？

(1) $SrSO_4$ 与 $MgSO_4$　　(2) NaF 与 $NaBF_4$

答　根据巴索洛经验规则：当阴、阳离子电荷绝对值相同时，阴、阳离子半径相近时生成的盐类溶解度小，所以(1) $SrSO_4 < MgSO_4$；(2) $NaF < NaBF_4$。

14. 试从热力学观点定性说明：为什么碱土金属碳酸盐随着金属元素原子序数的增加，分解温度升高。

答　碱土金属碳酸盐的热分解：

$$MCO_3(s) = MO(s) + CO_2(g)$$

根据热力学原理，分解温度 $T = \Delta H / \Delta S$。反应的焓变与 MCO_3 和 MO 的晶格能相对大小有关，U 与正、负离子之间的平衡距离 $d(r^+ + r^-)$ 成反比，而随着 M 原子序数的增加，MCO_3 和 MO 晶格能的差值也随之增大，因而热分解反应 ΔH 递增；在反应过程中生成气体，是一个熵增的反应，但是热分解反应 ΔS 变化不大，因此分解温度升高。

15. 求 $MgCO_3$ 与 NH_4Cl 水溶液反应的 K 值，由此说明 $MgCO_3$ 能否溶于 NH_4Cl 溶液。

解　$MgCO_3 + NH_4^+ + H_2O = Mg^{2+} + HCO_3^- + NH_3 \cdot H_2O$

$$K = \frac{[Mg^{2+}][HCO_3^-][NH_3 \cdot H_2O]}{[NH_4^+]}$$

$$= \frac{[Mg^{2+}][CO_3^{2-}][HCO_3^-][NH_3 \cdot H_2O][OH^-][H^+]}{[NH_4^+][OH^-][CO_3^{2-}][H^+]}$$

$$= \frac{K^{\ominus}_{sp,MgCO_3} \cdot K^{\ominus}_w}{K^{\ominus}_{a_2} \cdot K^{\ominus}_b}$$

$$= \frac{6.82 \times 10^{-6} \times 10^{-14}}{4.69 \times 10^{-11} \times 1.75 \times 10^{-5}}$$

$$= 8.26 \times 10^{-5}$$

从 K 值看，反应的倾向不大，说明 $MgCO_3$ 较难溶于 NH_4Cl 溶液。

16. 解释下列事实：

(1) 尽管锂的电离能比铯大，但 $E^{\ominus}_{Li^+/Li}$ 却比 $E^{\ominus}_{Cs^+/Cs}$ 小。

(2) LiCl 能溶于有机溶剂，而 NaCl 则不溶。

(3) 为什么 Li^+ 与 Cs^+ 相比，前者在水中有低的迁移率和低的电导性？这与 Li 的半径特别小是否矛盾？

(4) 电解熔融的 NaCl 为什么常加入 $CaCl_2$？试从热力学观点出发加以解释。

(5) 在 +1 价碱金属阳离子中 Li^+ 有最大的水合能。

(6) CsI_3 的稳定性高于 NaI_3。

(7) 碱土金属熔点比相应碱金属高，硬度大。

(8) 当悬浮于水中的草酸钙溶液中加入 EDTA 的钠盐时，草酸钙便发生溶解。

答　(1) 因为锂离子半径极小，有效核电荷大，对电子的吸引力大，电子不易失去，即电离能大。但是电极电势衡量的是 $Li(s) \longrightarrow Li^+(aq)$ 这个过程，包含升华热、电离能、水合热。由于 Li^+ 半径最小,水合能力比 Cs^+ 强,水合热比 Cs^+ 大,部分抵消了 Li 金属的升华热和第一电离能,整个过程 ΔH 值变化在碱金属中是最负的,从而导致 ΔG 较负,因此 $E^{\ominus}_{Li^+/Li}$ 比 $E^{\ominus}_{Cs^+/Cs}$ 小。

(2) Li^+ 半径极小,而且电子构型为 2 电子型,极化能力在碱金属离子中最大,具有较强的形成共价键的倾向,因此 LiCl 表现出一定的共价特性,能溶于有机溶剂。而 NaCl 是典型的离子型化合物,因而不溶于有机溶剂。

(3) 因为 Li^+ 的半径最小且为 2 电子构型,有效核电荷大,电场强度就大,可吸引的水分子数多,使 Li^+ 周围携带了较多的水分子,水合半径较大,行动最为缓慢,所以有低的迁移率和低的电导性。这与 Li 的半径特别小不矛盾。

(4) 加入 $CaCl_2$ 可以降低熔点;40%NaCl 和 60%$CaCl_2$ 混合具有最低共熔点。

(5) Li^+ 的半径最小且为 2 电子构型,有效核电荷大,电场强度就大,可吸引的水分子能力强,所以有最大的水合能。

(6) I_3^- 属于大阴离子,$r_{Na^+}=102pm$,$r_{Cs^+}=167pm$。因此,按照巴索洛经验规则,CsI_3 匹配性较好,稳定性高于 NaI_3。

(7) 碱土金属有两个价电子,与同周期的碱金属相比,它们的原子半径较小,所形成的金属键比碱金属强得多,因此碱土金属熔点比相应碱金属高,硬度大。

(8) Ca^{2+} 与 EDTA 形成稳定的螯合物,可促使草酸钙电离平衡向电离方向移动,导致草酸钙溶解。

17. 用最简便的方法鉴别下列各组物质:

(1) LiCl 与 NaCl

(2) CaH_2 与 $CaCl_2$

(3) NaOH 与 $Ba(OH)_2$

(4) $CaCO_3$ 与 $Ca(HSO_3)_2$

(5) $NaNO_3$ 与 $Na_2S_2O_3$

(6) Li_2CO_3 与 CsCl

(7) $BaSO_4$ 与 $BeSO_4$

(8) $CaCO_3$ 与 $Ca(HCO_3)_2$

答 (1) 加入 K_2CO_3 溶液,有沉淀的是 LiCl。

(2) 溶于 H_2O,有 H_2 放出的是 CaH_2。

(3) 加入稀硫酸 H_2SO_4,有沉淀的是 $Ba(OH)_2$。

(4) 溶于水,难溶的是 $CaCO_3$。

(5) 加入稀 HCl,有乳黄色或乳白色浑浊且有气体产生的是 $Na_2S_2O_3$。

(6) 溶于水,难溶的是 Li_2CO_3。

(7) 溶于水,难溶的是 $BaSO_4$。

(8) 溶于水,难溶的是 $CaCO_3$。

18. 完成并配平下列反应方程式:

(1) $Li+N_2 \xrightarrow{\triangle}$

(2) $KO_2+CO_2 \longrightarrow$

(3) $Be(OH)_2+OH^- \longrightarrow$

(4) $Mg_3N_2+H_2O \longrightarrow$

(5) $Mg+N_2 \longrightarrow$

(6) $CaC_2+H_2O \longrightarrow$

(7) $MgCl_2 \cdot 6H_2O \xrightarrow{\triangle}$

(8) $BeSO_4+(NH_4)_2CO_3 \longrightarrow$

(9) $KO_2+H_2O \longrightarrow$

(10) $KO_3+H_2O \longrightarrow$

答 (1) $6Li+N_2 \xlongequal{\triangle} 2Li_3N$

(2) $4KO_2+2CO_2 \xlongequal{} 2K_2CO_3+3O_2$

(3) $Be(OH)_2+2OH^- \xlongequal{} Be(OH)_4^{2-}$

(4) $Mg_3N_2+6H_2O \xlongequal{} 3Mg(OH)_2\downarrow+2NH_3\uparrow$

(5) $3Mg+N_2 \xlongequal{} Mg_3N_2$

(6) $CaC_2+2H_2O \xlongequal{} Ca(OH)_2+C_2H_2\uparrow$

(7) $MgCl_2 \cdot 6H_2O \xlongequal{\triangle} Mg(OH)Cl+HCl\uparrow+5H_2O(>398K)$

$Mg(OH)Cl \xlongequal{} MgO+HCl\uparrow(>873K)$

(8) $2BeSO_4+(NH_4)_2CO_3+2H_2O \xlongequal{} Be_2(OH)_2CO_3\downarrow+2NH_4HSO_4$

(9) $2KO_2+2H_2O \xlongequal{} H_2O_2+2KOH+O_2\uparrow$

(10) $4KO_3+2H_2O \xlongequal{} 4KOH+5O_2\uparrow$

19. 解释下列现象：

(1) $BaCO_3$ 能溶于 HAc，而 $BaSO_4$ 则不能溶于 HAc，但能溶于浓 H_2SO_4。

(2) $Mg(OH)_2$ 难溶于水，能溶于 NH_4Cl 溶液，但不能溶于 NaCl 溶液。

(3) LiF 在水中的溶解度比 AgF 小，而 LiI 在水中的溶解度比 AgI 大。

答 (1) 酸性：$H_2SO_4>HAc>H_2CO_3$。HAc 能与 $BaCO_3$ 反应放出 CO_2 气体，有利于反应进行，因此 $BaCO_3$ 能溶于 HAc，而 $BaSO_4$ 则不能溶于 HAc。$BaSO_4+H_2SO_4 \xlongequal{} Ba(HSO_4)_2$，产物溶解度较大，因而能溶解。

(2) $Mg(OH)_2$ 的 $K_{sp}^{\ominus}$ 较小，因此难溶于水。

NH_4Cl 溶液水解显酸性，H^+ 能和碱性的 $Mg(OH)_2$ 反应，致使 $Mg(OH)_2$ 溶解。

NaCl 溶液呈中性，不能溶解 $Mg(OH)_2$。

(3) $r_{F^-}=133pm$，$r_{I^-}=220pm$，$r_{Li^+}=76pm$，$r_{Ag^+}=115pm$。

Li^+ 半径很小，极化作用强，因此 LiF 具有一定的共价成分，而 AgF 为离子型化合物，因此溶解度较大；AgI 为共价型化合物，而 LiI 离子半径差别较大，根据巴索洛经验规则溶解度较大。

20. 某厂的回收溶液中含 SO_4^{2-} 的浓度为 $6.6\times10^{-4}mol \cdot L^{-1}$，在 4.0L 这种回收液中：

(1) 加入1.0L 0.010mol·L^{-1}的$BaCl_2$溶液,能否生成沉淀?

(2) 生成沉淀后,残留在溶液中的$[SO_4^{2-}]$为多少?

解　(1) 要使溶液有沉淀,则加入1.0L 0.010mol·L^{-1} $BaCl_2$时,混合的瞬间:

$[SO_4^{2-}]=6.6\times10^{-4}\times4\div5=5.3\times10^{-4}$(mol·L^{-1})

$[Ba^{2+}]=0.010\div5=2.0\times10^{-3}$(mol·L^{-1})

$[SO_4^{2-}][Ba^{2+}]=5.3\times10^{-4}\times2.0\times10^{-3}=1.1\times10^{-6}>K^{\ominus}_{sp,BaSO_4}(1.1\times10^{-10})$

所以有沉淀生成。

(2) 生成沉淀后,设残留在溶液中的SO_4^{2-}为x mol·L^{-1}:

$$SO_4^{2-} + Ba^{2+} \xlongequal{\quad} BaSO_4$$

起始/(mol·L^{-1})　5.3×10^{-4}　2.0×10^{-3}

残余/(mol·L^{-1})　x　$2.0\times10^{-3}-(5.3\times10^{-4}-x)\approx1.5\times10^{-3}$

$$[SO_4^{2-}][Ba^{2+}]=1.5\times10^{-3}x=1.1\times10^{-10}$$

$$[SO_4^{2-}]=7.3\times10^{-8}$$

残留在溶液中的SO_4^{2-}浓度为7.3×10^{-8}mol·L^{-1}。

21. Li^+和I^-的鲍林半径分别为60pm和216pm,在LiI晶体中测得的原子间距离为302.5pm。这比两离子半径之和大得多,试加以解释。预测LiI在水中的溶解度大小。

答　Li^+和I^-的鲍林半径相差较大,在晶体中正、负离子不能完全紧密接触,正、负离子间具有一定的空隙,因此晶体中测得的原子间距离比两离子半径之和大得多。

LiI在水中的溶解度大,由巴索洛经验规则知,大阳离子和小阴离子或是小阳离子和大阴离子之间半径大小严重不匹配,该盐易溶于水。

22. 白云石的化学组成为$CaMg(CO_3)_2$。当加热分解时有CO_2、氧化物和碳酸盐生成,哪一种金属形成氧化物,哪一种金属形成碳酸盐,为什么?

答　由极化能力可知,碳酸盐的热稳定性:$CaCO_3>MgCO_3$。

由离子键键能可知,氧化物的热稳定性:$MgO>CaO$。

所以白云石热分解产物应该是MgO和$CaCO_3$(当温度高于$CaCO_3$分解温度1173K时,产物应为CaO和MgO)。

23. 试预测K^+和Na^+哪一个更有利于与18-冠-6形成配合物,为什么?

答　K^+更有利于与18-冠-6形成配合物。因为通常金属离子的直径略小于冠醚内腔的直径,金属离子恰好能进入孔腔内,使配体与金属离子间的吸引力较强,稳定性较高。

$d_{K^+}=276$pm,$d_{Na^+}=204$pm,$d_{18\text{-冠-}6}=260\sim320$pm。

24. 心脏起搏器电源有哪些特殊要求?锂电池能否符合?

答　特殊要求主要有比能量高、有宽广的温度使用范围、放电电压平稳、体积小、无电解液渗漏、使用寿命长。锂电池具有电压高、比能量高、比功率大、寿命长、质量轻的特点,所以基本符合。

25. 锂电池为什么具有很高的能量密度?该电池的电解液通常为何种溶剂?为什么?

答 锂元素在所有金属中密度最小，质量轻，标准电极电势很小。

锂电池的电解液通常采用有机溶剂或无水无机溶剂以及熔融盐和固体电解质。因为锂非常活泼，容易与水反应。

26. 预测下列反应的方向，根据是什么？

(1) $KBr + LiF \rightleftharpoons KF + LiBr$

(2) $2NaCl + CaF_2 \rightleftharpoons 2NaF + CaCl_2$

(3) $Na_2SO_4 + BaCl_2 \rightleftharpoons BaSO_4 + 2NaCl$

答 (1) 向左进行。

(2) 向左进行。

(3) 向右进行。

因为 LiF、CaF_2、$BaSO_4$ 不易溶解。

27. 在纺织工业中常采用氯化镁作为填充物，为什么？

答 氯化镁可以吸水，起保湿作用。

28. 配制冷冻剂时，采用 $CaCl_2 \cdot 6H_2O$ 还是 $CaCl_2$ 好？为什么？

答 $CaCl_2 \cdot 6H_2O$ 好。因无水 $CaCl_2$ 水合时要放出热量，降低制冷效果。

29. $Be(OH)_2$ 与丙酸回流的产物是什么？写出有关的反应方程式(该产物可溶于非极性溶剂中，通过溶剂萃取从水相转入有机相而提纯)。

答 产物是 $Be_4O(O_2CCH_3)_6$。

$$4Be(OH)_2 + 6CH_3CH_2COOH = Be_4O(O_2CCH_2CH_3)_6 + 7H_2O$$

第2章　硼族元素

一、学习要点

（1）硼族元素的价电子构型与元素物理性质、化学性质的关系。

（2）硼族元素的缺电子性：乙硼烷的成键特点和反应性；BX_3 的成键特点和反应性；AlX_3 的成键特点和反应性；硼氢化合物的结构特点和反应性。

（3）单质、氧化物、氢氧化物、卤化物的结构特点和性质规律。

（4）硼酸的结构、性质、特点。

（5）硼砂的结构、性质、用途。

（6）BN 的结构、性质。

（7）铊的性质。

二、重要内容

1. 硼族元素的缺电子性

缺电子性是硼族元素最典型也是最重要的性质。

乙硼烷的成键特点

硼可以形成一系列的共价氢化物，称为硼烷，最简单的硼烷是乙硼烷 B_2H_6。乙硼烷中每个硼原子采取 sp^3 杂化，形成 4 个不等性 sp^3 杂化轨道。每个 B 原子中的 2 个 sp^3 杂化轨道与 2 个氢原子 s 轨道形成 2 个正常的 σ 键；而 1 个硼原子含电子的 sp^3 杂化轨道与另 1 个硼原子不含电子的 sp^3 杂化轨道同时与氢原子 1s 轨道重叠，形成三中心两电子键。

AlX_3 的成键特点

气态 $AlCl_3$ 为二聚分子$(AlCl_3)_2$。在 Al_2Cl_6 中，每个 Al 原子采用不等性 sp^3 杂化，接受 Cl 原子提供的电子。Al 原子处于变形四面体环境中，2 个 Al 原子与 4 个端 Cl 原子共面，形成正常共价键(2c-2e)。桥 Cl 原子在平面上下。桥 Cl 原子提供孤对电子，构成正常的双电子共价键。

除 B 的卤化物及ⅢA 族元素的氟化物以外，$(GaCl_3)_2$、$(InCl_3)_2$、$(AlBr_3)_2$、$(AlI_3)_2$、$(GaBr_3)_2$、$(GaI_3)_2$、$(InBr_3)_2$、$(InI_3)_2$ 等均有这种二聚体形式。

BX_3 的成键特点

BX_3 分子都是共价型的。中心 B 原子采取 sp^2 杂化与 3 个卤原子形成 3 个 σ 键，未参与杂化的 p 轨道(空的)与 3 个卤原子的 p 轨道平行重叠,形成 π_4^6 离域 π 键。BX_3 分子是路易斯酸。其路易斯酸强度顺序(或接受电子对能力的大小顺序)是

$$BF_3 < BCl_3 < BBr_3 \leqslant BI_3$$

硼酸的特点

H_3BO_3 是典型的路易斯酸,硼的空轨道接受水中 OH^- 上的孤对电子,从而游离出 H^+,H_3BO_3 为一元弱酸,加入多羟基化合物能显著增强硼酸的酸性。固体 H_3BO_3 是六角片状的白色晶体,层中 OH 间以氢键相连,H_3BO_3 在水中溶解度随温度升高而增加(晶体中部分氢键断裂之故)。

2. 典型结构

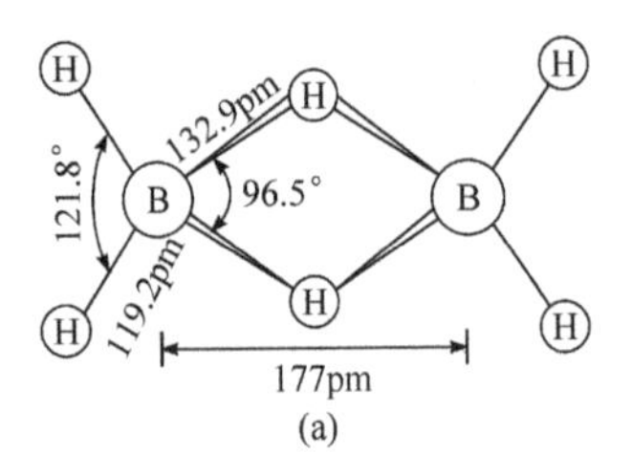

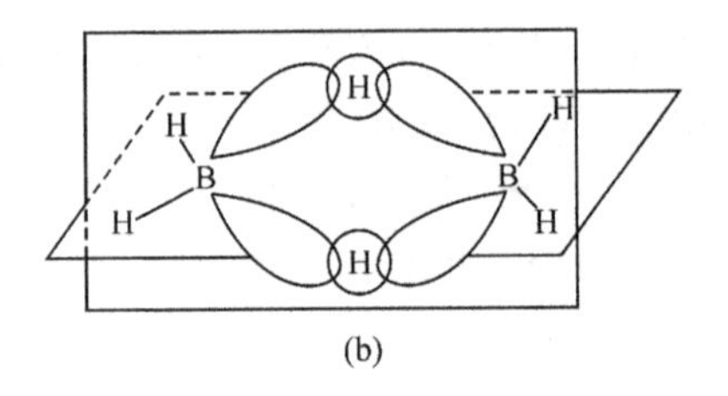

乙硼烷的结构

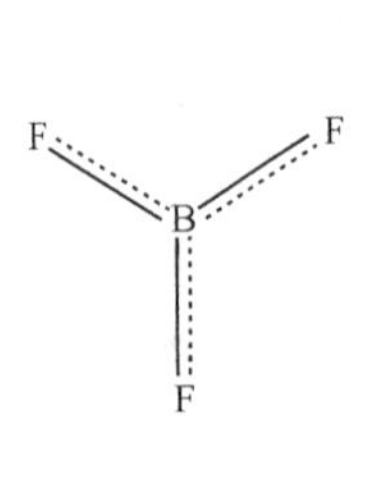

BF_3 的结构

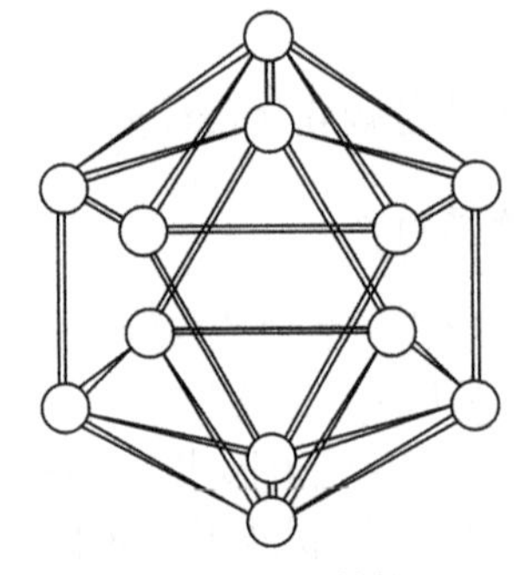

α-菱形硼的结构

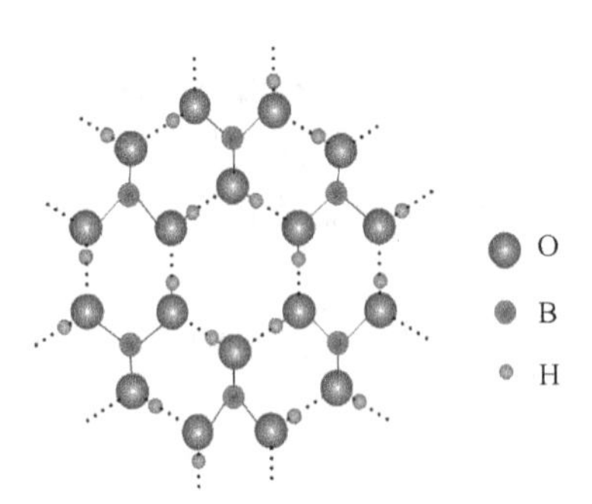

H_3BO_3 晶体的结构

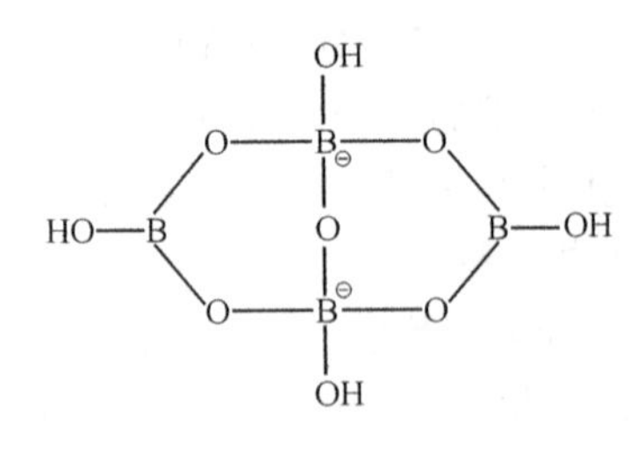

$B_4O_5(OH)_4^{2-}$ 的结构

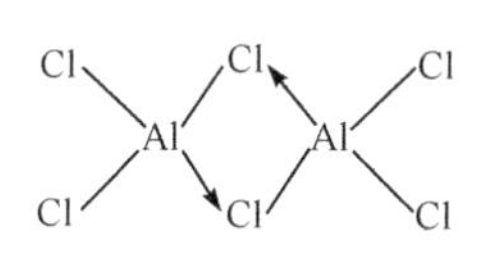

Al_2Cl_6 的结构

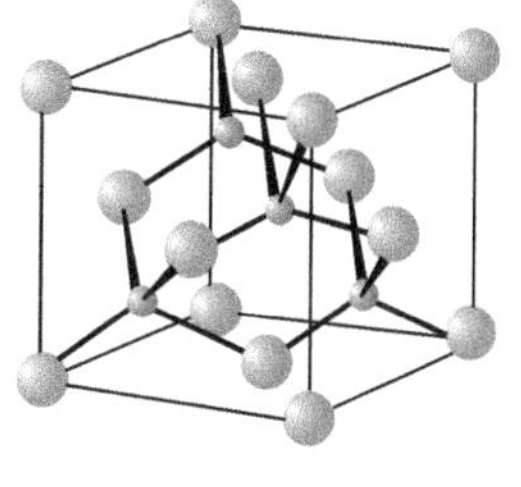

立方氮化硼的结构

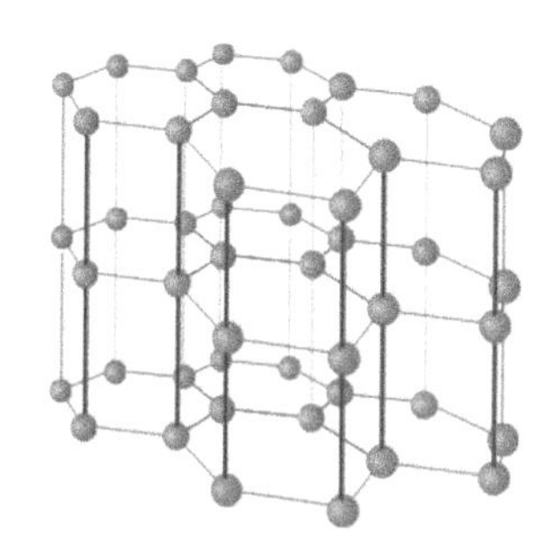

六方氮化硼(白石墨)的结构

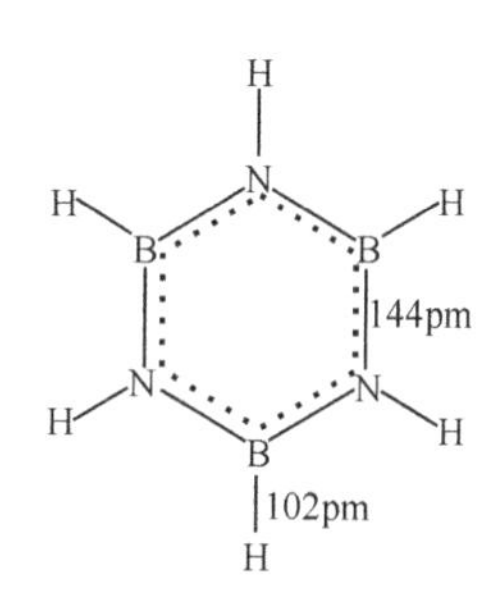

$B_3N_3H_6$ 的结构

三、重要化学方程式

$B_2O_3 + 3M \xlongequal{\triangle} 2B + 3MO$　　(M=Mg、Zn)

$2BBr_3 + 3H_2 = 2B + 6HBr$

$2BBr_3 \xlongequal[\text{Ta 丝}]{1273\sim1573K} 2B + 3Br_2$

$2BI_3 \xlongequal[\text{Ta 丝}]{1073\sim1273K} 2B + 3I_2$

$Al_2O_3(\text{铝矾土}) + 2NaOH + 3H_2O \xlongequal{\text{焙烧}} 2NaAl(OH)_4$

$2NaAl(OH)_4 + CO_2 = 2Al(OH)_3\downarrow + Na_2CO_3 + H_2O$

$2Al(OH)_3 \xlongequal{\triangle} Al_2O_3 + 3H_2O$

$2Al_2O_3 \xlongequal[\text{电解}]{Na_3AlF_6} 4Al + 3O_2\uparrow$

$Al_2O_3 + 6HCl + 9H_2O = 2[Al(H_2O)_6]Cl_3$

$2Al + 6HCl + 12H_2O = 2[Al(H_2O)_6]Cl_3 + 3H_2\uparrow$

$3LiAlH_4 + 4BCl_3 = 3LiCl + 3AlCl_3 + 2B_2H_6\uparrow$

$3NaBH_4 + 4BF_3 = 2B_2H_6\uparrow + 3NaBF_4$

$2NaBH_4 + 2H_3PO_4 = B_2H_6\uparrow + 2H_2\uparrow + 2NaH_2PO_4$

$B_2O_3 + 2Al + 3H_2 \xlongequal{AlCl_3} B_2H_6\uparrow + Al_2O_3$

$B_2H_6(g) + 3O_2(g) = B_2O_3(s) + 3H_2O(l)$

$$B_2H_6(g)+6Cl_2(g) \xlongequal{} 2BCl_3(l)+6HCl(g)$$

$$B_2H_6+6H_2O \xlongequal{} 2H_3BO_3+6H_2\uparrow$$

$$B_2H_6+2NaH \xlongequal{} 2NaBH_4$$

$$B_2H_6+2LiH \xlongequal{} 2LiBH_4$$

$$B_2H_6+2PF_3 \xlongequal{} 2H_3B:PF_3$$

$$B_2H_6+2NH_3 \xlongequal{} [BH_2(NH_3)_2]^+ +BH_4^-$$

$$B_2H_6+LiNH_2 \xlongequal{} BH_2NH_2+LiBH_4$$

$$B_2O_3+3CaF_2+3H_2SO_4(\text{浓}) \xlongequal{} 2BF_3+3CaSO_4+3H_2O$$

$$BX_3+3H_2O \xlongequal{} H_3BO_3+3HX \qquad (X=Cl、Br、I)$$

$$4BF_3+3H_2O \xlongequal{} H_3BO_3+3HBF_4$$

$$4NaBO_2+CO_2+10H_2O \xlongequal{} Na_2B_4O_7\cdot 10H_2O+Na_2CO_3$$

$$Na_2B_4O_7+H_2SO_4+5H_2O \xlongequal{} 4H_3BO_3+Na_2SO_4$$

$$2H_3BO_3 \xlongequal{\triangle} B_2O_3+3H_2O$$

$$H_3BO_3+H_2O \xlongequal{} B(OH)_4^- +H^+$$

$$H_3BO_3+3CH_3CH_2OH \xlongequal{\text{浓硫酸}} \underset{\text{硼酸三乙酯}}{B(CH_3CH_2O)_3}+3H_2O$$

$$2H_3BO_3+P_2O_5 \xlongequal{\text{煮}} 2BPO_4+3H_2O$$

$$H_3BO_3+H_3PO_4 \xlongequal{\text{煮}} BPO_4+3H_2O$$

$$Na_2B_4O_7+CoO \xlongequal{\triangle} \underset{\text{蓝色}}{2NaBO_2\cdot Co(BO_2)_2} \qquad (\text{硼砂珠实验})$$

$$B_4O_5(OH)_4^{2-}+5H_2O \xlongequal{} 2H_3BO_3+2B(OH)_4^- \qquad (\text{缓冲对})$$

四、习题解答

1. 画出 BF_3、BF_4^-、$[AlF_6]^{3-}$、$(AlCl_3)_2$ 的几何构型，中心原子杂化类型各是什么？

答

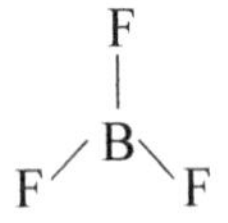

BF_3 sp^2 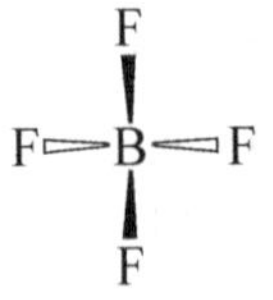　　BF_4^- sp^3 　　$[AlF_6]^{3-}$ sp^3d^2

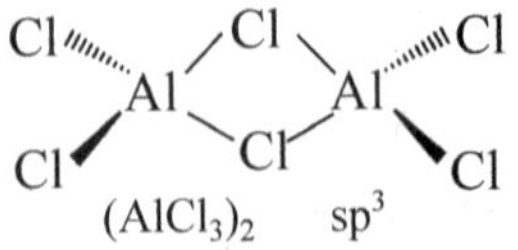

$(AlCl_3)_2$ sp^3

2. 为什么 Al_2S_3 和 $Al_2(CO_3)_3$ 不能用湿法制得？利用有关反应式加以说明。如何制备无水的 $AlCl_3$？

答　Al_2S_3 和 $Al_2(CO_3)_3$ 发生双水解反应：

$$2Al^{3+} + 3S^{2-} + 6H_2O \xlongequal{} 2Al(OH)_3\downarrow + 3H_2S\uparrow$$

$$2Al^{3+} + 3CO_3^{2-} + 3H_2O \xlongequal{} 2Al(OH)_3\downarrow + 3CO_2\uparrow$$

制备：

$$2Al + 3Cl_2 \xlongequal{} 2AlCl_3$$

3. $GaCl_2$ 为什么是反磁性的？试加以说明。

答　其组成为 $Ga^+[GaCl_4]^-$，离子型化合物，Ga^+ 价电子构型 $4s^2$，Ga^{3+} 价电子构型 $3s^2 3p^6 3d^{10}$，不存在孤对电子，是反磁性。

4. Tl^+ 与 Ag^+ 在哪些性质上相似？举例说明。

答　同属 18+2 电子结构，极化力相似，半径相近，具有一定的变形性，因而在许多性质上相似，如卤化物的溶解性质及变化规律相似。

5. Ga、In、Tl 氢氧化物酸碱性递变的趋势如何？

答　Ga、In 氢氧化物为两性，Tl 氢氧化物为强碱性，相同价态的氢氧化物从上往下碱性增强。

6. H_3BO_3 是三元酸吗？其酸性强弱如何？硼酸在水中呈酸性是与一般的酸一样给出质子吗？造成这种特殊性的原因是什么？

答　不是，H_3BO_3 是一元酸。酸性很弱，$K_a^\ominus = 5.8\times10^{-10}$。

H_3BO_3 在水中呈酸性与一般的酸不同，不是解离出质子，而是路易斯酸，接受水中的 OH^-，游离出水中的 H^+：

$$H_3BO_3 + H_2O \xlongequal{} B(OH)_4^- + H^+$$

这主要是由中心 B 原子的缺电子性造成的。

7. 解释下列各词的意义：

(1) 缺电子化合物

(2) 二聚体

(3) 三中心键

(4) 路易斯酸

(5) 加合物

答　(1) 价轨道数多于价电子数的原子与其他原子组成正常共价键时，中心原子还有容纳电子的空轨道。这种化合物称为缺电子化合物。

(2) 由两个化学计量单元组成的一个实际分子称为二聚体。

(3) 三中心键是指 1 个化学键中含有 3 个成键原子，如 B—H—B 3c-2e 键。

(4) 能接受电子对的物质称为路易斯酸。

(5) 路易斯酸与路易斯碱加成作用后的产物称为加合物。本质同配合物，但溶解度可能比配合物高，不太稳定。

8. 完成并配平下列反应方程式：

(1) $Mg_3B_2+H_2O \longrightarrow$

(2) $B_2H_6+O_2 \longrightarrow$

(3) $BF_3+H_2O \longrightarrow$

(4) $B_2O_3+C+Cl_2 \xrightarrow{\triangle}$

(5) $Tl_2O_3+HI \longrightarrow$

(6) $Tl+H_2SO_4$(稀)$\longrightarrow$

(7) $B_2H_6+LiH \longrightarrow$

(8) $B_2H_6+PR_3 \longrightarrow$

(9) $BF_3+NH_3 \longrightarrow$

(10) $B_2H_6+Cl_2 \longrightarrow$

(11) $B+OH^- \xrightarrow{\triangle}$

(12) $AlCl_3+Na_2S+H_2O \longrightarrow$

(13) $B_2H_6+H_2O \xrightarrow{\text{乙醚}}$

(14) $NaGa(OH)_4+CO_2 \longrightarrow$

答 (1) $Mg_3B_2+6H_2O = 3Mg(OH)_2+B_2H_6\uparrow$

(2) $B_2H_6+3O_2 = B_2O_3+3H_2O$

(3) $4BF_3+3H_2O = H_3BO_3+3HBF_4$

(4) $2B_2O_3+3C+6Cl_2 \overset{\triangle}{=} 4BCl_3+3CO_2\uparrow$

(5) $Tl_2O_3+6HI = 2TlI+2I_2+3H_2O$

(6) $2Tl+H_2SO_4$(稀)$= Tl_2SO_4+H_2\uparrow$

(7) $B_2H_6+2LiH = 2LiBH_4$

(8) $B_2H_6+2PR_3 = 2H_3B:PR_3$

(9) $BF_3+NH_3 = BF_3 \cdot NH_3$

(10) $B_2H_6+6Cl_2 = 2BCl_3+6HCl\uparrow$

(11) $B+OH^- \xrightarrow{\triangle}$不反应

(12) $2AlCl_3+3Na_2S+6H_2O = 6NaCl+2Al(OH)_3\downarrow+3H_2S\uparrow$

(13) $B_2H_6+6H_2O \overset{\text{乙醚}}{=} 2H_3BO_3+6H_2\uparrow$

(14) $NaGa(OH)_4+CO_2 = NaHCO_3+Ga(OH)_3$

9. 说明下列物质的制备、性质、结构和用途：

(1) 硼酸 (2) 硼砂 (3) 三氟化硼 (4) 氮化硼

答

物质	硼酸	硼砂	三氟化硼	氮化硼
制备	硫酸分解硼镁矿($Mg_2B_2O_5 \cdot H_2O$)	矿物 $Na_2B_4O_7 \cdot 10H_2O$	$B_2O_3+3CaF_2+3H_2SO_4$(浓) $=\!=\!=3CaSO_4+2BF_3+3H_2O$	B_2O_3 与 NH_3 高温反应
性质	弱酸性,缺电子性	强碱弱酸盐	路易斯酸,缺电子性	稳定,绝缘
结构	B采取 sp^2 杂化,分子为平面三角形,在晶体中,OH间以氢键相连	4个硼酸根相连,B采取 sp^2、sp^3 两种杂化方式	B采取 sp^2 杂化,分子为平面三角形	B采取 sp^2 杂化六方晶形(类似石墨),B采取 sp^3 杂化立方晶形(类似金刚石)
用途	润滑剂,搪瓷、玻璃工业	搪瓷、玻璃工业,焊接金属除氧化物;缓冲溶液;洗衣粉填料	制备单质硼和乙硼烷,有机反应催化剂	高温、耐磨、润滑、耐腐蚀、绝缘、特硬材料

10. 给出合理解释:

(1) Ga 的第一电离能($578.8kJ \cdot mol^{-1}$)比 Al 的第一电离能($577.6kJ \cdot mol^{-1}$)高。

(2) AlF_3 的熔点比 $AlCl_3$ 高得多。

(3) 熔融的 $AlBr_3$ 不导电,而它的水溶液却是良导体。

(4) Tl(OH)与 KOH 的碱性一样。

(5) Al(Ⅲ)可以形成 AlF_6^{3-},而 B(Ⅲ)不能形成 BF_6^{3-}。

(6) 能制得 TlF_3,但不能制得 TlI_3,却制得了 TlI。

(7) 在蒸气下 $AlCl_3$ 为二聚体,而 BCl_3 却不能发生二聚。

(8) TlI 与 KI 同晶形,但 TlI 不溶于水。

(9) 用路易斯酸碱理论和结构知识分析 BF_3 和 NH_3 作为酸碱的可能性。

(10) AlF_3 不溶于水,但可溶于 HF 中。

(11) BF_3 和 BCl_3 中,哪一个是更好的电子接受体?

(12) H_3BO_3 在冷水中的溶解度很小,加热时,溶解度增大。

(13) BH_3 不存在,而 BF_3 却能稳定存在。

答 (1) 因为 Ga 位于第四周期,与 Al 相比,填充了 3d 电子层,3d 电子疏松,屏蔽作用小,有效核电荷数大。同时按照松紧效应,Ga 的 4p 电子处在"紧"的层,导致核对它的引力进一步增大,因此其第一电离能比 Al 的第一电离能高。

(2) AlF_3 为离子型化合物,$AlCl_3$ 为共价型化合物。

(3) $AlBr_3$ 为共价型化合物,熔融不导电;在水溶液中解离成自由离子,所以导电。

(4) Tl^+ 电荷/半径与 K^+ 相近。

(5) 形成 AlF_6^{3-} 需要 sp^3d^2 杂化轨道,B 没有可以利用的 d 轨道,同时由于 B 半径小,周围容纳不下 6 个配位原子。

(6) 由于惰性电子对效应,Tl 的稳定价态是+1 价,Tl^{3+} 具有较强的氧化性,F^- 几乎无还原性,而 I^- 具有较强还原性,所以能制得 TlF_3,不能制得 TlI_3,只能制得 TlI。

(7) 由于B的半径较小，空间条件限制，同时二聚需要破坏大π键，BCl_3中大π键很强，不易破坏。

(8) Tl^+具有18+2电子结构，极化力强，同时又具有变形性，导致TlI共价特性明显，TlI难溶于水。

(9) BF_3缺电子，酸；NH_3含孤对电子，碱。

(10) AlF_3晶格能很大，所以难溶于水，在HF中生成H_3AlF_6，所以溶解。

(11) BCl_3是更好的电子接受体。它们分子中存在π_4^6大π键，接受电子需破坏大π键，BF_3中的大π键强，难以破坏。

(12) 由于H_3BO_3晶体存在氢键，加热促进氢键断裂，溶解度增大。

(13) BF_3中的F可提供电子形成π_4^6大π键，BH_3中H不能提供电子形成大π键，表现强烈的缺电子性，易聚合形成B_2H_6。

11. 在焊接金属时使用硼砂，它在这里起了什么作用？写出硼砂与下列氧化物共熔时的反应方程式：

(1) NiO　　(2) CuO

答 起除氧化物的作用。

(1) $Na_2B_4O_7+NiO \xlongequal{} 2NaBO_2 \cdot Ni(BO_2)_2$

(2) $Na_2B_4O_7+CuO \xlongequal{} 2NaBO_2 \cdot Cu(BO_2)_2$

12. 写出下列反应方程式：

(1) 固体碳酸钠同氧化铝一起熔烧，将熔块打碎后投入水中，产生白色乳状沉淀。

(2) 氢化铝锂与三氟化硼在醚溶剂中反应制备乙硼烷。

(3) 铝和热浓的NaOH溶液作用，放出气体。

(4) 三氟化硼通入碳酸钠溶液中。

(5) $[GaH_4]^-$与过量HCl反应的产物。

答 (1) $Al_2O_3+Na_2CO_3 \xlongequal{} 2NaAlO_2+CO_2\uparrow$

$NaAlO_2+2H_2O \xlongequal{} NaOH+Al(OH)_3\downarrow$

(2) $3LiAlH_4+4BF_3 \xlongequal{\text{乙醚}} 2B_2H_6+3LiF+3AlF_3$

(3) $2Al+2NaOH+2H_2O \xlongequal{} 2NaAlO_2+3H_2\uparrow$

(4) $4BF_3+2Na_2CO_3+2H_2O \xlongequal{} 3NaBF_4+NaB(OH)_4+2CO_2\uparrow$

(5) $[GaH_4]^-+4HCl \xlongequal{} [GaCl_4]^-+4H_2\uparrow$

13. 根据下列数据，计算铝和镓按下列$M(s) \rightleftharpoons M^{3+}(aq)+3e^-$半反应时的能量变化，并判断哪一元素具有较强的还原性。

物　质	Al	Ga
升华热/($kJ \cdot mol^{-1}$)	326	277
第一至第三电离能/($kJ \cdot mol^{-1}$)	5140	5520
离子水合能/($kJ \cdot mol^{-1}$)	−4700	−4713

解

$$M(s) \xrightleftharpoons{\Delta H_r} M^{3+}(aq) + 3e^-$$

$$\Delta H_1 \downarrow \qquad \Delta H_3 \uparrow$$

$$M(g) \xrightleftharpoons{\Delta H_2} M^{3+}(g) + 3e^-$$

$$\Delta H_r = \Delta H_1 + \Delta H_2 + \Delta H_3$$

Al：$\Delta H_r = 326 + 5140 - 4700 = 766(\text{kJ} \cdot \text{mol}^{-1})$

Ga：$\Delta H_r = 277 + 5520 - 4713 = 1084(\text{kJ} \cdot \text{mol}^{-1})$

可见，铝具有较强的还原性。

14. 比较 $Al(OH)_3$ 和 $Mg(OH)_2$ 的热稳定性、分解温度高低，并用结构知识加以说明。

答 $Mg(OH)_2$ 热稳定性较好，分解温度较高。

$Al(OH)_3$ 中 Al^{3+} 电荷多，半径小，有很强的极化力，导致其中的 O—H 键容易断裂，分解温度低。

15. 将 $Al(OH)_3$ 和 $Mg(OH)_2$ 添加到聚乙烯制品中可以起阻燃作用，为什么？它们的价格较高，请提供价廉的替代物。

答 起阻燃作用原因：①分解吸热降温；②产物蒸气可以隔绝空气；③分解产生的氧化物覆盖在制品表面形成保护膜。

价廉的替代物：$MgCO_3$（碱式）、$NaAl(OH)_2CO_3$、铝酸钙（$3CaO \cdot Al_2O_3 \cdot 6H_2O$）等。

16. 实验发现，在胺-BF_3 加合物中的 B—F 键键长（如 $H_3N—BF_3$ 中为 138pm）比 BF_3 中的 B—F 键键长（131pm）要长。请解释这一事实。

答 $H_3N—BF_3$ 中 B 原子轨道 sp^3 杂化，B—F 键为单键；而 BF_3 中 B 原子轨道 sp^2 杂化，除单键外还存在 π_4^6 大 π 键，键能较强，键长较短。

17. 说明下列两个反应在焓变上的差别：

(1) C_5H_5N（溶液）$+ BF_3(g) \xrightarrow{-143\text{kJ} \cdot \text{mol}^{-1}} C_5H_5N \cdot BF_3$（溶液）

(2) C_5H_5N（溶液）$+ BBr_3(g) \xrightarrow{-189\text{kJ} \cdot \text{mol}^{-1}} C_6H_5N \cdot BBr_3$（溶液）

答 这两反应都是打破 BX_3 中的 π_4^6 大 π 键，形成一个新的 σ 键。

在 BX_3 中，形成 π 键强度与轨道能量的匹配程度有关，B 和 F 是 2p-2p 轨道重叠形成 π_4^6，π 键的强度 $BF_3 > BBr_3$，打破其需要较多能量，故反应(1)焓变较小。

18. 预测三卤化硼的反应产物，并写出相应的化学反应方程式：

(1) BF_3 与过量的 NaF 在酸性水溶液中的反应。加入过量 F^- 和控制酸性条件的目的是什么？

(2) BCl_3 与过量的 NaCl 在酸性水溶液中的反应。

(3) BBr_3 与过量 $NH(CH_3)_2$ 在烃类溶剂中的反应。

答 (1) $BF_3 + NaF \xrightleftharpoons{H^+} NaBF_4$ ①

$4BF_3 + 3H_2O \rightleftharpoons H_3BO_3 + 3HBF_4$ ②

加 F^- 使反应①平衡向右移动；加 H^+ 抑制反应②的进行。

(2) $BCl_3 + 3H_2O = B(OH)_3 + 3HCl$

过量的 NaCl 在酸性水溶液中对该水解反应有抑制作用，水解不彻底。

(3) $BBr_3 + 3NH(CH_3)_2 \longrightarrow B[N(CH_3)_2]_3 + 3HBr$

第3章　碳族元素

一、学习要点

（1）碳族元素价电子构型与元素物理性质、化学性质的关系。

（2）碳的单质、氧化物、碳酸及其盐的主要性质与反应特点；碳材料的特点。

（3）硅的单质、氧化物、硅酸及其盐的基本性质，复杂硅酸盐的结构特征，沸石的结构、性质与应用。

（4）二价锡、四价锡的性质（氧化还原性、水解性、配位能力）和应用。

（5）二价铅、四价铅的性质（氧化还原性、水解性、溶解性等）和应用。

（6）惰性电子对效应。

（7）共价化合物的水解特征。

二、重要内容

1. 惰性电子对效应

碳族元素的价电子构型为 ns^2np^2。它们的最高氧化态为+4。在 Ge、Sn、Pb 中，随着原子序数的增大，+2 氧化态的稳定性依次增强，+4 氧化态的稳定性依次减弱，即“惰性电子对效应”。

ⅢA～ⅤA 族自上而下，与族数相同的高氧化态的稳定性依次减弱，比族数少 2 的低氧化态趋于稳定。这是由于 ns^2 电子对不易参加成键，特别不活泼，其中尤以 $6s^2$ 电子对特别惰性，常称为惰性电子对效应。例如，在ⅢA 族元素中，B、Al 的氧化态为+3，Ga、In、Tl 氧化态有+3 也有+1，Ga、In 以+3 氧化态稳定，Tl 却以+1 氧化态稳定；在ⅣA 族元素中 Pb 以+2 氧化态稳定；ⅤA 族元素中 Bi 以+3 氧化态稳定。Tl(Ⅲ)、Pb(Ⅳ)、Bi(Ⅴ)均是强的氧化剂。

产生惰性电子对效应的原因普遍认为是 $6s^2$ 电子对的钻穿效应比较强，平均能量低，不易参与成键。近年来，人们用相对论效应来解释，相对论效应中的一个重要结果是相对论性收缩：原子核对内层轨道（s、p 轨道）电子的吸引力增强，内层轨道能量下降，电子云收缩，不易参与成键，重原子的这种效应更显著。因此，p 区过渡后元素的 ns^2 电子对逐渐难以成键，其中具有 $6s^2$ 结构的重原子这种效应更加显著。

2. 金属离子盐类与可溶性碳酸盐反应的特点

（1）若金属离子强烈水解，且氢氧化物的溶解度小于碳酸盐的溶解度，产物通常为氢氧化物。

$$2M^{3+}+3CO_3^{2-}+3H_2O = 2M(OH)_3\downarrow+3CO_2\uparrow \quad (M=Fe、Cr、Al 等)$$

(2) 若金属离子有水解性，而且氢氧化物和碳酸盐的溶解度相近，则生成碱式盐。

$$2M^{2+}+2CO_3^{2-}+H_2O = M(OH)_2\cdot MCO_3\downarrow+CO_2\uparrow$$

(M=Mg、Be、Cu、Zn、Pb、Co、Ni 等)

(3) 若金属离子生成碳酸盐比生成氢氧化物的溶解度更小，通常得到碳酸盐沉淀。

$$M^{2+}+CO_3^{2-} = MCO_3\downarrow \quad (M=Ca、Sr、Ba 等)$$

3. 碳酸盐的热稳定性

碳酸盐的热稳定性与阳离子的极化力有关，极化作用主要取决于阳离子的电荷数、离子半径及电子层结构。阳离子的极化力越强，它们的碳酸盐越不稳定；极化力小的阳离子相应的碳酸盐稳定性高。

(1) 碱金属碳酸盐、碳酸氢盐和碳酸的热稳定性顺序为

$$M_2CO_3>MHCO_3>H_2CO_3$$

由于 H^+ 的极化力很强，H_2CO_3 极易发生分解产生 CO_2 和 H_2O。

(2) ⅡA 族碳酸盐的热稳定性顺序为

$$BeCO_3<MgCO_3<CaCO_3<SrCO_3<BaCO_3$$

它们的电荷数相同，极化力随阳离子半径递增而逐渐减弱，M^{2+} 争夺 O^{2-} 的能力逐渐减弱，热稳定性递增。

(3) 当电荷数相同、半径相近时，非稀有气体构型的阳离子组成的碳酸盐的热稳定性通常低于稀有气体构型阳离子的碳酸盐。

4. 共价化合物水解

影响水解的因素主要是中心原子的表观电荷、半径、电子层构型。

在半径相近、电子层构型类似的条件下，中心原子表观电荷越高，越容易水解。

在中心原子电荷相同、电子层构型类似的条件下，中心原子半径越小，越容易水解。

在中心原子电荷相同、半径相近的条件下，8 电子构型的水解能力<9～17 不规则电子构型<2，18，18+2 电子构型。

水解还与中心原子的配位数以及是否有可以利用的 d 轨道有关。

常见卤化物水解产物的类型如下：

(1) 产物为碱式盐：

$$SnCl_2+H_2O = Sn(OH)Cl\downarrow+HCl$$

$$BiCl_3+H_2O = BiOCl\downarrow+2HCl$$

(2) 产物为含氧酸：

$$IF_7+6H_2O = H_5IO_6+7HF$$

$$SnCl_4+3H_2O = SnO_2\cdot H_2O+4HCl$$

(3) 水解产物发生进一步配合：

$$3SiF_4+4H_2O = H_4SiO_4+4H^++2SiF_6^{2-}$$

$$4BF_3 + 3H_2O = H_3BO_3 + 3H^+ + 3BF_4^-$$

(4) 特殊的：

$$NCl_3 + 3H_2O = NH_3 + 3HClO$$

5. 典型结构

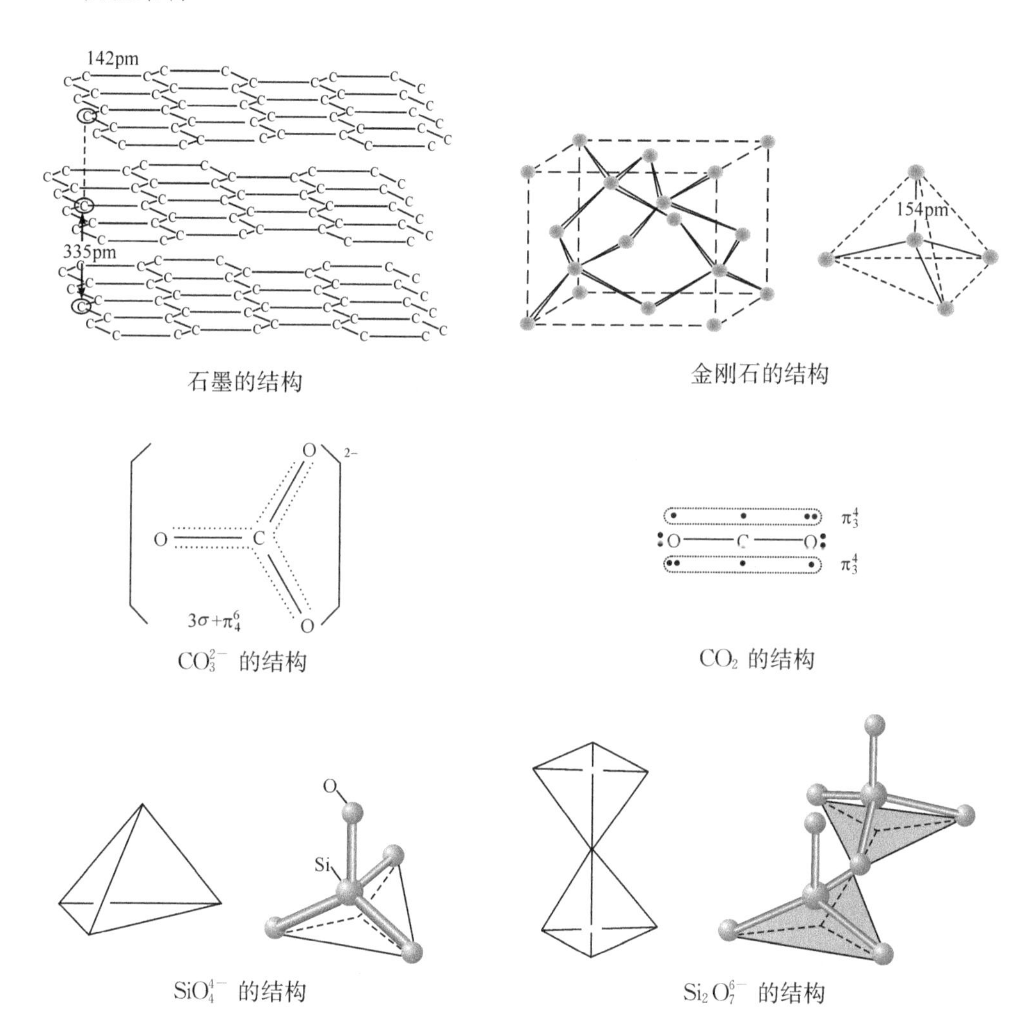

石墨的结构　　金刚石的结构

CO_3^{2-} 的结构　　CO_2 的结构

SiO_4^{4-} 的结构　　$Si_2O_7^{6-}$ 的结构

三、重要化学方程式

$$Si + 2NaOH + H_2O \xlongequal{\triangle} Na_2SiO_3 + 2H_2\uparrow$$

$$Si + 2F_2 = SiF_4\uparrow$$

$$Si + 4HNO_3(浓) + 6HF = H_2[SiF_6] + 4NO_2\uparrow + 4H_2O$$

$$SiH_4 \xlongequal{\triangle} Si + 2H_2\uparrow$$

$$SiH_4 + (n+2)H_2O = SiO_2 \cdot nH_2O\downarrow + 4H_2\uparrow$$

$$3SiF_4 + 4H_2O = SiO_2 \cdot 2H_2O\downarrow + 2H_2SiF_6$$

$3SiF_4+2Na_2CO_3+2H_2O=2Na_2SiF_6+H_4SiO_4+2CO_2\uparrow$

$Na_2SiF_6+2H_2O=2NaF+SiO_2\downarrow+4HF$

$SiCl_4+4H_2O=SiO_2\cdot 2H_2O\downarrow+4HCl$

$SiO_2+2NaOH=Na_2SiO_3+H_2O$

$SiO_2+Na_2CO_3\xlongequal{熔融}Na_2SiO_3+CO_2\uparrow$

$SiO_2+3C\xlongequal{\triangle}SiC+2CO\uparrow$

$Hb\cdot O_2+CO\xlongequal{\triangle}Hb\cdot CO+O_2$

$Na_2SiO_3+H_2SO_4=H_2SiO_3\downarrow+Na_2SO_4$

$Sn+2HCl=SnCl_2+H_2\uparrow$

$3Sn+8HNO_3(稀)=3Sn(NO_3)_2+2NO\uparrow+4H_2O$

$Sn+4HNO_3(浓)=H_2SnO_3\downarrow+4NO_2\uparrow+H_2O$

$Sn+2H_2SO_4(浓)=SnSO_4+SO_2\uparrow+2H_2O$

$Sn+2KOH+4H_2O=K_2[Sn(OH)_6]+2H_2\uparrow$

$Sn+2X_2=SnX_4$

$Sn^{2+}+2Fe^{3+}=2Fe^{2+}+Sn^{4+}$

$Sn^{2+}+2Hg^{2+}+2Cl^-=Hg_2Cl_2\downarrow+Sn^{4+}$

$Sn^{2+}+Hg_2Cl_2=2Hg\downarrow+Sn^{4+}+2Cl^-$

$3Sn(OH)_3^-+2Bi^{3+}+9OH^-=3Sn(OH)_6^{2-}+2Bi\downarrow$

$SnCl_2+H_2O=Sn(OH)Cl\downarrow+HCl$

$2Sn^{2+}+O_2+4H^+=2Sn^{4+}+2H_2O$

$Sn^{4+}+Sn=2Sn^{2+}$

$SnS+2H^++3Cl^-=SnCl_3^-+H_2S\uparrow$

$SnS+S_2^{2-}=SnS_3^{2-}$

$SnS_3^{2-}+2H^+=SnS_2\downarrow+H_2S\uparrow$

$SnS_2+S^{2-}=SnS_3^{2-}$

$3SnS_2+6OH^-=2SnS_3^{2-}+Sn(OH)_6^{2-}$

$SnS_2+4H^++6Cl^-=SnCl_6^{2-}+2H_2S\uparrow$

$Pb+4HNO_3=Pb(NO_3)_2+2NO_2\uparrow+2H_2O$

$Pb+2HAc=Pb(Ac)_2+H_2\uparrow$

$Pb+OH^-+2H_2O=Pb(OH)_3^-+H_2\uparrow$

$PbO_2+H_2SO_4=PbSO_4\downarrow+H_2O+1/2O_2\uparrow$

$PbO_2+4HCl=PbCl_2+Cl_2\uparrow+2H_2O$

$5PbO_2+2Mn^{2+}+4H^+\xlongequal{Ag^+}2MnO_4^-+5Pb^{2+}+2H_2O$

$Pb_3O_4+4HNO_3=PbO_2\downarrow+2Pb(NO_3)_2+2H_2O$

$PbS+4H_2O_2=PbSO_4\downarrow+4H_2O$

$3PbS+2NO_3^-+8H^+=3Pb^{2+}+3S\downarrow+2NO\uparrow+4H_2O$

$PbS + 2H^+ + 4Cl^- = PbCl_4^{2-} + H_2S\uparrow$

$PbS + 4OH^- + 2O_2 = PbO_2^{2-} + SO_4^{2-} + 2H_2O$

$PbSO_4 + HNO_3 = HSO_4^- + Pb(NO_3)^+$

$PbSO_4 + H_2SO_4 = Pb(HSO_4)_2$

$PbSO_4 + 3Ac^- = Pb(Ac)_3^- + SO_4^{2-}$

$PbSO_4 + 4OH^- = PbO_2^{2-} + SO_4^{2-} + 2H_2O$

$PbCrO_4 + 3OH^- = Pb(OH)_3^- + CrO_4^{2-}$

$2PbCrO_4 + 2H^+ = 2Pb^{2+} + Cr_2O_7^{2-} + H_2O$

$PbCl_2 + 2Cl^- = PbCl_4^{2-}$

$Pb^{2+} + 2I^- = PbI_2$

$PbI_2 + 2I^- = PbI_4^{2-}$

四、习题解答

1. 解释下列事实:

(1) 金刚石比石墨密度大、硬度高、绝缘性好,但化学活性稍差。

(2) Ge(Ⅳ)、Sn(Ⅳ)、Pb(Ⅳ)的稳定性依次降低。

(3) 常温下,CO_2 是气体,SiO_2 是固体。

(4) C_{60}与 F_2 在一定条件下,可以反应生成 $C_{60}F_{60}$。

(5) $PbCl_4$ 存在,PbI_4 不能稳定存在。

(6) CCl_4 不水解,而 $SiCl_4$ 易水解。

(7) 配制 $SnCl_2$ 溶液时要加盐酸和锡粒。

答 (1) 金刚石中每个 C 原子以 sp^3 杂化和相邻的 4 个 C 原子以共价键结合,是典型的原子晶体,所有的价电子参与成键,无自由电子,键能大。而石墨是混合晶体,同层每个碳原子以 sp^2 杂化轨道和相邻 3 个碳原子成键,未参与杂化的 p 轨道互相"肩并肩"形成大 π 键,电子可以流动,而层和层之间是分子间作用力,所以金刚石比石墨密度大、硬度高、绝缘性好,化学活性差。

(2) 根据惰性电子对效应,随着原子序数的增加,从 Ge 到 Sn 再到 Pb,ns^2 电子对的稳定性依次增强,因此 Ge(Ⅳ)、Sn(Ⅳ)、Pb(Ⅳ)越来越不稳定,越来越易得到电子。

(3) 因为 CO_2 是分子晶体,熔、沸点低,常温下为气体;而 SiO_2 为空间网状连接的原子晶体,大分子,熔、沸点高,常温下为固体。

(4) 因 C_{60}分子含有不饱和键,与极活泼的 F_2 发生加成反应即可生成 $C_{60}F_{60}$。

(5) 根据惰性电子对效应,Pb(Ⅳ)的氧化性很强,在卤族元素中,还原性大小顺序为 $I^- > Br^- > Cl^- > F^-$,Pb(Ⅳ)可氧化 I^-,因此 PbI_4 不能稳定存在。

(6) 因为在 $SiCl_4$ 中,中心原子 Si 的半径相对较大且有可以利用的 3d 空轨道,在水分子的攻击下,能形成五配位的中间体,最终脱出 HCl,产物为 $SiO_2 \cdot xH_2O$。而 C 原子半径小,原子配位已达饱和,没有可以利用的空轨道,不能形成配位中间体,且 C—Cl 键牢固,难以断裂,故其常温下相对水是惰性的。

(7) $SnCl_2$ 具有还原性和水解性，易氧化和水解，产物为碱式盐，水解反应如下：

$$SnCl_2 + H_2O \xlongequal{} Sn(OH)Cl\downarrow + HCl$$

$$2Sn^{2+} + O_2 + 4H^+ \xlongequal{} 2Sn^{4+} + 2H_2O$$

$$Sn^{4+} + Sn \xlongequal{} 2Sn^{2+}$$

加入 HCl 和 Sn 粒是为了抑制水解和氧化反应的进行。

2. 在 $0.2mol \cdot L^{-1}$ 的 Ca^{2+} 盐溶液中加入等浓度等体积的 Na_2CO_3 溶液，将得到什么产物？若以 $0.2mol \cdot L^{-1}$ 的 Cu^{2+} 盐代替 Ca^{2+} 盐，产物是什么？再以 $0.2mol \cdot L^{-1}$ 的 Al^{3+} 盐代替 Ca^{2+} 盐，产物又是什么？用计算结果说明。

解 $K^{\ominus}_{sp,Ca(OH)_2} = 6.9\times10^{-3}$ $K^{\ominus}_{sp,CaCO_3} = 8.7\times10^{-9}$

$K^{\ominus}_{sp,Cu(OH)_2} = 2.2\times10^{-20}$ $K^{\ominus}_{sp,CuCO_3} = 1.4\times10^{-10}$

$$CO_3^{2-} + H_2O \xlongequal{} HCO_3^- + OH^-$$

平衡浓度/$(mol \cdot L^{-1})$ $0.1-x$ x x

$$K^{\ominus}_{b_1} = K^{\ominus}_w / K^{\ominus}_{a_2} = 1.0\times10^{-14}/(5.6\times10^{-11}) = 1.8\times10^{-4}$$

因为 $c/K^{\ominus}_{b_1} > 400$，所以 $[OH^-] = \sqrt{c^{\ominus} \cdot K^{\ominus}_{b_1}} = 4.2\times10^{-3} mol \cdot L^{-1}$

$$[CO_3^{2-}] = 0.096 mol \cdot L^{-1}$$

(1) 因为

$$[Ca^{2+}][OH^-]^2 = 0.1\times0.0042^2 = 1.8\times10^{-6} < K^{\ominus}_{sp,Ca(OH)_2}$$

$$[Ca^{2+}][CO_3^{2-}] = 0.1\times0.096 > K^{\ominus}_{sp,CaCO_3}$$

所以 Ca^{2+} 盐溶液中加入等浓度等体积的 Na_2CO_3 溶液，得到的产物是$CaCO_3$。

(2) 因为

$$[Cu^{2+}][OH^-]^2 = 1.8\times10^{-6} > K^{\ominus}_{sp,Cu(OH)_2}$$

$$[Cu^{2+}][CO_3^{2-}] = 0.1\times0.096 > K^{\ominus}_{sp,CuCO_3}$$

所以 Cu^{2+} 盐溶液中加入等浓度等体积的 Na_2CO_3 溶液，得到的产物是 $CuCO_3 \cdot Cu(OH)_2$，即 $Cu_2(OH)_2CO_3$。

(3) 由于 Al^{3+} 水解能力很强，溶液中发生双水解反应：

$$2Al^{3+} + 3CO_3^{2-} + 6H_2O \xlongequal{} 2Al(OH)_3 + 3H_2CO_3$$

$$K^{\ominus} = \frac{(K^{\ominus}_w)^6}{[K^{\ominus}_{sp,Al(OH)_3}]^2\times(K^{\ominus}_{a_1}K^{\ominus}_{a_2})^3} = 7.4\times10^{31}$$

由平衡常数可见，反应生成 $Al(OH)_3$ 的倾向非常大。

3. 在实验室鉴定碳酸盐和碳酸氢盐，一般用下列方法。试写出有关反应方程式。

(1) 若试样中仅有一种固体，在加热(423K 左右)时放出 CO_2，则样品为碳酸氢盐。

(2) 若试样为溶液，可加 $MgSO_4$，立即有白色沉淀的为正盐，煮沸后才得到沉淀的为酸式盐。

(3) 若试液中二者均有，可先加过量 $CaCl_2$，正盐先沉淀。继续在滤液中加氨水，有白色沉淀出现说明有酸式盐。

答 (1) $2MHCO_3 \xlongequal{} M_2CO_3 + H_2O + CO_2\uparrow$

(2) 立即有白色沉淀的：

$$Mg^{2+} + CO_3^{2-} \longrightarrow MgCO_3 \downarrow$$

煮沸后才有沉淀的：

$$2HCO_3^- \longrightarrow H_2O + CO_2 \uparrow + CO_3^{2-}$$
$$Mg^{2+} + CO_3^{2-} \longrightarrow MgCO_3 \downarrow$$

(3) 两者均有的：

$$CO_3^{2-} + Ca^{2+} \longrightarrow CaCO_3 \downarrow$$

加氨水：

$$HCO_3^- + NH_3 \cdot H_2O \longrightarrow NH_4^+ + CO_3^{2-} + H_2O$$
$$Ca^{2+} + CO_3^{2-} \longrightarrow CaCO_3 \downarrow$$

4. 在硅酸钠溶液中加入氯化铵时生成沉淀；露置在空气中的水玻璃日久会产生白色沉淀。写出它们的反应式并说明。

答 Na_2SiO_3和NH_4Cl两种盐对应的分别为弱酸和弱碱，故两者在水溶液中发生双水解反应，反应式如下：

$$2NH_4^+ + SiO_3^{2-} + 2H_2O \longrightarrow H_2SiO_3 \downarrow + 2NH_3 \cdot H_2O$$
$$CO_2 + SiO_3^{2-} + H_2O \longrightarrow H_2SiO_3 \downarrow + CO_3^{2-}$$

生成的沉淀为硅酸。

5. 在298K时，将含有$Sn(ClO_4)_2$和$Pb(ClO_4)_2$的某溶液与过量的粉末状Sn-Pb合金一起振荡后，测得溶液中平衡浓度之比$[Pb^{2+}]/[Sn^{2+}]$为0.46。已知$E^\ominus_{Pb^{2+}/Pb} = -0.126V$，计算$E^\ominus_{Sn^{2+}/Sn}$值。

解 依吉布斯(Gibbs)自由能方程及能斯特(Nernst)公式可知，平衡态时

$$E_{Sn^{2+}/Sn} = E_{Pb^{2+}/Pb}$$

$$E_{Sn^{2+}/Sn} = E^\ominus_{Sn^{2+}/Sn} + \frac{0.0592}{2}\lg[Sn^{2+}]$$

$$E_{Pb^{2+}/Pb} = E^\ominus_{Pb^{2+}/Pb} + \frac{0.0592}{2}\lg[Pb^{2+}]$$

$$E^\ominus_{Sn^{2+}/Sn} = E^\ominus_{Pb^{2+}/Pb} + \frac{0.0592}{2}\lg\frac{[Pb^{2+}]}{[Sn^{2+}]}$$

$$= -0.126 + \frac{0.0592}{2}\lg 0.46$$

$$= -0.136(V)$$

6. 完成并配平下列反应方程式：

(1) $Sn + HCl \longrightarrow$

(2) $Sn + Cl_2 \longrightarrow$

(3) $SnCl_2 + FeCl_3 \longrightarrow$

(4) $SnCl_4 + H_2O \longrightarrow$

(5) $SnS + Na_2S_2 \longrightarrow$

(6) $SnS_3^{2-} + H^+ \longrightarrow$

(7) $Sn + SnCl_4 \longrightarrow$

(8) $PbS + HNO_3 \longrightarrow$

(9) $Pb_3O_4 + HI$(过)$\longrightarrow$

(10) $Pb^{2+} + OH^-$(过)$\longrightarrow$

(11) $Pb_3O_4 + HNO_3 \longrightarrow$

(12) $PbO_2 + H_2O_2 \longrightarrow$

(13) $PbO_2 + H_2SO_4$(浓)$\longrightarrow$

(14) $GeCl_4 + H_2O \longrightarrow$

(15) $GeCl_4 + Ge \xrightarrow{\triangle}$

(16) $GeS + (NH_4)_2S_2 \longrightarrow$

(17) $Ge + HNO_3 \longrightarrow$

(18) $PbO_2 + HCl$(浓)$\longrightarrow$

答 (1) $Sn + 2HCl = SnCl_2 + H_2\uparrow$

(2) $Sn + 2Cl_2 = SnCl_4$

(3) $SnCl_2 + 2FeCl_3 = 2FeCl_2 + SnCl_4$

(4) $SnCl_4 + 3H_2O = H_2SnO_3 + 4HCl$

(5) $SnS + Na_2S_2 = Na_2SnS_3$

(6) $SnS_3^{2-} + 2H^+ = SnS_2\downarrow + H_2S\uparrow$

(7) $Sn + SnCl_4 = 2SnCl_2$

(8) $3PbS + 2HNO_3 + 6H^+ = 3Pb^{2+} + 3S\downarrow + 2NO\uparrow + 4H_2O$

(9) $Pb_3O_4 + 14HI$(过)$= 3H_2PbI_4 + I_2\downarrow + 4H_2O$

(10) $Pb^{2+} + 3OH^-$(过)$= Pb(OH)_3^-$

(11) $Pb_3O_4 + 4HNO_3 = PbO_2\downarrow + 2Pb(NO_3)_2 + 2H_2O$

(12) $PbO_2 + H_2O_2 = PbO\downarrow + O_2\uparrow + H_2O$

(13) $2PbO_2 + 2H_2SO_4$(浓)$= 2PbSO_4\downarrow + 2H_2O + O_2\uparrow$

(14) $GeCl_4 + 4H_2O = H_4GeO_4\downarrow + 4HCl$

(15) $GeCl_4 + Ge \overset{\triangle}{=} 2GeCl_2$

(16) $GeS + (NH_4)_2S_2 = (NH_4)_2GeS_3$

(17) $Ge + 4HNO_3 = GeO_2 \cdot 2H_2O\downarrow + 4NO_2\uparrow$

(18) $PbO_2 + 4HCl$(浓)$= PbCl_2 + Cl_2\uparrow + 2H_2O$

7. 今有一瓶白色固体，可能含有 $SnCl_2$、$SnCl_4$、$PbCl_2$、$PbSO_4$ 等化合物，从下列实验现象判断哪几种物质确实存在，并用反应式表示实验现象：

(1) 白色固体用水处理得一乳浊液 A 和不溶固体 B。

(2) 乳浊液 A 加入适量 HCl 则乳浊状基本消失，滴加碘-淀粉溶液可褪色。

(3) 固体 B 易溶于 HCl，通 H_2S 得黑色沉淀，此沉淀与 H_2O_2 反应后，又生成白色沉淀。

答 依据实验现象，可以判断含有 $SnCl_2$、$PbCl_2$，反应如下：

$$SnCl_2+H_2O \longrightarrow Sn(OH)Cl+HCl \quad (乳浊液)$$

$PbCl_2$ 难溶物

$$Sn(OH)Cl+HCl \xlongequal{} SnCl_2+H_2O$$

$$Sn^{2+}+I_2 \xlongequal{} Sn^{4+}+2I^- \quad (蓝色消失)$$

$$PbCl_2+2HCl \xlongequal{} H_2[PbCl_4]$$

$$Pb^{2+}+H_2S \xlongequal{} PbS\downarrow+2H^+ \quad (促使[PbCl_4]^{2-}解离)$$

$$PbS+4H_2O_2 \xlongequal{} PbSO_4\downarrow+4H_2O$$

8. 试从结构上分析碳的三种同素异形体——金刚石、石墨和 C_{60} 在性质上的差异。

答 (1) 金刚石是典型的原子晶体，每个碳原子以 sp^3 杂化轨道和相邻的 4 个 C 原子以共价键结合成无限三维骨架，所有价电子都参与形成共价键，无自由电子，不导电，室温下对所有化学试剂显惰性。

(2) 石墨每个碳原子以 sp^2 杂化轨道和相邻的 3 个 C 原子连接成层状结构，层间每个 C 原子未参与杂化的 p 轨道(含 1 个 p 电子)彼此平行重叠，形成离域 π 键，这些离域电子可以在整个碳原子平面层中自由移动，具有导电性，而且各个碳原子层间有较大的空隙，许多分子或离子能渗入其层间形成插入化合物或层间化合物。

(3) C_{60} 是空心球状结构，每个碳原子与周围 3 个 C 原子形成 3 个 σ 键，采用 $sp^{2.28}$ 杂化，用 3 个杂化轨道形成 σ 键，每个碳原子剩下 1 个轨道($s^{0.09}p^{0.90}$)与球面成 101.6°，形成离域 π 键，具有芳香性。

9. 选用适当的电极反应的标准电势，说明下列反应中哪个能进行。

(1) $PbO_2+4H^++Sn^{2+} \longrightarrow Pb^{2+}+Sn^{4+}+2H_2O$

(2) $Sn^{4+}+Pb^{2+}+2H_2O \longrightarrow Sn^{2+}+PbO_2+4H^+$

计算能进行的反应的 $\Delta G^\ominus$ 和平衡常数。

解 查表知

$$E^\ominus_{PbO_2/Pb^{2+}}=1.698V \qquad E^\ominus_{Sn^{4+}/Sn^{2+}}=0.15V$$

因此，氧化还原反应按照(1)进行。

$$PbO_2+4H^++Sn^{2+} \xlongequal{} Pb^{2+}+Sn^{4+}+2H_2O$$

$$\lg K^\ominus=\frac{2\times(1.698-0.15)}{0.0592}$$

$$K^\ominus=1.98\times10^{52}$$

$$\Delta G^\ominus=-RT\ln K^\ominus=-298kJ\cdot mol^{-1}$$

10. 某灰黑色固体 A 燃烧的产物为白色固体 B。B 与氢氟酸作用时能产生一无色气体 C，C 通入水中产生白色沉淀 D 及溶液 E。D 用适量 NaOH 溶液处理可得溶液 F，F 中加入 NH_4Cl 溶液则 D 重新沉淀。溶液 E 加过量的 NaCl 时，得一无色晶体 G。该灰黑色物质是什么？写出有关的反应式。

答 依据题意可知

A：Si　B：SiO_2　C：SiF_4　D：H_2SiO_3　E：H_2SiF_6　F：Na_2SiO_3　G：Na_2SiF_6

有关反应式如下：

$Si+O_2 \xlongequal{} SiO_2$

$SiO_2+4HF \xlongequal{} SiF_4\uparrow+2H_2O$

$SiF_4+H_2O \xlongequal{} Si(OH)_4\downarrow+4HF \longrightarrow H_2SiO_3\downarrow+H_2SiF_6$

$H_2SiO_3+2NaOH \xlongequal{} Na_2SiO_3+2H_2O$

$Na_2SiO_3+2NH_4Cl+2H_2O \xlongequal{} 2NH_3\cdot H_2O+H_2SiO_3\downarrow+2NaCl$

$H_2SiF_6+2NaCl \xlongequal{} Na_2SiF_6\downarrow+2HCl$

11. 有一红色固体粉末A，加入 HNO_3 后得棕色沉淀B，把此沉淀分离后，在溶液中加入 K_2CrO_4 溶液得黄色沉淀C；向B中加入浓盐酸则有气体D发生，且此气体有氧化性。A、B、C、D各为何物？

答 A：Pb_3O_4 B：PbO_2 C：$PbCrO_4$ D：Cl_2

有关反应式如下：

$$Pb_3O_4+4HNO_3 \xlongequal{} PbO_2\downarrow+2Pb(NO_3)_2+2H_2O$$

$$Pb(NO_3)_2+K_2CrO_4 \xlongequal{} PbCrO_4\downarrow+2KNO_3$$

$$PbO_2+4HCl(浓) \xlongequal{} PbCl_2+Cl_2\uparrow+2H_2O$$

12. 锗作为半导体材料，必须具有极高的纯度。制备化学纯锗的流程如下：

锗矿石$\longrightarrow$富集$\xrightarrow{转化}$粗 GeO_2 $\xrightarrow[处理]{盐酸}$粗 $GeCl_4$ $\xrightarrow{精馏法提纯}$纯 $GeCl_4$ $\xrightarrow{水解}$纯 GeO_2 $\xrightarrow[Zn]{还原}$化学纯锗

根据上述流程回答：

(1) 为了提高 $GeCl_4$ 的产率可采取哪些简便措施？如果温度控制过高，将出现何种结果？

(2) 在粗的 GeO_2 中常含有少量杂质 As_2O_3，为除掉它可加入浓盐酸，并通入大量氯气，使其转化为可溶物而留在溶液中。可溶物是什么？请写出上述两步的反应方程式。

(3) 用纯水将 $GeCl_4$ 水解并加热得到高纯度的 GeO_2，再用锌还原得到纯度为4个"9"(99.99%)的锗，请写出上述各步的反应方程式。

答 (1) 可以采取加大盐酸浓度及用量，尽量保证粗 GeO_2 反应完全，如果温度控制过高，反应物HCl易挥发，则产率降低。

(2) 可溶物为砷酸：

$$As_2O_3+6HCl(浓) \xlongequal{} 2AsCl_3+3H_2O$$

$$4H_2O+AsCl_3+Cl_2 \xlongequal{} H_3AsO_4+5HCl$$

(3)

$$GeCl_4+4H_2O \xlongequal{} GeO_2\cdot 2H_2O\downarrow+4HCl\uparrow$$

$$GeO_2\cdot 2H_2O \xlongequal{\triangle} GeO_2+2H_2O$$

$$GeO_2+2Zn \xlongequal{} Ge+2ZnO$$

13. 提供两种硅器件的腐蚀剂，写出有关的反应方程式。半导体工业生产单质硅过程中有三个重要反应，请写出生产纯硅有关反应方程式。

(1) 二氧化硅用碳还原为粗硅。

(2) 硅被氯气氧化生成四氯化硅。

(3) 四氯化硅被镁还原生成纯硅。

答 HF-HNO_3、重铬酸盐可作硅器件的腐蚀剂：

$$Si+4HNO_3(浓)+6HF = H_2[SiF_6]+4NO_2\uparrow+4H_2O$$

$$3Si+2Cr_2O_7^{2-}+16H^+ = 3SiO_2\downarrow+4Cr^{3+}+8H_2O$$

(1) $SiO_2+C = Si+CO_2\uparrow$

(2) $Si+2Cl_2 = SiCl_4$

(3) $SiCl_4+2Mg = Si+2MgCl_2$

14. 固体 C_{60} 与金刚石比较，哪个熔点高？为什么？

答 C_{60} 中每个碳原子与周围 3 个 C 原子形成 3 个 σ 键，参与形成 2 个六元环、1 个五元环，为球面形，$sp^{2.28}$ 杂化，每个碳原子剩下 1 个轨道，形成离域 π 键，球间是范德华(van der Waals)力而不是化学键力，属于分子晶体，熔点低。而金刚石中每个碳原子以 sp^3 杂化轨道和相邻的 4 个 C 原子以共价键结合，形成无限三维骨架，C—C键很强，所有价电子都参与形成共价键，属于原子晶体，故硬度大，熔点高。

15. 试说明为什么三甲硅烷基胺分子 $(SiH_3)_3N$ 是弱的路易斯碱，而三甲基胺分子 $(CH_3)_3N$ 的碱性较强(前者为平面三角形，后者为三角锥形)。

答 在 $(SiH_3)_3N$ 分子中，中心 N 原子 sp^2 杂化，其中有 1 个未参与杂化的 p 轨道上有 1 对电子，而 Si 有空 d 轨道，Si 原子可以与中心 N 原子形成 d-pπ 配键，分散了中心 N 原子的孤对电子，以至于其难以被质子或路易斯酸进攻，而且 Si 的原子半径比 C 原子大，从空间上也阻碍质子或路易斯酸进攻，同时 sp^2 杂化形成的平面三角形是一种稳定构型，故碱性较弱。

在 $(CH_3)_3N$ 分子中，中心 N 原子 sp^3 杂化，形成三角锥形结构，处于其中 1 个 sp^3 杂化轨道上的孤对电子呈裸露态势，C 原子半径小，没有可利用的空轨道，故 $(CH_3)_3N$ 分子中 N 上的孤对电子易给出，表现出较强的碱性。

16. 有一块合金和适当浓度的 HNO_3 共煮至反应终止。将不溶解的白色沉淀和溶液过滤分离后，试验它们的性质时发现：此白色沉淀不溶于一般的酸和碱，只溶于熔融的苛性碱和热的浓盐酸中；当将滤液调至弱酸性，并加入 K_2CrO_4 时，则有黄色沉淀生成。此合金由哪两种金属组成？并用化学反应方程式表示各性质实验。

答 依题意可知，合金为 Sn、Pb 合金，有关反应方程式如下：

$$Pb+4HNO_3 = Pb(NO_3)_2+2NO_2\uparrow+2H_2O$$

$$PbNO_3+K_2CrO_4 = PbCrO_4\downarrow+2KNO_3$$

$$Sn+4HNO_3 = H_2SnO_3+4NO_2\uparrow+H_2O$$

$$H_2SnO_3+2NaOH+H_2O = Na_2[Sn(OH)_6]$$

$$H_2SnO_3+6HCl = H_2SnCl_6+3H_2O$$

第4章　氮族元素

一、学习要点

(1) 氮族元素价电子构型与性质变化规律，氮、磷的成键特征。

(2) 联氨、羟胺、叠氮酸的结构与性质。

(3) 氮的氧化物、氯化物、含氧酸及其盐的结构、性质与应用。

(4) 磷单质、氢化物、氧化物、卤化物的结构、性质与应用。

(5) 磷含氧酸及其盐的结构特征、性质与应用。

(6) 砷、锑、铋氧化物和硫化物的酸碱变化规律与性质。

(7) 铋的特殊性，三价铋与五价铋的转化。

二、重要内容

1. 第二周期与第四周期元素的特点

第二周期元素具有以下特殊性：

(1) 由于原子半径小，又无可利用的d轨道，故最高配位数为4。

(2) 原子半径小，易形成双键、三键。

(3) 第二周期非金属元素电负性较大，原子半径小，可以形成氢键。

(4) 往往与同族的其他成员不相似，而与右下方元素相似——对角线相似。

例如，碳和氮处于第二周期，原子半径较小，电负性较大，与同族其他成员相比表现出许多特殊性。碳原子间、氮原子间有强烈的自相成键的倾向，单键强度较大。除单键外，碳原子间还存在 C═C、C≡C 键，氮原子间还存在 N═N、N≡N 键，而硅原子、磷原子由于半径较大，形成重键的倾向弱得多。碳、氮的最大配位数通常为4，硅和磷有d轨道可利用，最大配位数可达6，可形成p-dπ反馈键。

第四周期元素往往表现出性质上的跳跃。例如，第四周期元素Ga的电离能比Al大，Ge的电负性比Si大，BrO_4^-、SeO_4^{2-}、AsO_4^{3-} 的氧化性也比 ClO_4^-、SO_4^{2-}、PO_4^{3-} 强。这是由于第四周期电子填充d轨道，d电子云疏松，屏蔽效应小，有效核电荷数增大，同时由于原子模型的松紧效应，核对最外层电子吸引较大，因此第四周期原子半径、离子半径增加得较少，个别的甚至小于第三周期，从而影响电负性、电离能、电极电势等。

2. 硝酸盐和磷酸盐的热分解

1) 硝酸盐

硝酸盐不稳定，加热易分解，分解产物与金属离子的极化能力有关。

（1）电位序在 Mg 以前的金属硝酸盐，受热分解生成相应的亚硝酸盐，并放出 O_2。

$$2NaNO_3 \xlongequal{\triangle} 2NaNO_2 + O_2\uparrow$$

$$Ca(NO_3)_2 \xlongequal{\triangle} Ca(NO_2)_2 + O_2\uparrow$$

（2）电位序为 Mg～Cu 的金属硝酸盐，受热分解生成相应的氧化物，并放出 NO_2 和O_2。

$$2Pb(NO_3)_2 \xlongequal{\triangle} 2PbO + 4NO_2\uparrow + O_2\uparrow$$

（3）电位序在 Cu 以后的金属硝酸盐，受热分解生成金属单质，并放出 NO_2 和 O_2。

$$2AgNO_3 \xlongequal{\triangle} 2Ag + 2NO_2\uparrow + O_2\uparrow$$

$$Hg_2(NO_3)_2 \xlongequal{\triangle} 2HgO + 2NO_2\uparrow$$

$$\xrightarrow[\triangle]{573K} 2Hg + O_2\uparrow$$

除上述情况外，还有一些例外，如 $Sn(NO_3)_2$、$Fe(NO_3)_2$ 受热分解后是被氧化生成 SnO_2、Fe_2O_3，而不是 SnO、FeO。

2）磷酸盐

正磷酸盐比较稳定，常见的盐除铵盐外，通常情况下不易分解。磷酸氢盐较易分解，加热时可发生缩聚反应。

$$2Na_2HPO_4 \xlongequal{\triangle} Na_4P_2O_7 + H_2O$$

$$2Na_2HPO_4 + NaH_2PO_4 \xlongequal{\triangle} Na_5P_3O_{10} + 2H_2O$$

亚磷酸及其盐受热发生歧化反应。

$$4H_3PO_3 \xlongequal{\triangle} 3H_3PO_4 + PH_3\uparrow$$

3. 典型结构

NH_2OH 的结构

$NH_2—NH_2$ 的结构

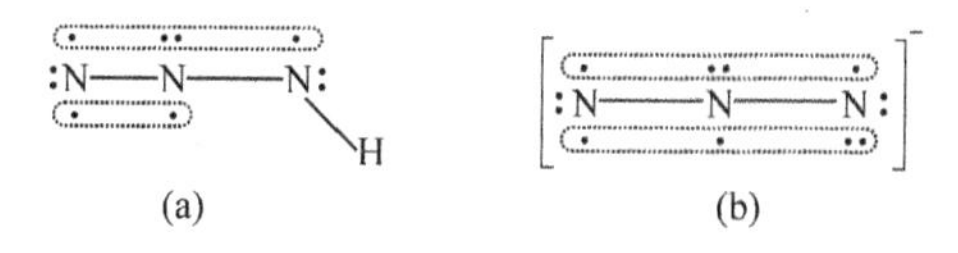

HN_3 和 N_3^- 的结构

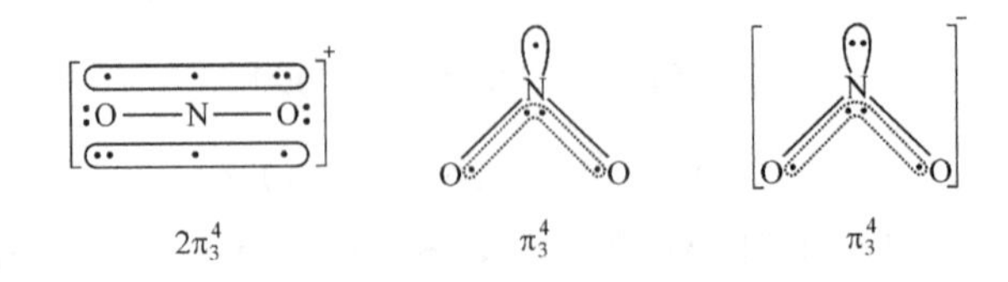

NO_2^+、NO_2 和 NO_2^- 的结构

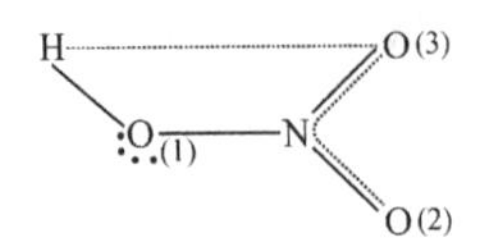

HNO_3 的结构

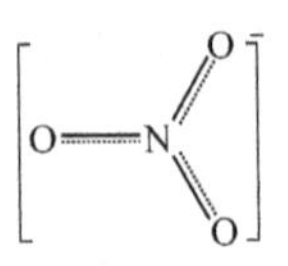

NO_3^- 的结构

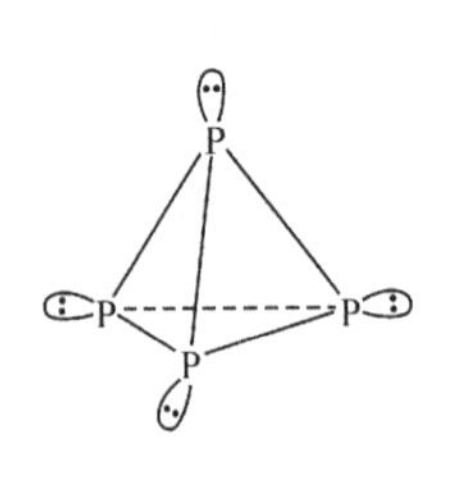

P_4 分子结构

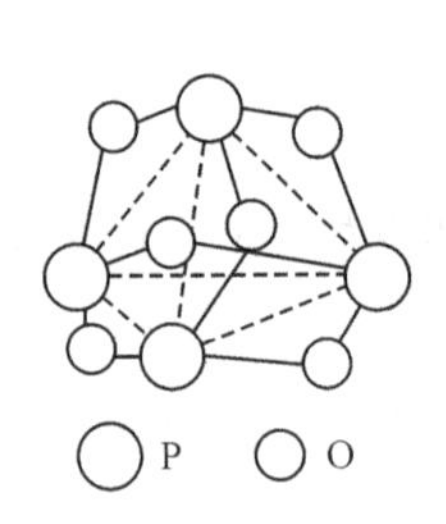

双键 单键

P_4O_6 和 P_4O_{10} 的结构

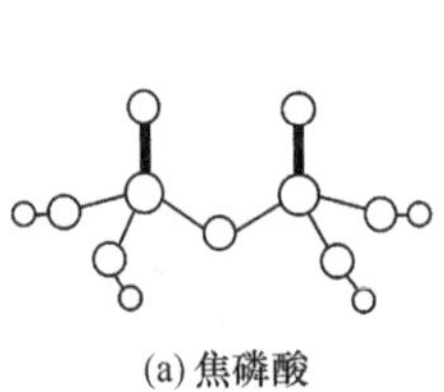

(a) 焦磷酸

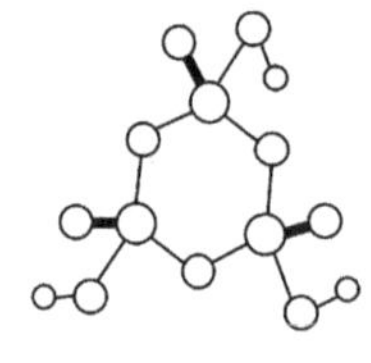

(b) 环状三聚偏磷酸

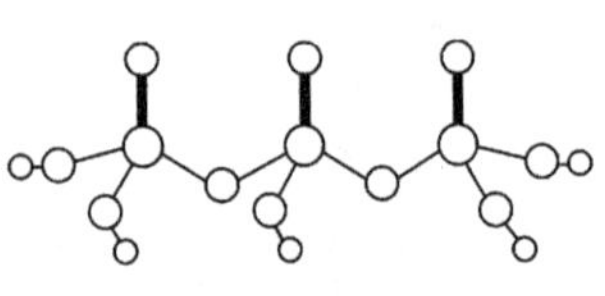

(c) 链状三聚磷酸

P O H 双键 单键

多磷酸的结构

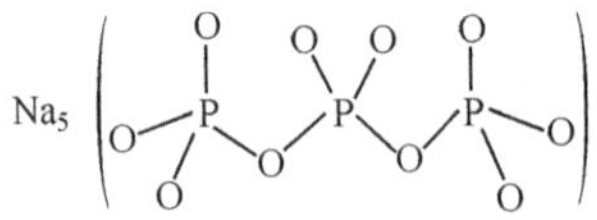

Na_5

三聚磷酸钠

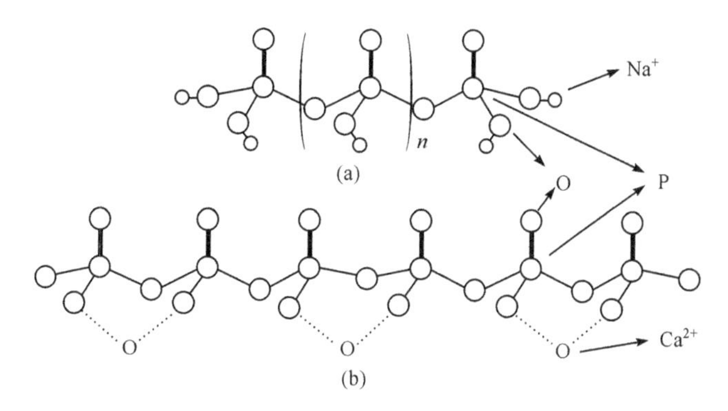

多聚偏磷酸根阴离子

三、重要化学方程式

$4NH_3+3O_2 = 2N_2\uparrow+6H_2O$

$2NH_3+3Cl_2 = N_2\uparrow+6HCl$

NH_3+3Cl_2(过量)$= NCl_3+3HCl$

$2NH_3+3H_2O_2 = N_2\uparrow+6H_2O$

$2NH_3+2MnO_4^- = 2MnO_2+N_2\uparrow+2OH^-+2H_2O$

$2NH_3+OCl^- = N_2H_4+Cl^-+H_2O$

$NH_4HCO_3 \xlongequal{常温} NH_3\uparrow+CO_2\uparrow+H_2O$

$NH_4Cl \xlongequal{\triangle} NH_3\uparrow+HCl\uparrow$

$(NH_4)_2SO_4 \xlongequal{\triangle} NH_3\uparrow+NH_4HSO_4$

$(NH_4)_3PO_4 \xlongequal{\triangle} 3NH_3\uparrow+H_3PO_4$

$NH_4NO_3 \xlongequal{\triangle} N_2O\uparrow+2H_2O$

$2NH_4NO_3 \xlongequal{\triangle} 2N_2\uparrow+O_2\uparrow+4H_2O$

$N_2H_4+O_2 = N_2\uparrow+2H_2O$

$2NaNH_2+N_2O = NaN_3+NaOH+NH_3\uparrow$

$2Na_2O+N_2O+NH_3 = NaN_3+3NaOH$

$Pb(NO_2)_2+4HN_3 = Pb(N_3)_2+2N_2\uparrow+2N_2O\uparrow+2H_2O$

$Pb(N_3)_2 \xlongequal{\triangle} Pb+3N_2\uparrow$

$NH_4Cl+3Cl_2 = NCl_3+4HCl$

$2NCl_3 = 3Cl_2\uparrow+N_2\uparrow$

$2NO+3I_2+4H_2O = 2NO_3^-+8H^++6I^-$

$4NO_2+H_2S = 4NO\uparrow+SO_3\uparrow+H_2O$

$NO_2+CO = NO\uparrow+CO_2\uparrow$

$NO_2+2HX \xlongequal{\triangle} NO+H_2O+X_2$　　(X=Cl、Br)

$10NO_2+2MnO_4^-+2H_2O \xlongequal{} 2Mn^{2+}+10NO_3^-+4H^+$

$2HNO_2+2I^-+2H^+ \xlongequal{} 2NO\uparrow+I_2+2H_2O$

$5NO_2^-+2MnO_4^-+6H^+ \xlongequal{} 5NO_3^-+2Mn^{2+}+3H_2O$

$NO_2^-+Cl_2+H_2O \xlongequal{} NO_3^-+2H^++2Cl^-$

$3C+4HNO_3 \xlongequal{\triangle} 3CO_2\uparrow+4NO\uparrow+2H_2O$

$S+6HNO_3 \xlongequal{\triangle} H_2SO_4+6NO_2\uparrow+2H_2O$

$3P+5HNO_3+2H_2O \xlongequal{\triangle} 3H_3PO_4+5NO\uparrow$

$As+5HNO_3 \xlongequal{\triangle} H_3AsO_4+5NO_2\uparrow+H_2O$

$3I_2+10HNO_3 \xlongequal{\triangle} 6HIO_3+10NO\uparrow+2H_2O$

$Cu+4HNO_3$(浓)$\xlongequal{} Cu(NO_3)_2+2NO_2\uparrow+2H_2O$

$3Cu+8HNO_3$(稀)$\xlongequal{} 3Cu(NO_3)_2+2NO\uparrow+4H_2O$

$4Zn+10HNO_3$(稀)$\xlongequal{} 4Zn(NO_3)_2+N_2O\uparrow+5H_2O$

$4Zn+10HNO_3$(极稀)$\xlongequal{} 4Zn(NO_3)_2+NH_4NO_3+3H_2O$

$2P+3X_2 \xlongequal{\triangle} 2PX_3$　　($PX_3+X_2 \xlongequal{} PX_5$)

$4P+3S \xlongequal{\triangle} P_4S_3$　　(P_4S_4、P_4S_{10})

$P_4+3NaOH+3H_2O \xlongequal{\triangle} PH_3\uparrow+3NaH_2PO_2$

$11P+15CuSO_4+24H_2O \xlongequal{\triangle} 5Cu_3P+6H_3PO_4+15H_2SO_4$

$P_4+10CuSO_4+16H_2O \xlongequal{冷} 10Cu+4H_3PO_4+10H_2SO_4$

$P_4+6H_2 \xlongequal{} 4PH_3\uparrow$

$PH_3+6Ag^++3H_2O \xlongequal{} 6Ag+H_3PO_3+6H^+$

$PH_3+8Cu^{2+}+4H_2O \xlongequal{} H_3PO_4+8Cu^++8H^+$

$6Cu^++2PH_3 \xlongequal{} 2Cu_3P+6H^+$

$8Cu^++PH_3+4H_2O \xlongequal{} H_3PO_4+8Cu+8H^+$

$P_4O_6+6H_2O$(冷)$\xlongequal{} 4H_3PO_3$

$P_4O_6+6H_2O$(热)$\xlongequal{} PH_3\uparrow+3H_3PO_4$

$3Ag^++HPO_4^{2-} \xlongequal{} Ag_3PO_4\downarrow+H^+$

$3Ag^++H_2PO_4^- \xlongequal{} Ag_3PO_4\downarrow+2H^+$

$Na_5P_3O_{10}+M^{2+} \xlongequal{} Na_3MP_3O_{10}+2Na^+$　　(M=Ca、Mg、Fe 等)

$H_2PO_2^-+Ni^{2+}+H_2O \xlongequal{} HPO_3^{2-}+Ni+3H^+$

$As_2O_3+6Zn+6H_2SO_4 \xlongequal{} 2AsH_3\uparrow+6ZnSO_4+3H_2O$

$2AsH_3 \xlongequal{\triangle} 2As+3H_2\uparrow$

$5NaClO+2As+3H_2O \xlongequal{} 2H_3AsO_4+5NaCl$

$AsCl_3+3H_2O \xlongequal{} H_3AsO_3+3HCl$

$SbCl_3+H_2O \xlongequal{} SbOCl\downarrow+2HCl$

$BiCl_3 + H_2O \xlongequal{} BiOCl\downarrow + 2HCl$

$3PCl_5 + 5AsF_3 \xlongequal{} 3PF_5 + 5AsCl_3$

$AsCl_3 + SbCl_5 + Cl_2 \xlongequal{} [AsCl_4]^+ + [SbCl_6]^-$

$M_2S_3 + 6OH^- \xlongequal{} MO_3^{3-} + MS_3^{3-} + 3H_2O$ (M=As、Sb)

$3M_2S_5 + 6OH^- \xlongequal{} MO_3^- + 5MS_3^- + 3H_2O$ (M=As、Sb)

$M_2S_3 + 3Na_2S \xlongequal{} 2Na_3MS_3$ (M=As、Sb)

$M_2S_5 + 3Na_2S \xlongequal{} 2Na_3MS_4$ (M=As、Sb)

$2(NH_4)_3SbS_4 + 6HCl \xlongequal{} Sb_2S_5\downarrow + 3H_2S\uparrow + 6NH_4Cl$

$2Sb^{5+} + 5H_2S \xlongequal{} Sb_2S_5\downarrow + 10H^+$

$2Sb^{5+} + 5H_2S \xlongequal{} Sb_2S_3\downarrow + 2S\downarrow + 10H^+$

$AsO_3^{3-} + I_2 + 2OH^- \xlongequal{} AsO_4^{3-} + 2I^- + H_2O$

$H_3AsO_4 + 2H^+ + 2I^- \xlongequal{} H_3AsO_3 + I_2 + H_2O$

$2Mn^{2+} + 5NaBiO_3(s) + 14H^+ \xlongequal{} 2MnO_4^- + 5Bi^{3+} + 5Na^+ + 7H_2O$

$2Bi^{3+} + 3Sn(OH)_4^{2-} + 6OH^- \xlongequal{} 2Bi + 3Sn(OH)_6^{2-}$

四、习题解答

1. 从 N_2 分子的结构如何看出它的稳定性？哪些数据可以说明 N_2 分子的稳定性？

答 N_2 结构式为 :N≡N:，分子中有三键。

N_2 的总键能、键长、键级等数据可以说明分子的稳定性。

2. NF_3 的沸点低(−129℃)，且不显碱性，而 NH_3 沸点高(−33℃)却是众所周知的路易斯碱。请说明它们挥发性差别如此之大及碱性不同的原因。

答 NH_3 中存在分子间氢键，沸点高。

F 的电负性比 N 的大，N—F 键电子对偏向 F，使得 NF_3 中 N 上电子云密度较低，给出孤对电子的趋势较弱；H 的电负性比 N 的小，N—H 键电子对偏向 N，使得 NH_3 中 N 上电子云密度较高，给出孤对电子的趋势较强，因此 NH_3 的碱性比 NF_3 强。

3. 为什么在化合物分类中往往把铵盐和碱金属盐列在一起？

答 因为铵根离子与碱金属离子的半径相近，铵盐的结构、溶解度等性质与碱金属盐相似。

4. 加热固体的碳酸氢铵、氯化铵、硝酸铵和硫酸铵将发生什么反应？写出有关反应方程式。

答 $NH_4HCO_3 \xlongequal{\triangle} NH_3\uparrow + CO_2\uparrow + H_2O$ 白色固体消失，生成白雾

$NH_4Cl \xlongequal{\triangle} NH_3\uparrow + HCl\uparrow$ 白色固体消失，生成有刺激性气味气体

$NH_4NO_3 \xlongequal{<573K} N_2O\uparrow + 4H_2O$ 白色固体消失，生成无色气体

$NH_4NO_3 \xlongequal{>573K} 2N_2\uparrow + O_2\uparrow + 4H_2O$ 白色固体消失，生成无色气体

$(NH_4)_2SO_4 \xlongequal{\triangle} NH_3\uparrow + NH_4HSO_4$ 生成有刺激性气味白雾

5. 写出联氨、羟胺、氨基化钠和亚氨基化锂的分子式，指出它们在常温下存在的状态及其特征化学性质。将联氨选作火箭燃料的根据是什么？

答

物　质	分子式	常温存在状态	特征化学性质
联氨	N_2H_4	无色发烟液体	碱性、配位性、氧化还原性
羟胺	NH_2OH	白色固体	碱性、配位性、氧化还原性
氨基化钠	$NaNH_2$	白色晶体或粉末	碱性、还原性、热分解性
亚氨基化锂	Li_2NH	白色晶体或粉末	碱性、还原性、毒性

将联氨选作火箭燃料的根据是：①其燃烧反应的热效应很大；②联氨质量小，1kg 联氨燃烧产生的热量特别高；③燃烧产物是一些小分子，有助于形成高压喷射；④在常温下液态，便于储存和运输；⑤联氨为弱碱，对设备的腐蚀性较小。

6. 为什么亚硝酸和亚硝酸盐既有还原性，又有氧化性？试举例说明。

答　HNO_2 及其盐中 N 处于中间价态＋3 价，既可以升高到＋5 价，也可以降低到＋1 价、＋2 价等，因此既有氧化性也有还原性。例如

$$2HNO_2+2I^-+2H^+ \xlongequal{} 2NO+I_2+2H_2O \qquad \text{氧化性}$$

$$5NO_2^-+2MnO_4^-+6H^+ \xlongequal{} 5NO_3^-+2Mn^{2+}+3H_2O \qquad \text{还原性}$$

7. 比较亚硝酸盐在不同介质中的氧化还原性。

答　酸性介质中，HNO_2 以氧化性为主，作为氧化剂其还原产物是 NO、N_2O、N_2 等，以 NO 最为常见；但当遇到很强的氧化剂（如 $KMnO_4$、Cl_2）时，它又起还原剂的作用，作为还原剂其产物为 NO_3^-。

碱性介质中，NO_2^- 的还原性是主要的，产物通常为 NO_3^-。

8. 为什么硝酸在不同浓度时被还原的程度大小并不是和氧化性的强弱一致的？例如，浓 HNO_3 通常被还原为 NO_2 只得 1 个电子，而氧化性较差的稀 HNO_3 却被还原为 NO 得 3 个电子。

答　硝酸被还原的程度还与其浓度、反应对象的活泼性及温度、催化剂等因素有关。

由于浓硝酸氧化性很强，与金属反应速率快，生成的 NO_2 不能继续得电子，因此产物为 NO_2；稀硝酸氧化能力不如浓硝酸，生成 NO_2 后，NO_2 会继续得电子，生成 NO；硝酸越稀，氧化性越弱，则产物进一步得电子的可能性越大，N 的价态越低。

9. 提供实验室制取氮气的两种方法，并写出相应的反应方程式。

答　(1) 亚硝酸钠与氯化铵的饱和溶液相互作用：

$$NaNO_2+NH_4Cl \xlongequal{} NaCl+N_2\uparrow+2H_2O$$

(2) 将氨通过红热的氧化铜：

$$2NH_3+3CuO \xlongequal{} N_2\uparrow+3Cu+3H_2O$$

10. 写出钠、铅、银等金属硝酸盐热分解反应方程式。

答　(1) $2NaNO_3 \xlongequal{\triangle} 2NaNO_2+O_2\uparrow$

(2) $2Pb(NO_3)_2 \xlongequal{\triangle} 2PbO + 4NO_2\uparrow + O_2\uparrow$

(3) $2AgNO_3 \xlongequal{\triangle} 2Ag + 2NO_2\uparrow + O_2\uparrow$

11. 在 P_4 分子中 P—P—P 键的键角约为多少？说明 P_4 分子在常温下具有高反应活性的原因。

答 P_4 分子为四面体形，其中∠P—P—P=60°，比用纯 p 轨道成键时键角(90°)小得多，使得 P_4 分子 P—P 键具有较大的张力，形成弯键，易于断裂。这种结构的不稳定性使得白磷在常温下具有高反应活性。

12. 通常如何存放金属钠和白磷？为什么？

答 钠存放在煤油中隔绝空气，因为 Na 与空气中的氧气、水都会反应，而且 Na 的密度大于煤油。

白磷储存在水中隔绝空气，因为白磷在空气中自燃生成 P_4O_6 或 P_4O_{10}，而且白磷不溶于水。

13. 试讨论为什么 PCl_3 的水解产物是 H_3PO_3 和 HCl，而 NCl_3 的水解产物却是 HOCl 和 NH_3。

答 PCl_3 与 NCl_3 的水解产物不同，在于进攻的对象不同。

在 PCl_3 中，因为 P 有可利用的空 d 轨道，水分子进攻 P，采取 sp^3d 杂化，形成配位中间体，因此产物为 H_3PO_3 和 HCl；在 NCl_3 中，N 无可利用的空 d 轨道，半径又小，但是 N 有孤对电子，因此发生亲电反应，接受 H_2O 中的 H，同时 Cl 有可以利用的 3d 轨道，接受 H_2O 中 O 的孤对电子，产物为 NH_3 和 HOCl。

14. 讨论 H_3PO_4 的分子结构、挥发性和酸性强弱。从结构上判断下列酸的强弱：

H_3PO_4　　$H_4P_2O_7$　　HNO_3

答 磷酸的分子结构：

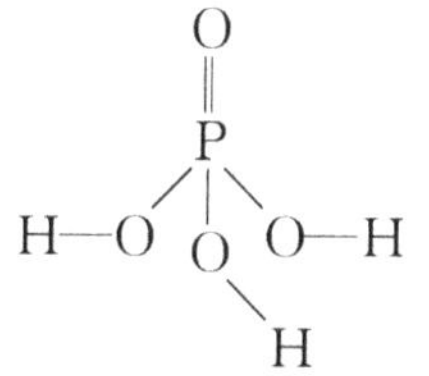

```
          O
          ‖
          P
        / | \
  H—O   O   O—H
          \
           H
```

磷酸存在分子间氢键，所以难挥发；存在 1 个非羟基氧，所以为中强酸。

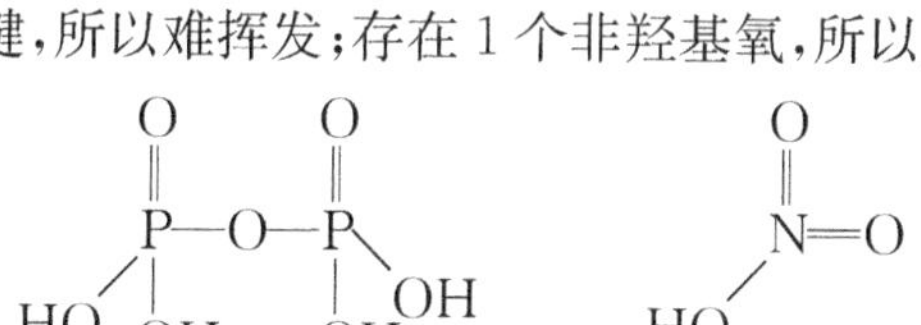

```
   O       O              O
   ‖       ‖              ‖
   P—O—P                  N═O
  / |      | \            /
HO  OH    OH  OH        HO
```

焦磷酸和硝酸存在 2 个非羟基氧，所以酸性增强。

15. 固体五氯化磷是由阴、阳离子组成的能导电的离子型化合物，但其蒸气却是分子型化合物。试画图确定固态离子和气态分子的结构及杂化类型。

答 固态 PCl_5 的结构单元分为 PCl_4^+(P 以 sp^3 杂化轨道成键：四面体形)和 PCl_6^-(P

以 sp^3d^2 杂化轨道成键：八面体形)，因此为离子型化合物，其结构为 CsCl 类型的正八面体。气态 PCl_5 的结构为三角双锥形，P 以 sp^3d 杂化轨道成键。

$[PCl_4]^+[PCl_6]^-$

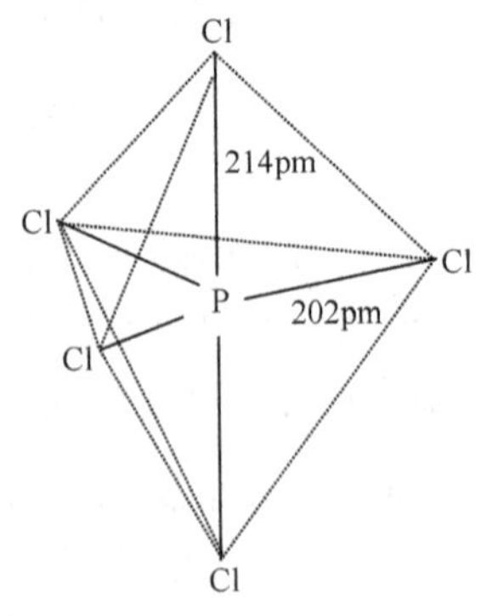

16. 写出由 PO_4^{3-} 形成 $P_4O_{12}^{4-}$ 聚合物的平衡方程式。

答 $4PO_4^{3-} + 8H^+ \longrightarrow P_4O_{12}^{4-} + 4H_2O$

17. 为什么磷酸在分析化学中可用于掩蔽 Fe^{3+}？

答 磷酸根具有很强的配位能力，Fe^{3+} 和 PO_4^{3-} 可以生成无色的可溶性配合物 $[Fe(HPO_4)_2]^-$、$[Fe(PO_4)_2]^{3-}$，因此分析化学上常用磷酸掩蔽 Fe^{3+}。

18. 在 Na_2HPO_4 和 NaH_2PO_4 溶液中加入 $AgNO_3$ 溶液均析出黄色沉淀，而在 PCl_5 完全水解后的产物中加入 $AgNO_3$ 只有白色沉淀而无黄色沉淀，试对上述事实加以说明。

答 Na_2HPO_4 和 NaH_2PO_4 溶液的酸性不太强，由于电离平衡，溶液中存在的 PO_4^{3-} 浓度较大，加入 $AgNO_3$ 后，$[Ag^+]^3[PO_4^{3-}] > K^{\ominus}_{sp, Ag_3PO_4}$，所以析出黄色 Ag_3PO_4 沉淀；而 PCl_5 水解呈强酸性，$PCl_5 + 4H_2O \longrightarrow H_3PO_4 + 5HCl$，此时溶液中 PO_4^{3-} 浓度较小，因此加入 $AgNO_3$ 溶液只能得到 AgCl 白色沉淀，而不能得到 Ag_3PO_4 黄色沉淀。

19. 在地球电离层中，可能存在下列五种离子，你认为哪一种最稳定？为什么？

N_2^+　　NO^+　　O_2^+　　Li_2^+　　Be_2^+

答

离　子	N_2^+	NO^+	O_2^+	Li_2^+	Be_2^+
键　级	2.5	3	2.5	0.5	0.5

NO^+ 键级最高，最稳定。

20. 砒霜的分子式是什么？比较 As_2O_3、Sb_2O_3、Bi_2O_3 及它们的水化物酸碱性，自 As_2O_3 到 Bi_2O_3 递变规律如何？

答 砒霜：As_2O_3。

As_2O_3 两性偏酸性，Sb_2O_3 两性偏碱性，Bi_2O_3 弱碱性；自 As_2O_3 到 Bi_2O_3 的水化物碱性依次增强。

21. 讨论 $SbCl_3$ 和 $BiCl_3$ 的水解反应的产物。

答

$$SbCl_3 + H_2O \longrightarrow SbOCl\downarrow + 2HCl$$

$$BiCl_3 + H_2O \longrightarrow BiOCl\downarrow + 2HCl$$

22. 为什么铋酸钠是一种很强的氧化剂？As、Sb、Bi 三元素的+3、+5 氧化态化合物氧化还原性变化规律如何？

答 由于惰性电子对效应，Bi(Ⅲ)比较稳定，Bi(Ⅴ)是强氧化剂，因此铋酸钠是一种很强的氧化剂；+3 氧化态化合物的还原性按砷、锑、铋顺序减弱，+5 氧化态化合物的氧化性按砷、锑、铋顺序增强。

23. As、Sb、Bi 三元素的硫化物分别在浓 HCl、NaOH 或 Na_2S 溶液中的溶解度如何？它们的硫代酸盐生成与分解情况如何？

答 As_2S_3 和 As_2S_5 偏酸性，不溶于浓 HCl，溶于 NaOH、Na_2S；Sb_2S_3 和 Sb_2S_5 具有两性，溶于浓 HCl、NaOH、Na_2S；Bi_2S_3 偏碱性，只溶于浓盐酸，不溶于 NaOH、Na_2S。

所有的硫代酸盐都只能在中性或碱性介质中存在，遇酸生成不稳定的硫代酸，然后分解为相应的硫化物和硫化氢。

24. 画出 PF_5、PF_6^- 的几何构型。

答

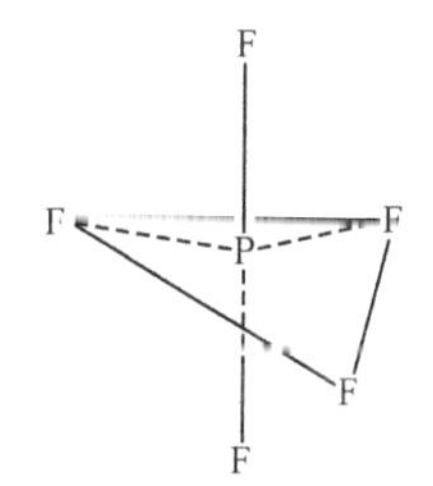

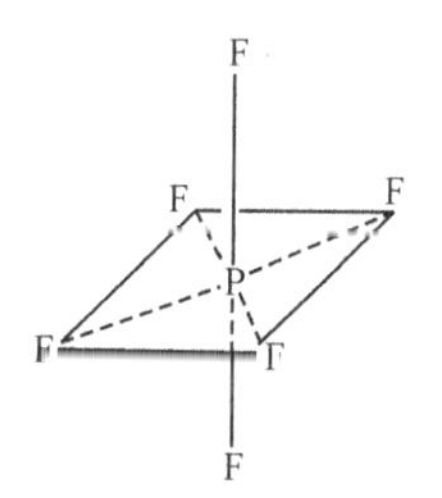

25. 分别往 Na_3PO_4 溶液中加过量 HCl、H_3PO_4、CH_3COOH，则这些反应将生成磷酸还是酸式盐？

答 加入过量盐酸，生成磷酸：

$$Na_3PO_4 + 3HCl \longrightarrow 3NaCl + H_3PO_4$$

加入过量磷酸，生成磷酸二氢盐：

$$Na_3PO_4 + 2H_3PO_4 \longrightarrow 3NaH_2PO_4$$

加入乙酸，生成磷酸一氢盐：

$$Na_3PO_4 + CH_3COOH \longrightarrow Na_2HPO_4 + CH_3COONa$$

26. Sb_2S_3 能溶于 Na_2S 或 Na_2S_2，而 Bi_2S_3 既不能溶于 Na_2S，也不能溶于 Na_2S_2。请根据以上事实比较 Sb_2S_3、Bi_2S_3 的酸碱性和还原性。

答 Na_2S 呈碱性，Sb_2S_3 能溶而 Bi_2S_3 不溶，因此酸性为 $Sb_2S_3 > Bi_2S_3$。

Na_2S_2 呈碱性且具有强氧化性，Sb_2S_3 能溶而 Bi_2S_3 不溶，因此还原性为 $Sb_2S_3 > Bi_2S_3$。

27. 用电极电势说明：在酸性介质中 Bi(Ⅴ)氧化 Cl^- 为 Cl_2，在碱性介质中 Cl_2 可将 Bi(Ⅲ)氧化成 Bi(Ⅴ)。

答 查得电极电势如下：

$$E^{\ominus}_{Cl_2/Cl^-}=1.35V \qquad E^{\ominus}_{NaBiO_3/BiO^+}=1.80V$$

酸性介质中，发生的反应为

$$NaBiO_3+6HCl(浓) = Bi^{3+}+Cl_2\uparrow+Na^++4Cl^-+3H_2O$$

$$(+)NaBiO_3+6H^++2e^- \longrightarrow Bi^{3+}+Na^++3H_2O$$

$$(-)2Cl_2+2e^- \longrightarrow 2Cl^-$$

从能斯特方程看出，随着酸度的增大，Bi(Ⅴ)的氧化作用增强，而随着盐酸浓度的增加，Cl_2/Cl^- 电对的还原能力增强，因此盐酸浓度大时，Bi(Ⅴ)氧化 Cl^- 为 Cl_2。

碱性介质中，发生的反应为

$$Bi(OH)_3+Cl_2+Na^++3OH^- = NaBiO_3\downarrow+2Cl^-+3H_2O$$

$$(+)Cl_2+2e^- \longrightarrow 2Cl^-$$

$$(-)NaBiO_3+3H_2O+2e^- \longrightarrow Bi(OH)_3+Na^++3OH^-$$

从能斯特方程看出，随着酸度的减小，负极电极电势越来越小，小到一定值，氧化还原反应就发生逆转，Cl_2 可将 Bi(Ⅲ)氧化成 Bi(Ⅴ)。

28. 如何鉴定 NO_2^- 和 NO_3^-、NO_3^- 和 PO_4^{3-}？

答 (1) 各取少量溶液于试管中，分别加入少量 KI，溶液变紫红色并有刺激性气体放出者为含有 NO_2^- 的溶液，没有现象者为含有 NO_3^- 的溶液。

$$2HNO_2+2I^-+2H^+ = 2NO\uparrow+I_2+2H_2O$$

(2) 各取少量溶液于试管中，分别加入少量硝酸银，有黄色沉淀生成者为含有 PO_4^{3-} 的溶液，没有现象者为含有 NO_3^- 的溶液。

$$3Ag^++PO_4^{3-} = Ag_3PO_4\downarrow$$

29. (1) 计算 $0.1mol\cdot L^{-1}$ K_2HPO_4、KH_2PO_4、K_3PO_4 溶液的 pH。

(2) 计算 KH_2PO_4 和等体积、等物质的量 K_3PO_4 混合液的 pH。

解 (1) H_3PO_4：$K^{\ominus}_{a_1}=7.08\times10^{-3}$，$K^{\ominus}_{a_2}=6.31\times10^{-8}$，$K^{\ominus}_{a_3}=4.17\times10^{-13}$。

KH_2PO_4、K_2HPO_4 是两性物质，根据两性物质 pH 计算公式，有

$0.1mol\cdot L^{-1}$ KH_2PO_4：

$$[H^+]=\sqrt{\frac{K^{\ominus}_{a_1}(K^{\ominus}_{a_2}c+K^{\ominus}_w)}{K^{\ominus}_{a_1}+c}} \qquad K^{\ominus}_{a_2}c=6.31\times10^{-8}\times0.1\gg K^{\ominus}_w$$

因此

$$[H^+]=\sqrt{\frac{K^{\ominus}_{a_1}K^{\ominus}_{a_2}c}{K^{\ominus}_{a_1}+c}}=\sqrt{\frac{7.08\times10^{-3}\times6.31\times10^{-8}\times0.1}{7.08\times10^{-3}+0.1}}=2.0\times10^{-5}$$

$$pH=4.70$$

$0.1mol\cdot L^{-1}K_2HPO_4$：

$$[H^+]=\sqrt{\frac{K^{\ominus}_{a_2}(K^{\ominus}_{a_3}c+K^{\ominus}_w)}{K^{\ominus}_{a_2}+c}} \qquad c\gg K^{\ominus}_{a_2}$$

因此

$$[H^+]=\sqrt{\frac{K_{a_2}^{\ominus}(K_{a_3}^{\ominus}c+K_w^{\ominus})}{c}}=\sqrt{\frac{6.31\times10^{-8}(4.17\times10^{-13}\times0.1+10^{-14})}{0.1}}=1.8\times10^{-10}$$

$$pH=9.74$$

$0.1mol\cdot L^{-1}$ K_3PO_4：是多元弱碱

$$K_{b_1}^{\ominus}=\frac{K_w^{\ominus}}{K_{a_3}^{\ominus}}=\frac{10^{-14}}{4.17\times10^{-13}}=2.4\times10^{-2}$$

$$K_{b_2}^{\ominus}=\frac{K_w^{\ominus}}{K_{a_2}^{\ominus}}=\frac{10^{-14}}{6.31\times10^{-8}}=1.7\times10^{-7}$$

$K_{b_1}^{\ominus}\gg K_{b_2}^{\ominus}$，可忽略第二步解离。$c/K_{b_1}^{\ominus}<500$，不能用最简式。

设 $c(HPO_4^{2-})=c(OH^-)=x$，则有

$$PO_4^{3-}+H_2O=\!=\!=HPO_4^{2-}+OH^-$$

$$0.1-x \qquad\qquad x \qquad\quad x$$

$$K_{b_1}^{\ominus}=x^2/(0.1-x)=0.024$$

$$x=3.8\times10^{-2}$$

$$pOH=1.42 \qquad pH=12.58$$

(2) KH_2PO_4、K_3PO_4 等物质的量混合发生反应，生成 K_2HPO_4。

由于不知道浓度，利用最简式计算：

$$[H^+]=\sqrt{K_{a_2}^{\ominus}K_{a_3}^{\ominus}}=\sqrt{6.31\times10^{-8}\times4.17\times10^{-13}}=1.6\times10^{-10}$$

因此

$$pH=9.80$$

30. 试说明 $H_4P_2O_7$ 的酸性比 H_3PO_3 强。

答 亚磷酸、焦磷酸的结构式分别为

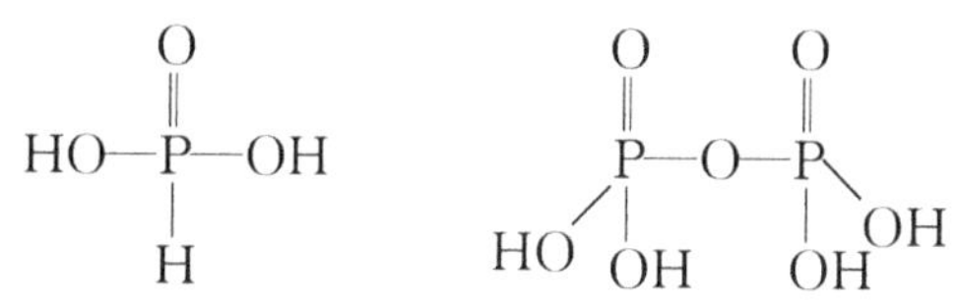

非羟基氧原子增多，酸性增强。

31. 完成并配平下列反应方程式：

(1) $P_4+NaOH+H_2O\longrightarrow$

(2) $KMnO_4+NaNO_2+H_2SO_4\longrightarrow$

(3) $AsCl_3+Zn+HCl\longrightarrow$

(4) $Bi(OH)_3+Cl_2+NaOH\longrightarrow$

(5) $Ca_3P_2+H_2O\longrightarrow$

(6) $Sb_2S_3+(NH_4)_2S\longrightarrow$

(7) $N_2H_4+AgNO_3\longrightarrow$

(8) $As_2O_3+HNO_3$(浓)$+H_2O\longrightarrow$

(9) $(NH_4)_3SbS_4+HCl\longrightarrow$

(10) $BiCl_3+H_2O \longrightarrow$

(11) $Mg_3N_2+H_2O \longrightarrow$

(12) $PI_3+H_2O \longrightarrow$

答 (1) $P_4+3NaOH+3H_2O = 3NaH_2PO_2+PH_3\uparrow$

(2) $2KMnO_4+5NaNO_2+3H_2SO_4 = 5NaNO_3+2MnSO_4+K_2SO_4+3H_2O$

(3) $AsCl_3+3Zn+3HCl = 3ZnCl_2+AsH_3\uparrow$

(4) $Bi(OH)_3+Cl_2+3NaOH = NaBiO_3\downarrow+2NaCl+3H_2O$

(5) $Ca_3P_2+6H_2O = 3Ca(OH)_2+2PH_3\uparrow$

(6) $Sb_2S_3+3(NH_4)_2S = 2(NH_4)_3SbS_3$

(7) $N_2H_4+4AgNO_3 = N_2\uparrow+4Ag\downarrow+4HNO_3$

(8) $3As_2O_3+4HNO_3$(浓)$+7H_2O = 6H_3AsO_4+4NO\uparrow$

(9) $2(NH_4)_3SbS_4+6HCl = Sb_2S_5\downarrow+3H_2S\uparrow+6NH_4Cl$

(10) $BiCl_3+H_2O = BiOCl\downarrow+2HCl$

(11) $Mg_3N_2+6H_2O = 3Mg(OH)_2\downarrow+2NH_3\uparrow$

(12) $PI_3+3H_2O = H_3PO_3+3HI$

32. 解释下列事实：

(1) NF_3 的偶极矩非常小，且很难发生水解。

(2) PCl_5 存在，但 NCl_5 不存在。PH_5 和 PI_5 是未知的化合物。

(3) NH_3、PH_3 和 AsH_3 的键角分别为 107°、94°和 91°，为什么变小？

(4) PF_3 可以和许多过渡金属形成配合物，而 NF_3 几乎不具有这种性质。

(5) 用 $Pb(NO_3)_2$ 热分解来制取 NO_2，而不用 $NaNO_3$。

(6) 不能把 $Bi(NO_3)_3$ 直接溶于水中来制取 $Bi(NO_3)_3$ 溶液。

(7) 白磷燃烧后的产物是 P_4O_{10}，而不是 P_2O_5。

(8) 在 PF_5 中，轴向 P—F 键键长(158pm)大于水平 P—F 键键长(153pm)。

答 (1) 由于 F 的电负性大，N—F 键偶极矩是朝向下方的，而 N 原子上的孤对电子偶极矩是朝向上方的，两者方向不一致，它们互相抵消了一部分，所以 NF_3 分子的偶极矩很小。

从水解反应的机理看，首先，N—F 键能大，难断裂；其次，N 带正电，不能发生亲电取代；最后，H_2O 进攻 N，N 要改变杂化方式，采取 sp^3d 杂化形成配位中间体，而 N 没有可以利用的 d 轨道，故在溶液中不水解。

(2) P 原子半径比 N 原子大，且有可以利用的 3d 空轨道，采取 sp^3d 杂化，P 原子周围可容纳较多的配位体，形成较高配位数的化合物；N 原子半径小，没有可以利用的 3d 空轨道，配位数只能达到 4，因此 PCl_5 存在，但 NCl_5 不存在。

PH_5 未知是由于 P 的 sp^3d 轨道与 H 的 1s 轨道能量差距较大，难以重叠成键。

PI_5 未知是由于 P(Ⅴ)强的极化作用和 I^- 的还原性，二者可能发生氧化还原反应，同时 I^- 空间位阻较大也是影响因素之一。

(3) N、P、As 半径依次增大，电负性减小，使得成键电子依次远离中心原子，成键电子间的排斥力依次减小，所以键角依次减小。

(4) NF_3 中 N 上的孤对电子由于 N 的半径小、电负性大而缺乏电子的给予性，而 P 的半径比 N 大，电负性比 N 小，使得 P 上的孤对电子容易给出，同时 P 有空的、可利用的 d 轨道作为 π 受体接受金属离子的反馈，因此易与过渡金属形成配合物。

(5) $NaNO_3$ 热分解不能得到 NO_2，而 $Pb(NO_3)_2$ 能够通过热分解得到 NO_2。

(6) $Bi(NO_3)_3$ 水解能力很强，它在水中水解产生碱式盐沉淀。要想得到其水溶液，必须通过将 $Bi(NO_3)_3$ 溶于 HNO_3 溶液制得。

(7) 在反应中，P_4 是整体参与反应，P_4 分子受到弯曲应力的 P—P 键因 O 原子的进攻而断开，在每 2 个 P 原子间嵌入 1 个 O 原子而形成稠环分子 P_4O_6，然后 P_4O_6 上的每个 P 原子上还剩 1 对孤对电子，受到 O 原子的攻击，最后生成 P_4O_{10}。

(8) 处于轴向的 P—F 键中的成键电子对受到夹角为 90°的水平方向上 3 个成键电子对的排斥，而水平 P—F 键只受到夹角为 90°的轴向 2 个成键电子对的排斥，故轴向 P—F 键受到的排斥力大，所以轴向键长长。

33. CO 和 N_2 是等电子体，而 CO_2 与 N_2O 也是等电子体，比较它们的性质和结构。

答 N_2 分子中具有三键，有很大的稳定性，是已知双原子分子中最稳定的，分子中存在孤对电子，具有一定的配位能力。

CO 结构式为 :C≦O:，存在 1 个配位键，CO 具有较强的还原性和配位能力。

CO_2 为直线形分子，存在 2 个离域的 π_3^4 键，分子热稳定性强。非极性分子，分子间作用力小，熔、沸点低。

N_2O 结构式中也存在 2 个离域的 π_3^4 键，极性分子，分子间作用力小，熔、沸点低。

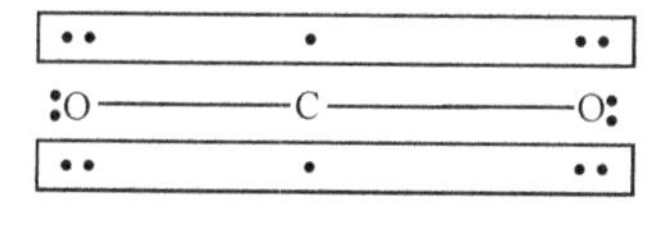

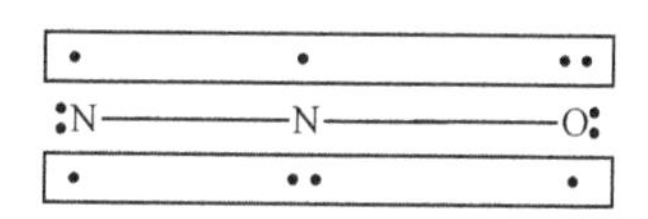

34. 废切削液中含 2%～5% $NaNO_2$，若直接排放将造成对环境的污染，则下列 5 种试剂中哪些能使 $NaNO_2$ 转化为不引起二次污染的物质？为什么？

(1) NH_4Cl (2) H_2O_2 (3) $FeSO_4$ (4) $CO(NH_2)_2$

(5) $NH_2SO_3^-$（氨基磺酸盐）

答 (1) $NaNO_2 + NH_4Cl = NaCl + N_2\uparrow + 2H_2O$ 不引起二次污染

(2) $NaNO_2 + H_2O_2 = NaNO_3 + H_2O$ $NaNO_3$ 仍会污染空气

(3) $NO_2^- + Fe^{2+} + 2H^+ = Fe^{3+} + NO\uparrow + H_2O$ NO 仍会污染空气

(4) $2NO_2^- + CO(NH_2)_2 + 2H^+ = 2N_2\uparrow + CO_2\uparrow + 3H_2O$ 不引起二次污染

(5) $NO_2^- + NH_2SO_3^- = N_2\uparrow + SO_4^{2-} + H_2O$ 不引起二次污染

35. AlP 和 Zn_3P_2 可以用作粮食仓库的烟熏消毒剂，这是利用了它们的何种特性？

答 AlP、Zn_3P_2 与空气中的水蒸气反应生成 PH_3，PH_3 具有消毒作用。

36. 提供消除空气中 PH_3 污染的三种试剂。写出相关的反应方程式。

答 硫酸铜：$PH_3 + 8Cu^{2+} + 4H_2O = H_3PO_4 + 8Cu^+ + 8H^+$

$$6Cu^{+}+2PH_3 = 2Cu_3P+6H^{+}$$

$$8Cu^{+}+PH_3+4H_2O = H_3PO_4+8Cu+8H^{+}$$

重铬酸钾：$32H^{+}+4Cr_2O_7^{2-}+3PH_3 = 8Cr^{3+}+3H_3PO_4+16H_2O$

漂白粉：$PH_3+4ClO^{-} = 4Cl^{-}+H_3PO_4$

37. 磷矿粉肥料施用在什么性质的土壤中较适宜？为什么？

答 磷矿粉肥料适宜在酸性土壤中使用。因为在酸性条件下生成磷酸根，容易被吸收。

38. 试说明磷污染产生的后果，并提供治理磷污染的办法。

答 后果：使水体富营养化，从而引起藻类和浮游生物的迅速繁殖，水体溶解氧减少、透明度下降，水质恶化，导致水中鱼类、贝类等因缺氧而死亡。

解决办法：加入 Fe^{3+} 或 Al^{3+}，使废水中的可溶磷酸盐生成沉淀而除去。

39. 试画出三聚磷酸钠的结构。将三聚磷酸钠添加到洗衣粉中起什么作用？提供三聚磷酸钠的替代物。

答

$$Na_5\left(O-P(O)(O)-O-P(O)(O)-O-P(O)(O)-O\right)$$

将三聚磷酸钠添加到洗衣粉中主要起洗涤剂的助剂作用：①络合水中的 Ca^{2+}、Mg^{2+}（软化水），防止生成金属“皂垢”沉淀在纤维上；②有较强缓冲能力，维持洗涤液在适宜的 pH 范围内，减少对皮肤的刺激；③能与表面活性剂起协同作用，改善洗涤剂的功能。

其无机替代物有碳酸钠、硅酸钠、4A 分子筛等。

40. 制备 $MgNH_4PO_4$ 通常是在镁盐的溶液中加入 Na_2HPO_4、氨水、NH_4^{+} 溶液。根据以上信息写出有关离子反应方程式，并说明加铵盐的目的是什么。

答 $Mg^{2+}+HPO_4^{2-}+NH_3 = MgNH_4PO_4\downarrow$

加入铵盐溶液的目的是防止碱性过强而导致镁离子生成氢氧化镁沉淀。

第5章 氧族元素

一、学习要点

(1) 氧族元素的价电子构型与氧的成键特征，氧、臭氧、过氧化氢的分子结构和性质。

(2) 硫的成键特征及硫化物、多硫化物的结构特点与性质。

(3) 亚硫酸、硫酸、焦硫酸、硫代硫酸及其盐的结构与性质。

(4) 过硫酸、连二亚硫酸及其盐的结构与性质。

(5) 硒、碲含氧化合物的性质。

二、重要内容

1. 氧、硫的成键特征

氧原子的成键特征

(1) 形成离子型氧化物，如 Na_2O、CaO 等。

(2) 形成共价型化合物，如 OsO_4、ClO_2、Cl_2O_7 等。

(3) 与其他原子形成三重键，如 CO、NO。

(4) 形成两个共价单键或共价双键，如 H_2O、$R_2C=O$。氧原子中的孤对电子可作为给予体与接受体成键，如 H_3O^+、$Cu(H_2O)_4^{2+}$ 等。

(5) 形成反馈键，如含氧酸根中的 d-pπ 键。

(6) 与氢形成氢键 O—H⋯O。

氧分子的成键特征

(1) 形成过氧离子 O_2^{2-}，组成离子型过氧化物，如 Na_2O_2、BaO_2 等；或通过过氧键—O—O—组成共价型过氧化物，如 H_2O_2、ZnO_2 或过氧酸、过氧酸盐等。

(2) 形成超氧离子 O_2^-，组成超氧化物，如 KO_2。

(3) 生成二氧基阳离子 O_2^+，组成离子型二氧基盐，如 $O_2^+PtF_6^-$ 中存在二氧基阳离子 O_2^+。

(4) 作为电子对给予体与金属离子配位，如血红蛋白中的 Fe^{2+} 能够可逆地与 O_2 配位形成氧合血红蛋白。

硫的成键特征

(1) 形成 S^{2-}，构成离子型化合物，如 Na_2S、CaS 等。

(2) 形成共价型硫化物,如 H_2S、SCl_2、S_8 等。

(3) 除形成 σ 键外,还可形成离域 π 键,如 $SO_2(\pi_3^4)$、$SO_3(\pi_4^6)$等。

(4) 在一定条件下形成高配位数、高氧化态的化合物,如 SF_4、SF_6 等。

(5) 形成 d-pπ 键,如 SO_4^{2-} 等。

(6) 形成硫链,如多硫化物 M_2S_x($x=2\sim22$)和连多硫酸 $H_2S_xO_6$($x=2\sim6$)等。

(7) S_8 可以失去两个电子形成阳离子 S_8^{2+},如 $[S_8][AsF_6]_2$。

2. 典型结构

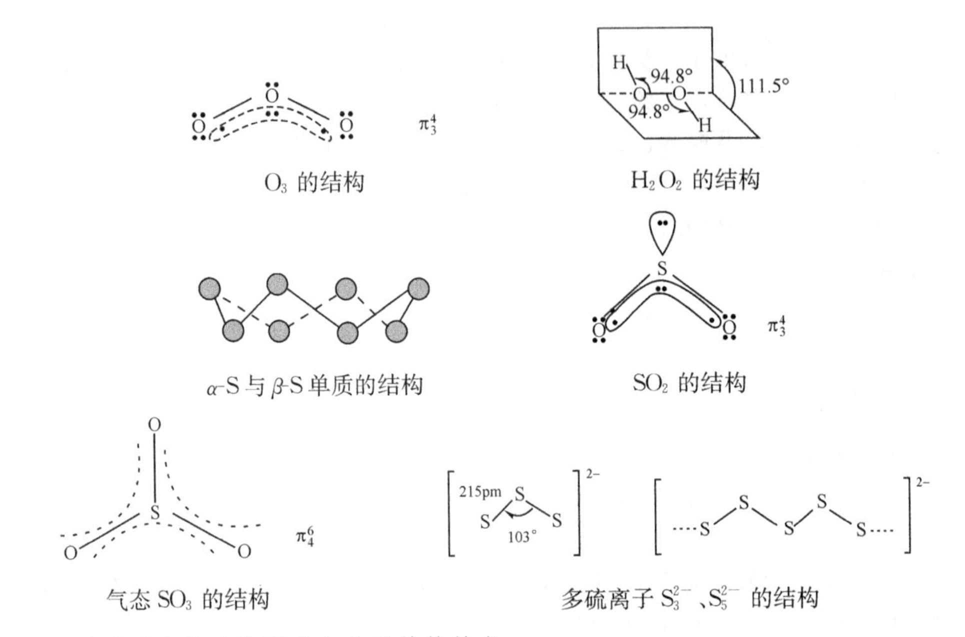

O_3 的结构　　H_2O_2 的结构

α-S 与 β-S 单质的结构　　SO_2 的结构

气态 SO_3 的结构　　多硫离子 S_3^{2-}、S_5^{2-} 的结构

3. 硫酸系含氧酸的形成与分子结构特点

含氧酸	分子式	形　成	结　构
硫酸	H_2SO_4	母体	H—O—S(→O)(→O)—O—H
硫代硫酸	$H_2S_2O_3$	S 代 O	H—O—S(→O)(→S)—O—H
焦硫酸	$H_2S_2O_7$	$2H_2SO_4$ 脱 H_2O	H—O—S(→O)(→O)—O—S(→O)(→O)—O—H
连多硫酸	$H_2S_xO_6$ $x=2\sim6$	—OH 被—SO_2(OH)取代	H—O—S(→O)(→O)—S—S(→O)(→O)—O—H　$x=3$

4. 过硫酸系含氧酸的形成与分子结构特点

含氧酸	分子式	形 成	结 构
过一硫酸	H_2SO_5	H_2O_2 中 1H 被—$SO_2(OH)$取代	$\mathrm{H{-}O{-}\overset{\overset{\displaystyle O}{\uparrow}}{\underset{\underset{\displaystyle O}{\downarrow}}{S}}{-}O{-}O{-}H}$
过二硫酸	$H_2S_2O_8$	H_2O_2 中 2H 被—$SO_2(OH)$取代	$\mathrm{H{-}O{-}\overset{\overset{\displaystyle O}{\uparrow}}{\underset{\underset{\displaystyle O}{\downarrow}}{S}}{-}O{-}O{-}\overset{\overset{\displaystyle O}{\uparrow}}{\underset{\underset{\displaystyle O}{\downarrow}}{S}}{-}O{-}H}$

5. 常见金属硫化物的性质

在金属离子溶液中通入 H_2S，大多会产生相应的硫化物沉淀，很多硫化物有丰富多彩的颜色，见下表。

溶于稀盐酸	难溶于稀盐酸		
	溶于浓盐酸	难溶于浓盐酸	
		溶于浓硝酸	仅溶于王水
MnS CoS （肉色）（黑色） ZnS NiS （白色）（黑色） FeS CdS （黑色） 黄色	SnS Sb_2S_3 （褐色） （橙色） SnS_2 Sb_2S_5 （黄色） （橙色） PbS CdS （黑色） （黄色） Bi_2S_3 （暗棕色）	CuS As_2S_3 （黑色） （浅黄色） Cu_2S As_2S_5 （黑色） （浅黄色） Ag_2S （黑色）	HgS （黑色或红色） Hg_2S （黑色）
$K_{sp}^{\ominus}>10^{-24}$	$10^{-25}>K_{sp}^{\ominus}>10^{-30}$	$K_{sp}^{\ominus}<10^{-30}$	$K_{sp}^{\ominus}\ll10^{-30}$

由于硫化物 $K_{sp}^{\ominus}$不同，因此在酸等物质中的溶解性也不同，如 ZnS 可溶于 2.0mol·L^{-1} HCl，CdS 可溶于 6.0mol·L^{-1} HCl，PbS 可溶于浓盐酸，CuS、Ag_2S 可溶于硝酸，HgS 溶于王水。

$$ZnS + 2H^+ \longrightarrow Zn^{2+} + H_2S\uparrow$$

$$PbS + 4HCl \longrightarrow H_2[PbCl_4] + H_2S\uparrow$$

$$3CuS + 8HNO_3 \longrightarrow 3Cu(NO_3)_2 + 3S\downarrow + 2NO\uparrow + 4H_2O$$

$$3HgS + 8H^+ + 2NO_3^- + 12Cl^- \longrightarrow 3HgCl_4^{2-} + 3S\downarrow + 2NO\uparrow + 4H_2O$$

三、重要化学方程式

$$2Ag + 2O_3 \longrightarrow Ag_2O_2 + 2O_2$$

$O_3+XeO_3+2H_2O = H_4XeO_6+O_2$

$4OCN^-+4O_3+2H_2O = 4CO_2+2N_2+3O_2+4OH^-$

$H_2O_2+2I^-+2H^+ = I_2+2H_2O$

$4H_2O_2+PbS = PbSO_4+4H_2O$

$3H_2O_2+2NaCrO_2+2NaOH = 2Na_2CrO_4+4H_2O$

$3H_2O_2+2MnO_4^- = 2MnO_2\downarrow+3O_2\uparrow+2OH^-+2H_2O$

$4H_2O_2+Cr_2O_7^{2-}+2H^+ \xlongequal{乙醚} 2CrO_5$(蓝色)$+5H_2O$

$7H_2O_2+2CrO_5+6H^+ = 7O_2\uparrow+2Cr^{3+}+10H_2O$

$2NH_4HSO_4 \xlongequal{电解} (NH_4)_2S_2O_8$(阳极)$+H_2\uparrow$(阴极)

$Al_2S_3+6H_2O = 2Al(OH)_3\downarrow+3H_2S\uparrow$

$PbS+H_2O = Pb^{2+}+HS^-+OH^-$

$S^{2-}+(x-1)S = S_x^{2-}$　　$(x=2,3,\cdots,6)$

$Na_2S+(x-1)S = Na_2S_x$

$Na_2S_2+SnS = Na_2SnS_3$

$Br_2+SO_2+2H_2O = 2HBr+H_2SO_4$

$2SO_3^{2-}+4HCOO^- = S_2O_3^{2-}+2C_2O_4^{2-}+2OH^-+H_2O$

$H_2O+SO_3^{2-}+Cl_2 = SO_4^{2-}+2Cl^-+2H^+$

$2KHSO_4 \xlongequal{\triangle} K_2S_2O_7+H_2O$

$Fe_2O_3+3K_2S_2O_7 = Fe_2(SO_4)_3+3K_2SO_4$

$Al_2O_3+3K_2S_2O_7 = Al_2(SO_4)_3+3K_2SO_4$

$Na_2SO_3+S = Na_2S_2O_3$

$2Na_2S+Na_2CO_3+4SO_2 = 3Na_2S_2O_3+CO_2\uparrow$

$2NaHS+4NaHSO_3 = 3Na_2S_2O_3+3H_2O$

$2Na_2S+3SO_2 = 2Na_2S_2O_3+S\downarrow$

$2Na_2S_2O_3+I_2 = Na_2S_4O_6+2NaI$

$Na_2S_2O_3+4Cl_2+5H_2O = 2H_2SO_4+2NaCl+6HCl$

$2S_2O_3^{2-}+Ag^+ = [Ag(S_2O_3)_2]^{3-}$

$2Mn^{2+}+5S_2O_8^{2-}+8H_2O \xlongequal{Ag^+} 2MnO_4^-+10SO_4^{2-}+16H^+$

$K_2S_2O_8+Cu = CuSO_4+K_2SO_4$

$2K_2S_2O_8 \xlongequal{\triangle} 2K_2SO_4+2SO_3\uparrow+O_2\uparrow$

$SbF_5+HSO_3F \longrightarrow H[SbF_5(OSO_2F)] \xrightleftharpoons{HSO_3F} H_2SO_3F^+ + [SbF_5(OSO_2F)]^-$

$H_2SeO_3+2SO_2+H_2O = 2H_2SO_4+Se$

$H_2SeO_3+Cl_2+H_2O = H_2SeO_4+2HCl$

$5TeO_3^{2-}+2ClO_3^-+9H_2O+12H^+ = 5H_6TeO_6+Cl_2\uparrow$

四、习题解答

1. 少量 Mn^{2+} 可以催化分解 H_2O_2，其反应机理解释如下：H_2O_2 能氧化 Mn^{2+} 为 MnO_2，后者又能使 H_2O_2 氧化，试用电极电势说明上述解释的合理性，并写出离子反应方程式。

答 因为重金属 Mn^{2+} 在酸性溶液中的电位介于 H_2O_2 的电位(0.69～1.76V)之间，$E^{\ominus}_{A,MnO_2/Mn^{2+}}=1.23V$，有关反应如下：

按 $E^{\ominus}_{A,H_2O_2/H_2O}>E^{\ominus}_{A,MnO_2/Mn^{2+}}$ (1.76V>1.23V)，下列反应可以进行：

$$H_2O_2+Mn^{2+} = MnO_2+2H^+$$

按 $E^{\ominus}_{A,MnO_2/Mn^{2+}}>E^{\ominus}_{A,H_2O_2/H_2O}$(1.23V>0.69V)，下列反应可以进行：

$$H_2O_2+MnO_2+2H^+ = Mn^{2+}+2H_2O+O_2\uparrow$$

所以

$$2H_2O_2 = 2H_2O+O_2\uparrow$$

2. 为什么 SF_6 的水解倾向比 SeF_6 和 TeF_6 要小得多？

答 因为氧族元素中离子半径 $Te^{6+}>Se^{6+}>S^{6+}$，电负性从S到Te依次降低，S—F键强度大，SF_6 分子有高的对称性，且中心S原子的配位数已达饱和，故 SF_6 的水解倾向要小得多。

3. 解释下列事实：

(1) 将 H_2S 通入 $Pb(NO_3)_2$ 溶液得到黑色沉淀，再加 H_2O_2，沉淀转为白色。

(2) 把 H_2S 通入 $FeCl_3$ 溶液得不到 Fe_2S_3 沉淀。

(3) 通 H_2S 入 $FeSO_4$ 溶液不产生 FeS 沉淀，若在 $FeSO_4$ 溶液中加入一些氨水(或 NaOH 溶液)，再通 H_2S 则可得到 FeS 沉淀。

(4) 在实验室内 H_2S、Na_2S 和 Na_2SO_3 溶液不能长期保存。

(5) 纯 H_2SO_4 是共价化合物，却有较高的沸点(675K)。

(6) 稀释浓 H_2SO_4 时一定要把 H_2SO_4 加入水中，边加边搅拌，而稀释浓 HNO_3 与 HCl 没有这么严格规定。

答 (1) $Pb(NO_3)_2+H_2S = PbS\downarrow$(黑色)$+2HNO_3$

$$PbS+4H_2O_2 = PbSO_4\downarrow(白色)+4H_2O$$

(2) Fe^{3+} 的氧化性加上 H_2S 的还原性，发生如下反应：

$$2Fe^{3+}+H_2S = 2Fe^{2+}+S\downarrow+2H^+$$

(3) 因为弱酸不能置换出强酸，如果发生反应，则生成的 FeS 还会溶解于 H_2SO_4，实际上在盐溶液中存在下列水解平衡：

$$Fe^{2+}+2H_2O = Fe(OH)_2\downarrow+2H^+$$

加入少量的碱性物质实际上是引入 OH^-，消耗 H^+，使平衡反应右移，促进 Fe^{2+} 和 H_2S 生成 FeS 沉淀反应的进行。实际上直接通入 H_2S，溶液中$[S^{2-}]$小，$[Fe^{2+}][S^{2-}]<K^{\ominus}_{sp,FeS}$而无沉淀生成，加入氨水(或 NaOH)，中和了 H^+，增大$[S^{2-}]$，使$[Fe^{2+}][S^{2-}]>K^{\ominus}_{sp,FeS}$，所以生成沉淀。

(4) 因为这些化合物中硫元素处于较低氧化态，具有还原性，容易被氧化成单质或者更高氧化态的硫。

$$2H_2S+O_2 = 2S\downarrow +2H_2O$$

$$2Na_2S+2H_2O+O_2 = 4NaOH+2S\downarrow$$

$$2Na_2SO_3+O_2 \xlongequal{h\nu} 2Na_2SO_4$$

或

$$4Na_2SO_3 \xlongequal{\triangle} 3Na_2SO_4+Na_2S$$

(5) 因为纯 H_2SO_4 分子间结合力强，分子间除了有范德华力作用外，还存在分子间氢键，打开氢键需要较多的能量，所以沸点较高。

(6) 浓 H_2SO_4 溶于水形成一系列水合物 $H_2SO_4 \cdot nH_2O$ ($n=1\sim5$)，这些水合物都很稳定，因此浓 H_2SO_4 有强烈的吸水性，与水结合时释放大量的水合热。浓 H_2SO_4 的密度很大，稀释时要把浓 H_2SO_4 加入水中，并且边加边搅拌，以防局部过热而暴沸。如果把水加入 H_2SO_4 中，密度较小的水就会因强烈放热而飞溅，比较危险。但浓 HNO_3 和浓 HCl 没有这种性质，与水结合时放热很小，因而稀释时要求没有浓 H_2SO_4 严格。

4. 以 Na_2CO_3 和硫磺为原料，怎样制取 $Na_2S_2O_3$？写出有关的反应式。

答 将 Na_2CO_3 溶解后，与硫磺燃烧生成的 SO_2 作用生成 Na_2SO_3，再加入硫磺沸腾反应，经过滤、浓缩、结晶，制得 $Na_2S_2O_3$。

$$S+O_2 = SO_2$$

$$Na_2CO_3+SO_2 = Na_2SO_3+CO_2$$

$$S+Na_2SO_3 = Na_2S_2O_3$$

5. 有四种试剂：Na_2SO_4、Na_2SO_3、$Na_2S_2O_3$、Na_2S，其标签已脱落，设计一个简单方法鉴别它们。

答 鉴别试剂为稀盐酸。

溶 液	现 象
Na_2S	$H_2S\uparrow$，气体使湿 $Pb(Ac)_2$ 试纸变黑
$Na_2S_2O_3$	$S\downarrow$，$SO_2\uparrow$，气体通入 $KMnO_4$ 使溶液紫色消失
Na_2SO_3	$SO_2\uparrow$，气体通入 $KMnO_4$ 使溶液紫色消失
Na_2SO_4	不变

6. 完成并配平下列反应方程式：

(1) 用盐酸酸化多硫化铵溶液

(2) $H_2O_2+H_2S \longrightarrow$

(3) $Ag^+ +S_2O_3^{2-} \longrightarrow$

(4) $Na_2S_2O_8+MnSO_4 \longrightarrow$

(5) $H_2S+Br_2 \longrightarrow$

(6) $H_2S+I_2 \longrightarrow$

(7) $Te + ClO_3^- \longrightarrow$

(8) $H_2O_2 + S_2O_8^{2-} \longrightarrow$

(9) $H_2O_2 + PbS \longrightarrow$

(10) $H_2O_2 + KMnO_4 \longrightarrow$

(11) $Na_2S_2O_3 + Cl_2 \longrightarrow$

(12) $Na_2S_2O_3 + I_2 \longrightarrow$

(13) $SO_2 + Cl_2 + H_2O \longrightarrow$

答 (1) $(NH_4)_2S_x + 2H^+ \xlongequal{} H_2S + (x-1)S\downarrow + 2NH_4^+$

(2) $H_2O_2 + H_2S \xlongequal{} S\downarrow + 2H_2O$

(3) $Ag^+ + 2S_2O_3^{2-} \xlongequal{} [Ag(S_2O_3)_2]^{3-}$

(4) $5Na_2S_2O_8 + 2MnSO_4 + 8H_2O \xlongequal{} 4Na_2SO_4 + 2NaMnO_4 + 8H_2SO_4$

(5) $H_2S + 4Br_2 + 4H_2O \xlongequal{} H_2SO_4 + 8HBr$

(6) $H_2S + I_2 \xlongequal{} 2HI + S\downarrow$

(7) $5Te + 6ClO_3^- + 12H_2O + 6H^+ \xlongequal{} 5H_6TeO_6 + 3Cl_2\uparrow$

(8) $H_2O_2 + S_2O_8^{2-} \xlongequal{} O_2\uparrow + 2SO_4^{2-} + 2H^+$

(9) $4H_2O_2 + PbS \xlongequal{} PbSO_4 + 4H_2O$

(10) $3H_2O_2 + 2KMnO_4 \xlongequal{} 2MnO_2\downarrow + 3O_2\uparrow + 2KOH + 2H_2O$

(11) $Na_2S_2O_3 + 4Cl_2 + 5H_2O \xlongequal{} 2H_2SO_4 + 2NaCl + 6HCl$

(12) $2Na_2S_2O_3 + I_2 \xlongequal{} Na_2S_4O_6 + 2NaI$

(13) $SO_2 + Cl_2 + 2H_2O \xlongequal{} H_2SO_4 + 2HCl$

7. 确定 O_3 的结构；如何利用特征反应来鉴别 O_3？写出有关反应方程式。

答 O_3 分子呈弯曲形对称结构 O—O—O（π_3^4），中心 O 原子采取 sp^2 杂化，2 个 sp^2 杂化轨道分别与其他 2 个 O 原子的 p 轨道重叠形成 2 个 σ 键，另一杂化轨道容纳孤对电子，除此之外，互相平行 $2p_z$ 轨道重叠形成三中心四电子的大 π 键(2 个电子来自中心 O 原子，其他 O 原子各提供 1 个电子，用符号 π_3^4 表示)。无论在酸性还是碱性条件下，O_3 都比 O_2 具有更强的氧化性，可以用湿润的 KI-淀粉试纸鉴定是否出现蓝色。

$$O_3 + 2I^- + H_2O \xlongequal{} I_2 + O_2 + 2OH^-$$

8. SO_2 与 Cl_2 的漂白机理有什么不同？

答 SO_2 具有漂白作用是由于 SO_2 能和一些有机色素结合成为无色的加合物，受热后会分解不再显示漂白效果；而 Cl_2 具有漂白作用是由于 Cl_2 可与水反应生成 HClO，HClO 是一种强氧化剂，它分解出的原子氧能氧化有机色素，使其生成无色产物，属于氧化还原反应。

9. 试确定 SO_2 的结构，它能作为路易斯酸吗？为什么？请举例加以说明。说明为什么 $SOCl_2$ 既是路易斯酸又是路易斯碱。画出它们的空间结构图。

答 SO_2 分子的结构为 V 形（如下图），中心 S 原子采取 sp^2 杂化，2 个 sp^2 杂化轨道分别与 2 个 O 原子的 p 轨道重叠形成 σ 键，另 1 个 sp^2 杂化轨道则容纳孤对电子。S 原子中未参与杂化的 p 轨道（有 2 个电子）与 2 个 O 原子的 p 轨道（各提供 1 个电子）形成 1 个 π_3^4 的离域大 π 键，因此 S—O 键具有双键的特征。

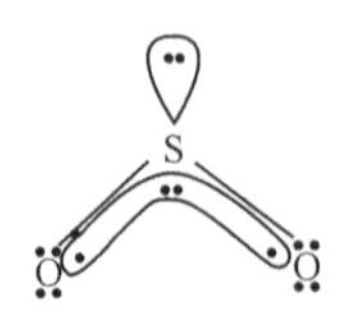

SO_2 分子的结构

SO_2 的路易斯结构式中 S 原子能满足八隅律的要求，但 S 原子上还有空轨道，所以仍然可以作路易斯酸。例如，SO_2 显示路易斯酸性，与 H_2O 反应生成 H_2SO_3，还是一种良好的非水溶剂（$2SO_2 \rightleftharpoons SO^{2+} + SO_3^{2-}$）。

既是路易斯酸又是路易斯碱的物质一定是既有孤对电子又能提供空轨道的。$SOCl_2$ 分子中既有孤对电子（O、S）可以接受质子显示路易斯碱性，又由于连接两个 Cl 原子的中心 S 原子的电正性强，且外层有空的 d 轨道，因此显示路易斯酸性。其结构如下：

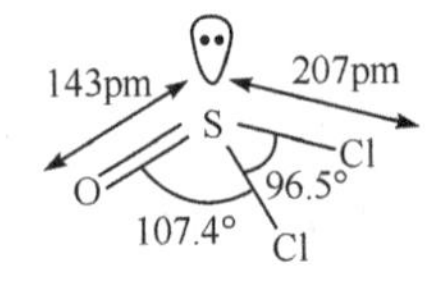

10. 硫代硫酸钠在药剂中可作解毒剂，可解卤素（如 Cl_2）、重金属离子（如 Hg^{2+}）中毒。试说明它作为解毒剂的作用原理及反应生成的主要产物。

答 因为硫代硫酸钠中，$S_2O_3^{2-}$ 中 2 个 S 原子在结构上所处的位置是不同的。它与 SO_4^{2-} 具有相似的四面体构型，在 $S_2O_3^{2-}$ 中 S 的平均氧化值为 +2，是一种中等强度的还原剂。且 $S_2O_3^{2-}$ 有强的配位能力，与一些金属离子可以形成稳定的配合物，它可以利用 S 端（单齿）或 O 端（双齿）与金属离子配位生成配合物。

（1）与卤素作用：

$$Na_2S_2O_3 + Cl_2 + H_2O = Na_2SO_4 + 2HCl + S\downarrow$$

$$Na_2S_2O_3 + 4Cl_2 + 5H_2O = 2NaHSO_4 + 8HCl \quad 将 Cl_2 还原为 Cl^-$$

（2）与重金属离子作用：

$$Hg^{2+} + 2S_2O_3^{2-} = [Hg(S_2O_3)_2]^{2-} \quad 生成配离子，可溶于水从体内排出$$

11. SF_6 和 $C_{10}H_{22}$（癸烷）的相对分子质量相近，它们的沸点也相近吗？为什么？

答 SF_6 和 $C_{10}H_{22}$（癸烷）的相对分子质量相近，它们的沸点却相差很大。SF_6 是无色、无臭的气体，因为 SF_6 分子有高的对称性，故分子之间范德华力小，沸点较低。而 $C_{10}H_{22}$ 分子呈链状，分子体积大，分子间范德华力大，故沸点较高，常温下为液体。

12. 工业上制取 $Na_2S_2O_3$ 是将 Na_2SO_3 和硫粉在水溶液中加热反应制得。在硫粉与

Na_2SO_3 混合前一般先用少量乙醇润湿，其作用是什么？

答 由于硫难溶于水但微溶于乙醇，而乙醇溶于水，用乙醇润湿过的硫在水中的溶解度增大，使硫与亚硫酸钠的接触面积增大，反应加快。

13. 许多有氧和光参加的生物氧化过程及染料光敏氧化反应过程中都涉及单线态氧。单线态氧是指处于何种状态的氧？

答 依据分子轨道理论可知，基态 O_2 分子中两个简并的 π 反键轨道上各有一个电子，且自旋相同（$\pi_{2p}^{*}\uparrow\uparrow$）。在通常情况下，$O_2$ 分子处于基态，当基态 O_2 分子受到激发后，这两个电子可以有两种排布：两个电子以自旋相反的方式占据一个 π 反键轨道（$\pi_{2p}^{*}\uparrow\downarrow$），其能量较基态高 $92kJ \cdot mol^{-1}$，把电子运动的这种状态称为单线态氧 $^1O_2$，用符号 $^1\Delta_g$ 表示；两个电子也可以分占两个简并的 π 反键轨道（$\pi_{2p}^{*}\uparrow\downarrow$），且自旋相反，其能量较基态高 $155kJ \cdot mol^{-1}$，这种状态也称为单线态氧 $^1O_2$，用符号 $^1\Sigma_g$ 表示。以上两种单线态氧中电子都是处于激发态，$^1\Sigma_g(^1O_2)$ 比 $^1\Delta_g(^1O_2)$ 能量更高，寿命更短。显然，处于激发态的氧由于能量较高而具有较强的化学活性，而且 $^1\Sigma_g(^1O_2)$ 比 $^1\Delta_g(^1O_2)$ 活性更高。基态 O_2 不能直接吸收光能产生单线态 O_2，只有通过光敏化反应、微波放电或化学反应等方法得到。究竟产生何种单线态氧，与敏化剂所提供的能量大小有关。

14. 在酸性的 KIO_3 溶液加入 $Na_2S_2O_3$ 可能有哪些反应发生？写出有关反应方程式。

答 在酸性的 KIO_3 溶液加入 $Na_2S_2O_3$，可能发生下列反应：

$$2IO_3^- + 10S_2O_3^{2-} + 12H^+ = I_2 + 5S_4O_6^{2-} + 6H_2O$$

$$IO_3^- + 5I^- + 6H^+ = 3I_2 + 3H_2O$$

$$2S_2O_3^{2-} + I_2 = S_4O_6^{2-} + 2I^-$$

$$S_2O_3^{2-} + 2H^+ = S\downarrow + SO_2\uparrow + H_2O$$

15. 一种钠盐 A 溶于水后，加入稀 HCl，有刺激性气体 B 产生，同时有黄色沉淀 C 析出，气体 B 能使 $KMnO_4$ 溶液褪色。若通 Cl_2 于 A 溶液中，Cl_2 消失并得到溶液 D，D 与钡盐作用，产生白色沉淀 E。试确定 A～E 各为何物，并写出各步的反应方程式。

答 A：$Na_2S_2O_3$　B：SO_2　C：S　D：H_2SO_4　E：$BaSO_4$

各步的反应方程式如下：

$$Na_2S_2O_3 + 2HCl = 2NaCl + S\downarrow + SO_2\uparrow + H_2O$$

$$5SO_2 + 2MnO_4^- + 4OH^- = 2Mn^{2+} + 5SO_4^{2-} + 2H_2O$$

$$Na_2S_2O_3 + 4Cl_2 + 5H_2O = 2H_2SO_4 + 2NaCl + 6HCl$$

$$SO_4^{2-} + Ba^{2+} = BaSO_4\downarrow$$

16. 某液体物质 A，结构与性质类似 CO_2，与 Na_2S 反应生成化合物 B，B 遇酸能产生恶臭有毒的气体 C 及物质 A，C 可使湿乙酸铅试纸变黑。A 与 Cl_2 在 $MnCl_2$ 催化下可得一不能燃烧的溶剂物质 D；A 与氧化二氯作用则生成极毒气体 E 和透明液体 F。试确定 A～F 各代表何种物质。

答 A：CS_2　B：Na_2CS_3　C：H_2S　D：S_2Cl_2　E：$COCl_2$　F：$SOCl_2$

各步的反应方程式如下：

$$CS_2 + Na_2S \xlongequal{} Na_2CS_3$$

$$Na_2CS_3 + 2H^+ \xlongequal{} 2Na^+ + H_2S\uparrow + CS_2$$

$$H_2S + Pb(Ac)_2 \xlongequal{} PbS\downarrow + 2HAc$$

$$CS_2 + 3Cl_2 \xlongequal{} CCl_4 + S_2Cl_2$$

$$CS_2 + 3Cl_2O \xlongequal{} COCl_2 + 2SOCl_2$$

第6章　卤　　素

一、学习要点

（1）卤素的价电子构型、常见价态及氟在本族的特殊性。

（2）卤素单质的性质及制备方法。

（3）氢卤酸的制备及酸性变化规律、含氧酸的氧化还原性及其盐的性质与结构特点。

（4）卤素互化物和多卤化物的组成、结构和性质。

（5）拟卤素的组成和性质。

二、重要内容

1. 氢卤酸的酸性递变规律

	HF	HCl	HBr	HI
$K_a^\ominus$	6.6×10^{-4}	强	强	最强
酸性	弱 →			强

2. 含氧酸的酸性递变规律

酸性递变规律

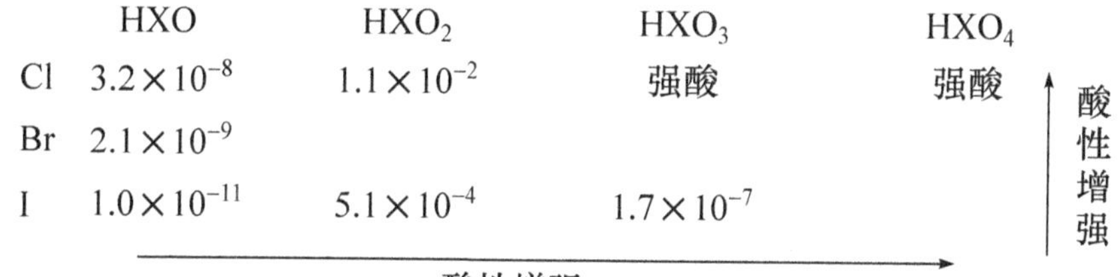

	HXO	HXO_2	HXO_3	HXO_4
Cl	3.2×10^{-8}	1.1×10^{-2}	强酸	强酸
Br	2.1×10^{-9}			
I	1.0×10^{-11}	5.1×10^{-4}	1.7×10^{-7}	

判断方法

1）定性

酸的强度取决于与氢直接相连的原子上的电子云密度，其电子云密度越大，对 H^+ 吸引力越大，酸性越弱。

2）鲍林规则（半定量经验规则）

（1）多元酸逐级离解常数：$K_{a_1}^\ominus : K_{a_2}^\ominus : K_{a_3}^\ominus \approx 1 : 10^{-5} : 10^{-10}$。

例如，H_3PO_4、H_3AsO_4、H_2SO_3、H_2CO_3 等。但有机酸和其他许多无机酸不适用。

(2) 含氧酸非羟基氧原子数目 m 越大,则酸性越强。

例如

含氧酸	按结构写	m	酸性强度
$HClO$	$Cl(OH)$	0	增强 ↓
$HClO_2$	$ClO(OH)$	1	
$HClO_3$	$ClO_2(OH)$	2	
$HClO_4$	$ClO_3(OH)$	3	

3. 含氧酸及其盐的氧化还原性递变规律

影响含氧酸氧化还原能力的因素很多,包括:中心原子电负性、成键情况、H^+ 的反极化作用等。

介质酸碱性

氧化性: HXO_n > XO_n^- ($n=1\sim4$)

含氧酸(酸介质)　　盐(碱介质)

同一组成类型、不同卤素

氧化性:

$HClO > HBrO > HIO$

$ClO^- > BrO^- > IO^-$

$HClO_3 \approx HBrO_3 > HIO_3$

$ClO_3^- \approx BrO_3^- > IO_3^-$

$HClO_4 < HBrO_4 > H_5IO_6$(正高碘酸)

$ClO_4^- < BrO_4^- > H_3IO_6^{2-}$

同一元素、不同氧化态

氧化性:

$HClO > HClO_3 > HClO_4$

$ClO^- > ClO_3^- > ClO_4^-$

4. 含结晶水盐类的分解

当阴离子对应的酸是难挥发酸时,其水合盐受热时失去结晶水。例如

$$Zn_3(PO_4)_2 \cdot 4H_2O \xlongequal{\triangle} Zn_3(PO_4)_2 + 4H_2O$$

由于结晶水所处的环境不同,水合盐受热逐步脱水。例如

$$CuSO_4 \cdot 5H_2O \xlongequal{375K} CuSO_4 \cdot 3H_2O + 2H_2O$$

$$CuSO_4 \cdot 3H_2O \xlongequal{386K} CuSO_4 \cdot H_2O + 2H_2O$$

$$CuSO_4 \cdot H_2O \xlongequal{531K} CuSO_4 + H_2O$$

当阳离子的极化能力较强，阴离子对应的酸挥发性较大时（如卤化物），其水合盐受热往往发生水解，生成碱式盐或氢氧化物、氧化物。例如

$$2CuCl_2 \cdot 2H_2O \xlongequal{\triangle} Cu(OH)_2 \cdot CuCl_2 + 2HCl\uparrow$$

$$ZnCl_2 \cdot H_2O \xlongequal{\triangle} Zn(OH)Cl + HCl\uparrow$$

$$MgCl_2 \cdot 6H_2O \xlongequal{\triangle} Mg(OH)Cl + HCl\uparrow + 5H_2O$$

$$Fe(NO_3)_3 \cdot 9H_2O \xlongequal{\triangle} Fe(OH)_3 + 6H_2O + 3HNO_3$$

$$BeCl_2 \cdot 4H_2O \xlongequal{\triangle} BeO + 2HCl\uparrow + 3H_2O$$

这类水合盐应在 HCl 或 HNO_3 气氛中脱水以防止水解。

三、重要化学方程式

$2S+Cl_2 \xlongequal{} S_2Cl_2$

$S+Cl_2$(过量)$\xlongequal{} SCl_2$

$2P$(过量)$+3Cl_2 \xlongequal{} 2PCl_3$

$2P+5Cl_2$(过量)$\xlongequal{} 2PCl_5$

$2P+3Br_2 \xlongequal{} 2PBr_3$

$2P+3I_2 \xlongequal{} 2PI_3$

$Cl_2+2OH^- \xlongequal{低于室温} Cl^- +ClO^- +H_2O$

$3Cl_2+6OH^- \xlongequal{>75℃} 5Cl^- +ClO_3^- +3H_2O$

$Br_2+2OH^- \xlongequal{0℃左右} Br^- +BrO^- +H_2O$

$3Br_2+6OH^- \xlongequal{50\sim80℃} 5Br^- +BrO_3^- +3H_2O$

$3I_2+6OH^- \xlongequal{冷} 5I^- +IO_3^- +3H_2O$

$2F_2+2OH^-(2\%) \xlongequal{} 2F^- +OF_2\uparrow +H_2O$

$2F_2+4OH^- \xlongequal{} 4F^- +O_2\uparrow +2H_2O$(当碱较浓时)

$2KMnO_4+2KF+10HF+3H_2O_2 \xlongequal{50\%HF溶液} 2K_2MnF_6+8H_2O+3O_2\uparrow$

$SbCl_5+5HF \xlongequal{} SbF_5+5HCl$

$K_2MnF_6+2SbF_5 \xlongequal{423K} 2KSbF_6+MnF_3+1/2F_2\uparrow$

$2NaCl+2H_2O \xlongequal{通电} H_2\uparrow +Cl_2\uparrow +2NaOH$

MnO_2+4HCl(浓)$\xlongequal{\triangle} MnCl_2+2H_2O+Cl_2\uparrow$

$3Br_2+3Na_2CO_3 \xlongequal{} 5NaBr+NaBrO_3+3CO_2\uparrow$

$5Br^- +BrO_3^- +6H^+ \xlongequal{} 3Br_2+H_2O$

$2NaBr(s)+3H_2SO_4$(浓)$+MnO_2 \xlongequal{} 2NaHSO_4+MnSO_4+2H_2O+Br_2$

$2NaI(s)+3H_2SO_4(浓)+MnO_2 \xlongequal{\triangle} 2NaHSO_4+MnSO_4+2H_2O+I_2$

$SiO_2+4HF = 2H_2O+SiF_4\uparrow$

$CaSiO_3+6HF = CaF_2+3H_2O+SiF_4\uparrow$

$CaF_2+H_2SO_4 = CaSO_4+2HF\uparrow$

$NaCl+H_2SO_4(浓) = NaHSO_4+HCl\uparrow$

$NaX+H_3PO_4 \xlongequal{\triangle} NaH_2PO_4+HX\uparrow$ （X=Br、I）

$2P+3Br_2+6H_2O = 2H_3PO_3+6HBr\uparrow$

$2P+3I_2+6H_2O = 2H_3PO_3+6HI\uparrow$

$2ICl_3+3H_2O = 5HCl+ICl+HIO_3$

$3BrF_3+5H_2O = HBrO_3+Br_2+9HF+O_2\uparrow$

$IF_5+3H_2O = HIO_3+5HF$

$UF_4+ClF_3 = UF_6+ClF$

$2BrF_3 \rightleftharpoons [BrF_2]^+ + [BrF_4]^-$

$CsBr+IBr = Cs[IBr_2]$

$CsF+IF_7 = Cs[IF_8]$

$2F_2+2NaOH = 2NaF+H_2O+OF_2$

$OF_2+H_2O = O_2+2HF$

$2ClO_2+2NaOH = NaClO_2+NaClO_3+H_2O$

$2HIO_3 \xlongequal{\triangle} I_2O_5+H_2O$

$2HgO+H_2O+2Cl_2 = HgO\cdot HgCl_2\downarrow+2HClO$

$CaCO_3+H_2O+2Cl_2 = CaCl_2+CO_2\uparrow+2HClO$

$2Cl_2+2Ca(OH)_2 = Ca(ClO)_2+CaCl_2+2H_2O$

$Ca(ClO)_2+4HCl = CaCl_2+2Cl_2\uparrow+2H_2O$

$3NaClO_2 = 2NaClO_3+NaCl$

$H_2SO_4+Ba(ClO_2)_2 = BaSO_4+2HClO_2$

$8HClO_3 = 3O_2\uparrow+2Cl_2\uparrow+4HClO_4+2H_2O$

$4HBrO_3 = 2Br_2+5O_2\uparrow+2H_2O$

$I_2+10HNO_3(浓) = 2HIO_3+10NO_2\uparrow+4H_2O$

$KI+6KOH+3Cl_2 = KIO_3+6KCl+3H_2O$

$4KClO_3 \xlongequal{668K} 3KClO_4+KCl$

$2KClO_3 \xlongequal[\triangle]{MnO_2} 2KCl+3O_2\uparrow$

$BrO_3^-+XeF_2+H_2O = BrO_4^-+Xe+2HF$

$BrO_3^-+F_2+2OH^- = BrO_4^-+2F^-+H_2O$

$Cl_2+IO_3^-+6OH^- = IO_6^{5-}+2Cl^-+3H_2O$

$(CN)_2+2OH^- = CN^-+OCN^-+H_2O$

$4H^++2SCN^-+MnO_2 = Mn^{2+}+(SCN)_2+2H_2O$

$(SCN)_2 + H_2S = 2H^+ + 2SCN^- + S\downarrow$

$(SCN)_2 + 2I^- = 2SCN^- + I_2$

$(SCN)_2 + 2S_2O_3^{2-} = 2SCN^- + S_4O_6^{2-}$

四、习题解答

1. 为什么氟的电子亲和能比氯小？为什么氟与氯比较仍然是强的氧化剂？

答 因为氟原子的半径特别小，当氟原子获得1个电子后，氟原子的孤对电子对外来电子产生强烈的排斥作用，抵消一部分核对外层电子的引力。因此，氟的电子亲和能比氯小。

卤素的活泼性与化学反应的条件有关，无论是在水溶液中进行的反应，如$X_2(g)$形成水合离子的反应 $X_2(g) \longrightarrow 2X^-(aq)$，还是在无水条件下进行的反应，如与金属或非金属的反应，对 F_2 来说，就同类反应而言，所放出的总能量是最多的(按热化学循环进行的相关计算)。因为氟原子的半径最小，$F^-(g)$形成水合离子 $F^-(aq)$ 时的水合能最大而处于支配地位，使反应 $F_2(g) \longrightarrow 2F^-(aq)$放出的能量最多；当形成氟化物 MF 时，其晶格能最大，而 F_2 分子的离解能却最小，使形成的 MF 非常稳定；当形成共价键时，由于氟原子的半径特别小，轨道重叠程度大，而氟的电负性又最大，使成键中的离子成分的贡献增大，因此总键能最大。由于 F_2 在上述成键过程中的贡献大，放出的总能量最多，氟的活泼性高于其他卤素。因此，氟与氯比较仍然是强的氧化剂。

2. 从下列几方面考虑氟在卤素中有哪些特殊性。

(1) 氟呈现的氧化态与其他卤素是否相同？

(2) F_2 与水和碱溶液的反应与其他卤素有什么不同？

(3) 制备 F_2 时能否采用一般氧化剂将 F^- 氧化？为什么？

(4) 氢氟酸同硅酸作用的产物是什么？

(5) 氟与氧的化合物与其他卤素与氧的化合物有何不同？

答 (1) 不同。在水溶液中，氟的稳定氧化态通常表现为-1，一般不出现正氧化态。氯、溴、碘的主要氧化态是-1、$+1$、$+3$、$+5$ 和$+7$ 等。

(2) 卤素与水发生两类反应：

$$X_2 + H_2O = 2H^+ + 2X^- + 1/2O_2 \quad ①$$

$$X_2 + H_2O = H^+ + X^- + HXO \quad ②$$

第①类反应是卤素置换水中氧的反应；第②类反应是卤素的歧化反应。

F_2 的氧化性最强，只能与水发生第①类反应；I_2 与水不发生第①类反应。F_2 与水反应的趋势最大，Cl_2 次之，它们在一般酸性溶液中就能发生反应，当水溶液的 $pH>3$ 时 Br_2 才能反应，$pH>12$ 时 I_2 才能发生反应。Cl_2、Br_2、I_2 与水主要发生第②类反应，反应是可逆的。在 298K 时，其歧化反应的平衡常数分别为4.2×10^{-4}、7.2×10^{-9}、2.0×10^{-13}。反应进行的程度随原子序数的增大依次减小。

在碱性介质中，不同卤素(F_2 除外)在不同温度下的歧化产物不同。

$$Cl_2 + 2OH^- \xlongequal{\text{低于室温}} Cl^- + ClO^- + H_2O$$

$$3Cl_2 + 6OH^- \xlongequal{>75℃} 5Cl^- + ClO_3^- + 3H_2O$$

$$Br_2 + 2OH^- \xlongequal{0℃左右} Br^- + BrO^- + H_2O$$

$$3Br_2 + 6OH^- \xlongequal{50\sim80℃} 5Br^- + BrO_3^- + 3H_2O$$

$$3I_2 + 6OH^- \xlongequal{冷} 5I^- + IO_3^- + 3H_2O$$

（IO^- 不稳定，立即歧化为 I^- 和 IO_3^-）

F_2 在碱中将发生以下两个反应：

$$2F_2 + 2OH^-(2\%) = 2F^- + OF_2\uparrow + H_2O$$

当碱较浓时

$$2F_2 + 4OH^- = 4F^- + O_2\uparrow + 2H_2O$$

(3) 不可以。因为 F_2 的电负性较大，氧化性较强（$E^\ominus = 3.06V$），一般氧化剂不能将 F^- 氧化。

(4) $4HF + H_2SiO_3 = SiF_4\uparrow + 3H_2O$。

(5) 氟与氧的化合物是氧的氟化物，不是氟的氧化物，氟在化合物中的氧化态是负的，如 OF_2 和 O_2F_2 中氟的氧化态为 -1；其他卤素与氧的化合物中，卤素的氧化态是正的。

3. 电解制氟气中，为什么不用 KF 的水溶液，也不用熔融的 KF？为什么不采用无水液态 HF 电解？

答 电解 KF 的水溶液时，OH^- 先放电；电解熔融的 KF，KF 熔点高；无水液态 HF 易挥发。现代工业使用装有石墨电极的镍制或铜制电解池，用 KHF_2(l)作电解质，由于熔融的 KHF_2 在电解过程中转化为固体 KF，因而必须不断加入 HF，以维持电解质为熔融状态。

4. 如何从海水中提取溴和溴酸？写出有关的化学反应方程式。

答 (1) 工业上从海水制溴，先把盐水加热到 363K 后，控制 pH 为 3.5，通入 Cl_2 把 Br_2 置换出来，再用空气把 Br_2 吹出，用 Na_2CO_3 吸收，这时 Br_2 就歧化生成 Br^- 和 BrO_3^-，最后用 H_2SO_4 酸化，单质 Br_2 又从溶液中析出。

$$Cl_2 + 2Br^- = 2Cl^- + Br_2$$

$$3Br_2 + 3Na_2CO_3 = 5NaBr + NaBrO_3 + 3CO_2\uparrow$$

$$5Br^- + BrO_3^- + 6H^+ = 3Br_2 + H_2O$$

(2) 制备 $HBrO_3$，则在酸化的同时通入 Cl_2，Br_2 被氧化为 $HBrO_3$。

$$5Cl_2 + Br_2 + 6H_2O = 2HBrO_3 + 10HCl$$

5. 讨论 I_2O_5 的制备方法、结构和它在分析化学上的应用。

答 将 HIO_3 加热至 473K 脱水即得 I_2O_5。

$$2HIO_3 = I_2O_5 + H_2O$$

结构如下：

O↖　　　　↗O
　　I—O—I
O↙　　　　↘O

343K 时，I_2O_5 能将 CO 定量地转变为 CO_2。

$$I_2O_5 + 5CO \longequal 5CO_2 + I_2$$

用碘量法测定所生成的单质 I_2，可以确定 CO 的含量，合成氨厂就是用 I_2O_5 测定合成气中的 CO 含量。

6. 写出 Cl_2、Br_2、I_2、$(CN)_2$、$(SCN)_2$ 在碱性溶液中的歧化反应式。比较 Cl_2、Br_2、I_2 在不同温度下歧化产物有什么不同。

答 (1) $Cl_2 + 2OH^- = Cl^- + ClO^- + H_2O$ （低于室温）

$3Cl_2 + 6OH^- = 5Cl^- + ClO_3^- + 3H_2O$ （>75℃）

(2) $Br_2 + 2OH^- = Br^- + BrO^- + H_2O$ （0℃左右）

$3Br_2 + 6OH^- = 5Br^- + BrO_3^- + 3H_2O$ （50～80℃）

(3) $3I_2 + 6OH^- = 5I^- + IO_3^- + 3H_2O$ （IO^-不稳定，易歧化）

(4) $(CN)_2 + 2OH^- = CN^- + OCN^- + H_2O$

(5) $(SCN)_2 + 2OH^- = SCN^- + OSCN^- + H_2O$

7. 卤化氢中 HF 极性很强，熔、沸点最高，但其水溶液的酸性却最小，试分析其原因。

答 HF 分子中存在分子间氢键，因此熔、沸点在卤化氢中最高。因 F 电负性大，对 H 的吸引力强，酸性减弱。在稀溶液中，HF 的电离过程可表示为 $HF + H_2O \rightleftharpoons H_3O^+ + F^-$，由于 F^- 是一种强的质子接受体，而 H_3O^+ 是较强的质子给予体，H_3O^+ 与 F^- 通过氢键相互结合生成较稳定的离子对：

$$\begin{array}{l} H{-}O{-}H^+ \cdots F^- \\ \quad\ \ | \\ \quad\ \ H \end{array}$$

该离子对较难电离，实验发现在无限稀的溶液中，它的电离度也只有 15%。这一事实说明 HF 在稀溶液中表现出弱的酸性。随着 Cl、Br、I 的半径增大，离子对的强度大为减弱，故相应酸的强度大为增强。

8. 写出 BrCl、BrF_3、ICl_3、IF_5、IF_7 的水解反应方程式。

答

$$BrCl + H_2O = HCl + HBrO$$

$$3BrF_3 + 5H_2O = HBrO_3 + Br_2 + 9HF + O_2\uparrow$$

$$2ICl_3 + 3H_2O = 5HCl + ICl + HIO_3$$

$$IF_5 + 3H_2O = HIO_3 + 5HF$$

$$IF_7 + 4H_2O = HIO_4 + 7HF$$

9. 在卤素互化物中，较轻卤原子的数目为什么总是奇数？

答 由两种不同卤素原子以共价键相互结合而形成的化合物称为卤素互化物。一般的通式为 XY_n，其中较重、电负性较低的卤素(X)为中心原子，n=1、3、5 和 7；n 值取决于 $r_{较大}/r_{较小}$ 的值以及两者电负性之差，比值和差值越大，n 越大，即氧化数越高；较轻卤原子的数目总是奇数，这是由于卤素的价电子数是奇数，周围以奇数个其他卤原子与之成键比较稳定。

10. 实验观察到多卤化铷没有相应的多卤化铯的热稳定性高，试加以说明。

答 多卤化物晶体的热稳定性规律之一是：含有相同阴离子的多卤化物的热稳定性随阳离子体积的增大而增强，其极化力减小，因而多卤化铷没有相应的多卤化铯的热稳定性高。

11. 利用电极电势解释下列现象：在淀粉-碘化钾溶液中加入少量 NaClO 时，得到蓝色溶液 A，加入过量 NaClO 时，得到无色溶液 B，然后酸化之，并加少量固体 Na_2SO_3 于 B 溶液中，则 A 的蓝色复现，当 Na_2SO_3 过量时蓝色又褪去成为无色溶液 C，再加入 $NaIO_3$ 溶液蓝色的 A 溶液又出现。指出 A、B、C 各为何种物质，并写出各步的反应方程式。

答 根据卤素的电极电势图可知，碱性溶液中 $E^{\ominus}_{ClO^-/Cl^-}(0.89V) > E^{\ominus}_{IO_3^-/I^-}(0.22V)$，因此在淀粉-碘化钾溶液中加入少量 NaClO 时 KI 被氧化为碘单质而得到蓝色溶液，加入过量 NaClO 时，碘单质继续被氧化得到 IO_3^- 的无色溶液，然后酸化之，并加少量固体 Na_2SO_3 于溶液中，IO_3^- 被还原为碘单质则蓝色复现，当 Na_2SO_3 过量时，碘单质继续被还原，则蓝色又褪去成为无色 I^- 溶液，再加入 $NaIO_3$ 溶液发生反歧化反应，则蓝色溶液又出现。

A：I_2　B：$NaIO_3$　C：NaI

各步的反应方程式如下：

$$2I^- + ClO^- + H_2O = I_2 + Cl^- + 2OH^-$$
$$I_2 + 5ClO^- + 2OH^- = 2IO_3^- + 5Cl^- + H_2O$$
$$2IO_3^- + 5SO_3^{2-} + 2H^+ = I_2 + 5SO_4^{2-} + H_2O$$
$$I_2 + SO_3^{2-} + H_2O = 2I^- + SO_4^{2-} + 2H^+$$
$$5I^- + IO_3^- + 6H^+ = 3I_2 + 3H_2O$$

12. 写出以 NaCl 为基本原料制备下列试剂的反应方程式(可加其他试剂)：

Cl_2、$NaClO_3$、$NaClO_4$、$HClO_4$、$KClO_3$、$KClO_4$、HClO、漂白粉

答 Cl_2：

$$2NaCl + 2H_2O = H_2\uparrow + Cl_2\uparrow + 2NaOH \quad (电解)$$

$NaClO_3$：

$$2NaCl + 2H_2O = H_2\uparrow + Cl_2\uparrow + 2NaOH \quad (电解)$$
$$3Cl_2 + 6NaOH = 5NaCl + NaClO_3 + 3H_2O \quad (>75℃)$$

$NaClO_4$：

$$2NaCl + 2H_2O = H_2\uparrow + Cl_2\uparrow + 2NaOH \quad (电解)$$
$$3Cl_2 + 6NaOH = 5NaCl + NaClO_3 + 3H_2O \quad (>75℃)$$
$$4NaClO_3 = 3NaClO_4 + NaCl \quad (高温条件下，或电解 NaClO_3)$$

$HClO_4$：

$$2NaCl + 2H_2O = H_2\uparrow + Cl_2\uparrow + 2NaOH \quad (电解)$$
$$3Cl_2 + 6NaOH = 5NaCl + NaClO_3 + 3H_2O \quad (>75℃)$$
$$4NaClO_3 = 3NaClO_4 + NaCl \quad (高温条件下，或电解 NaClO_3)$$
$$NaClO_4 + H_2SO_4 = NaHSO_4 + HClO_4$$

$KClO_3$：

$$2NaCl+2H_2O = H_2\uparrow+Cl_2\uparrow+2NaOH \quad (电解)$$
$$3Cl_2+6KOH = 5KCl+KClO_3+3H_2O \quad (>75℃)$$

$KClO_4$：

$$2NaCl+2H_2O = H_2\uparrow+Cl_2\uparrow+2NaOH \quad (电解)$$
$$3Cl_2+6KOH = 5KCl+KClO_3+3H_2O \quad (>75℃)$$
$$4KClO_3 = 3KClO_4+KCl \quad (668K)$$

HClO：

$$2NaCl+2H_2O = H_2\uparrow+Cl_2\uparrow+2NaOH \quad (电解)$$
$$CaCO_3+H_2O+2Cl_2 = CaCl_2+CO_2+2HClO$$

漂白粉：

$$2NaCl+2H_2O = H_2\uparrow+Cl_2\uparrow+2NaOH \quad (电解)$$
$$2Cl_2+2Ca(OH)_2 = CaCl_2+Ca(ClO)_2+2H_2O$$

13. 确定下列分子或离子的结构：

$[ICl_2]^-$、H_5IO_6、$[IF_4]^+$、Cl_2O_7、$[ICl_4]^-$、SCl_3^+、IF_7、ClO_2、ClO_3^-、I_3^-、ClF_3、BrF_5

答 $[ICl_2]^-$ 直线

H_5IO_6 八面体

$[IF_4]^+$ 变形四面体

Cl_2O_7 四面体

$[ICl_4]^-$ 平面正方形

SCl_3^+ 三角锥

IF_7 五角双锥

ClO_2 V形

ClO_3^- 三角锥

I_3^- 直线

ClF_3 T形

BrF_5 四方锥

14. 完成并配平下列反应方程式：

(1) $Cl_2+KI+KOH \longrightarrow$

(2) $B_2O_3+Cl_2+C \longrightarrow$

(3) $KClO_4(s)+H_2SO_4$(浓)$\longrightarrow$

(4) $I_2+HNO_3 \longrightarrow$

(5) $MnO_2+HSCN \longrightarrow$

(6) $BrO_3^-+XeF_2 \longrightarrow$

(7) $BrO_3^-+F_2+OH^- \longrightarrow$

(8) $KClO+K_2MnO_4+H_2O \longrightarrow$

(9) $IO_3^-+Cl_2+OH^- \longrightarrow$

(10) $I_2+Na_2S_2O_3 \longrightarrow$

答 (1) $3Cl_2+KI+6KOH=6KCl+KIO_3+3H_2O$

(2) $B_2O_3+3Cl_2+3C=2BCl_3+3CO$ （>500℃）

(3) $KClO_4(s)+H_2SO_4$(浓)$=KHSO_4+HClO_4$

(4) $I_2+10HNO_3=2HIO_3+10NO_2\uparrow+4H_2O$

(5) $MnO_2+4HSCN=Mn(SCN)_2+(SCN)_2+2H_2O$

(6) $BrO_3^-+XeF_2+H_2O=BrO_4^-+2HF+Xe$

(7) $BrO_3^-+F_2+2OH^-=BrO_4^-+2F^-+H_2O$

(8) $KClO+2K_2MnO_4+H_2O=KCl+2KMnO_4+2KOH$

(9) $IO_3^-+Cl_2+2OH^-=IO_4^-+2Cl^-+H_2O$

(10) $I_2+2Na_2S_2O_3=Na_2S_4O_6+2NaI$

15. 判断下列反应发生的现象，并写出反应方程式：

(1) 将酸性 $KMnO_4$ 溶液加到过量的 KI 溶液中。

(2) 将 KI 溶液加到过量的酸性 $KMnO_4$ 溶液中。

(3) 往酸化的 $KBrO_3$ 溶液中逐滴加入不足量的 KI 溶液。

(4) 往酸化的 KI 溶液中逐滴加入不足量的 $KBrO_3$ 溶液。

(5) 先把等物质的量的 NO_2^- 和 I^- 混合并用 H_2SO_4 酸化，然后逐滴加入适量的 $KMnO_4$ 溶液。

(6) 往 NO_2^- 和 I^- 的混合液中逐滴加入用 H_2SO_4 酸化的适量的 $KMnO_4$ 溶液。

答 (1) 溶液变为无色。

$$2MnO_4^-+15I^-+16H^+=2Mn^{2+}+5I_3^-+8H_2O$$

(2) 先有紫色浑浊，然后溶液变为无色，有棕黑色沉淀产生。

$$2MnO_4^-+10I^-+16H^+=2Mn^{2+}+5I_2+8H_2O$$

$$I_2+4H^++2MnO_4^-=2IO_3^-+2Mn^{2+}+2H_2O$$

$$3Mn^{2+}+2MnO_4^-+2H_2O=5MnO_2\downarrow+4H^+$$

(3) 溶液变为深棕色。

$$2KBrO_3+10KI+6H_2O=Br_2+5I_2+12KOH$$

(4) 先有紫黑色浑浊，迅速转化为澄清溶液。

$$KBrO_3+6KI+3H_2O=KBr+3I_2+6KOH$$

$$I_2+I^-=I_3^-$$

(5) 酸化时先出现紫黑色浑浊，逐滴加入 $KMnO_4$ 后沉淀溶解，颜色变浅。

$$2NO_2^-+2I^-+4H^+=I_2+2NO\uparrow+2H_2O$$

$$I_2+2MnO_4^-+4H^+=2IO_3^-+2Mn^{2+}+2H_2O$$

(6) 滴加的紫红色 $KMnO_4$ 溶液很快褪色，不断滴加有紫黑色浑浊生成，最后形成澄清溶液。

$$5NO_2^-+2MnO_4^-+6H^+=5NO_3^-+2Mn^{2+}+3H_2O$$

$$10I^-+2MnO_4^-+16H^+=5I_2+2Mn^{2+}+8H_2O$$

$$I_2+2MnO_4^-+4H^+=2IO_3^-+2Mn^{2+}+2H_2O$$

16. 解释下列实验事实：

(1) F_2 的解离能比 Cl_2 低。

(2) 碘在碘化钾溶液中的溶解度比在水中大。

(3) CCl_4 的熔点(176K)比 CBr_4 的熔点(180K)低，但 NaCl 的熔点(1073K)比 NaBr 的熔点(1028K)高。

答　(1) F 的半径特别小，两原子的非键电子对之间产生强烈的排斥作用，从而大大地削弱化学键的强度；而 Cl 有空的 d 轨道，能容纳邻近原子提供的电子，除可减弱电子之间的排斥作用外，还能增加成键效应。因此 F_2 的解离能比 Cl_2 低。

(2) 碘单质为非极性分子，因此在水中溶解度很小。碘在碘化钾溶液中 I_2 和 I^-(I^- 靠近 I_2 分子，使 I_2 极化产生诱导偶极，进一步形成配离子 I_3^-、I_5^-，其中以 I_3^- 最稳定)形成 I_3^-，促使碘溶解。

$$I_2 + I^- \longrightarrow I_3^-$$

(3) CCl_4 和 CBr_4 是共价化合物，相对分子质量大的分子之间的作用力大，则熔点高；NaCl 和 NaBr 是离子化合物，NaCl 比 NaBr 离子键能大，所以 NaCl 的熔点比 NaBr 的熔点高。

17. 试确定 BrF_3 的结构，说明液态三氟化溴具有一定电导率的原因。

答　BrF_3 中心原子 Br 采用 sp^3d 杂化，分子构型为 T 形。

液态三氟化溴具有一定电导率是因为 BrF_3 发生了自电离反应而具有较高的导电性。

$$2BrF_3 \longrightarrow [BrF_4]^- + [BrF_2]^+$$

18. 在 SCl_3^+ 和 ICl_4^- 中，试预测 S—Cl 键和 I—Cl 键哪个键长较长。说明理由。

答　I—Cl 键的键长较长，因为 S 的电负性大，半径小，S—Cl 键能大。

19. 下列物质在一定状态下能导电，这是为什么？

PCl_5　　PBr_5　　IF_5　　I_2

答　PCl_5、PBr_5 和 IF_5 在液态下能够发生自身电离反应而导电。

$$2PCl_5 \longrightarrow [PCl_4]^+ + [PCl_6]^-$$

$$2PBr_5 \longrightarrow [PBr_4]^+ + [PBr_6]^-$$

$$2IF_5 \longrightarrow [IF_4]^+ + [IF_6]^-$$

在一定的压力和温度下，熔化状态的碘能够导电，这是由于在高温下熔化的碘金属化(其外层电子 $5s^25p^5$ 具有窄的势能，在高温下跃迁概率急剧增加而导电)。

20. 有一种白色固体 A，加入油状无色液体 B，可得紫黑色固体 C，C 微溶于水，加入 A 后 C 的溶解度增大，成棕色溶液 D。将 D 分成两份，一份中加一种无色溶液 E，另一份通入气体 F，都褪色成无色透明溶液，E 溶液遇酸有淡黄色沉淀，将气体 F 通入溶液 E，在所得溶液中加入 $BaCl_2$ 溶液有白色沉淀，后者难溶于 HNO_3。A～F 各代表何物？

答　A：KI　B：浓 H_2SO_4　C：I_2　D：KI_3　E：$Na_2S_2O_3$　F：Cl_2

第7章　氢和氢能源

一、学习要点

(1) 氢的成键特征。

(2) 氢化物的分类与特征。

(3) 离子型氢化物的反应特点。

(4) 氢气的制备、储存，氢能源的应用。

二、习题解答

1. 简述工业上和实验室制备氢气的方法，写出有关反应方程式。

答　(1) 金属与水、酸或碱反应制氢气。

$$2Na + 2H_2O \longrightarrow 2NaOH + H_2\uparrow$$

$$Zn + 2HCl \longrightarrow ZnCl_2 + H_2\uparrow$$

(2) 金属氢化物与水反应制氢气。

$$CaH_2 + 2H_2O \longrightarrow Ca(OH)_2 + 2H_2\uparrow$$

(3) 电解水制氢气。

$$H_2O \xrightarrow{\text{通电}} H_2\uparrow + 1/2O_2\uparrow$$

(4) 化石燃料制氢气。例如

$$CH_4(g) \xrightarrow[\text{催化剂}]{1273K} C(g) + 2H_2(g)$$

(5) 热化学循环制氢气。

(6) 光解水制氢气。

2. 氢能具有哪些优点？为什么说氢能是未来最佳的清洁能源？

答　(1) 氢气资源丰富，燃烧生成水，无污染。

(2) 除核燃料外，氢气的热值是所有化石燃料、化工燃料和生物燃料中最高的。1kg氢气完全燃烧放出的热量为 1.43×10^5kJ，是汽油热值的3倍，是焦炭热值的4.5倍。

(3) 氢气燃烧性能好，燃烧速度快，分布均匀，点火温度低。

(4) 在所有气体中，氢气的导热性最好，因此在能源工业中氢气是极好的传热载体。

(5) 氢气可以以气态、液态、固态金属氢化物出现，能适应储运及各种应用环境的不同要求。氢气能发电、供热和提供动力等，是一种具有很大发展潜力的新能源。

(6) 作为二次能源，氢气的输送与储存损失比电力小。

3. 简述光分解水制氢气的基本原理，TiO_2 是如何促进水分解为氢气的？

答　$H_2O \xrightarrow[\text{催化剂}]{h\nu} H_2\uparrow + 1/2O_2\uparrow$

TiO_2 在光照射下，价带上的电子吸收能量跃迁到导带，在价带上留下空穴，即产生了游离的电子和空穴，水中的 H^+ 得电子被还原为 H_2，空穴将水氧化放出 O_2，发生多相光催化分解水反应。

4. 简述化学法储存氢气的技术。

答　由于氢原子与许多金属特别是过渡金属或合金及稀土元素组成多元金属氢化物，加热又可释放出氢气，因此可以采用此方法储存氢气。

5. (1) 计算 1mol $H_2(g)$与 0.5mol $O_2(g)$结合生成 $H_2O(l)$所放出的热量。

(2) 计算 1kg H_2 完全燃烧放出的热量，并以此与同量的煤(设仅含 ^{12}C)完全燃烧放出的热量进行比较，得出何种结论？

解　(1) $H_2(g)+1/2O_2(g) = H_2O(l)$

$$\Delta_r H^\ominus = \Delta_f H_m^\ominus(H_2O,l) - \Delta_f H_m^\ominus(H_2,g) - 1/2\Delta_f H_m^\ominus(O_2,g)$$

$$= -285.83-0-0$$

$$= -285.83(kJ \cdot mol^{-1})$$

(2) $Q_{H_2} = (-285.83)\times(1000/2) = -1.43\times10^5(kJ)$

$Q_C = (-393.51)\times(1000/12) = -3.28\times10^4(kJ)$

所以质量能量密度 H_2 比 ^{12}C 高很多。

6. 氢元素能以共价键、离子键、金属键和氢键等形成化合物，各举一例说明。

答　共价键：H_2O

离子键：NaH

金属键：TiH_2

氢键：DNA 中的碱基对

7. 发射航天飞机的火箭可用液氢和液氧作燃料，但用量非常之大，最好选用什么方法制备氢气？使用时要注意什么问题？

答　液化氢气。容器要耐压。

8. 在下列氢化物中，稳定性最好的是哪一个？

RbH　　KH　　NaH　　LiH

答　稳定性最好的是 LiH。

9. 试通过计算回答：

(1) 写出氢-氧燃料电池的电池总反应式。

(2) 计算该电池的标准电动势($E^\ominus$)。

(3) 燃烧 1mol 氢气可获得的最大电功是多少？若该燃料电池的转化率为 83.0%，则燃烧 1mol 氢气又可获得多少电功(以千焦计)？

解　(1) $H_2(g)+1/2O_2(g) = H_2O(l)$

(2) 负极 $E^{\ominus}_{H^+/H_2}=0.000V$，正极 $E^{\ominus}_{O_2/H_2O}=1.229V$，电池的标准电动势为 $E^{\ominus}=1.229V$。

(3) $\Delta_r G^{\ominus}=-nFE^{\ominus}=-2\times96\ 487\times1.229=-237.2(kJ\cdot mol^{-1})$

燃烧1mol氢气可获得的最大电功为237.2kJ。

若该燃料电池的转化率为83.0%，则燃烧1mol氢气又可获得电功为

$$237.2\times0.830=189.8(kJ)$$

10. 氢键的结合力的本质是什么？氢键的形成对于化合物的物理和化学性质产生哪些影响？

答 氢键的本质是一种电性作用力，其键能介于共价键和范德华力之间。当分子间形成氢键时，分子间产生了较强的结合力，因而使化合物的沸点和熔点显著升高。而分子内氢键使化合物熔、沸点降低。

第8章 铜族与锌族元素

一、学习要点

(1) ds 区元素的价电子构型、价态与性质变化规律。

(2) ds 区元素单质的重要化学性质。

(3) ds 区元素的重要化合物的反应性,特别是氧化还原性和配位性及其相关应用。

(4) Cu(Ⅰ)与 Cu(Ⅱ)的相互转化。

(5) Hg(Ⅰ)与 Hg(Ⅱ)的相互转化。

(6) ⅠA 与ⅠB 族、ⅡA 与ⅡB 族、ⅠB 与ⅡB 族元素及化合物性质上的相似与差异。

二、重要内容

1. 通性

铜族与锌族从结构上仅差一个 d 电子,但性质差别却很大。铜族元素$(n-1)$d轨道往往参与成键,锌族元素$(n-1)$d 轨道往往不参与成键,所以铜族元素的单质熔、沸点较高,锌族元素单质熔、沸点较低。铜族元素与过渡元素性质更接近,它们具有可变的氧化态,可呈现+1、+2、+3;而锌族元素的性质则比较接近主族元素,氧化态以+2 为主,性质与碱土金属类似。

2. Cu(Ⅰ)和 Cu(Ⅱ)的稳定性与转化

(1) 气态时,Cu^{+}(g)比 Cu^{2+}(g)稳定。

(2) 常温时,固态 Cu(Ⅰ)和 Cu(Ⅱ)的化合物都很稳定。

(3) 高温时,Cu(Ⅰ)的化合物比 Cu(Ⅱ)稳定。

(4) 在水溶液中,从元素电势图上看,简单的 Cu^{+} 不稳定,易发生歧化反应。

$$Cu^{2+} \xrightarrow{0.153V} Cu^{+} \xrightarrow{0.521V} Cu$$

$$2Cu^{+} = Cu + Cu^{2+}$$

Cu^{2+}的电荷高、半径小,与水的结合力强于 Cu^{+},在水溶液中 Cu^{2+}稳定。

当溶液中存在还原剂和能降低$[Cu^{+}]$的沉淀剂或配合剂,则歧化反应向相反方向进行:

$$Cu^{2+} + Cu + 4Cl^{-} = 2CuCl_2^{-}$$

$$CuCl_2^{-} = CuCl\downarrow + Cl^{-}$$

$$2Cu^{2+} + 4I^{-} = 2CuI\downarrow + I_2$$

3. Hg_2^{2+} 和 Hg^{2+} 的稳定性与转化

从元素电势图看出，Hg_2^{2+} 比 Hg^{2+} 更稳定，Hg_2^{2+} 在溶液中能稳定存在。

$$Hg^{2+} \xrightarrow{0.911V} Hg_2^{2+} \xrightarrow{0.796V} Hg$$

因此，下列反应是自发的：

$$Hg(NO_3)_2 + Hg \xlongequal{研磨} Hg_2(NO_3)_2$$

$$HgCl_2 + Hg \xlongequal{振荡} Hg_2Cl_2$$

当溶液中有使 Hg^{2+} 浓度大大降低的沉淀剂和配合剂存在时，则 Hg_2^{2+} 可发生歧化反应：

$$Hg_2^{2+} + S^{2-} = HgS\downarrow(黑) + Hg\downarrow$$

$$Hg_2^{2+} + 4CN^- = [Hg(CN)_4]^{2-} + Hg\downarrow$$

$$Hg_2^{2+} + 4I^- = [HgI_4]^{2-} + Hg\downarrow$$

$$Hg_2^{2+} + 2OH^- = Hg\downarrow + HgO\downarrow + H_2O$$

$$Hg_2Cl_2 + 2NH_3 = HgNH_2Cl(白) + Hg\downarrow(黑) + NH_4Cl$$

$$Hg_2(NO_3)_2 + 2NH_3 = HgNH_2NO_3\downarrow(白) + Hg\downarrow(黑) + NH_4NO_3$$

4. 典型结构

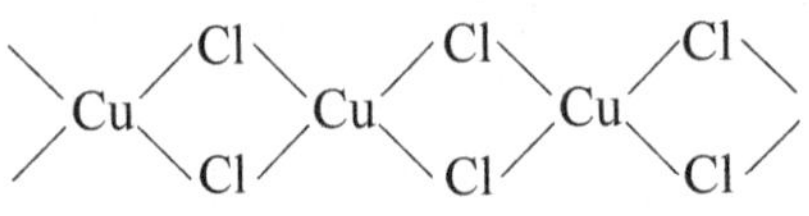

$CuCl_2$

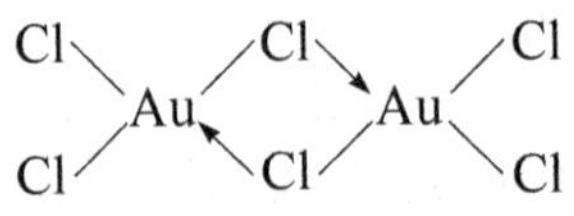

Au_2Cl_6

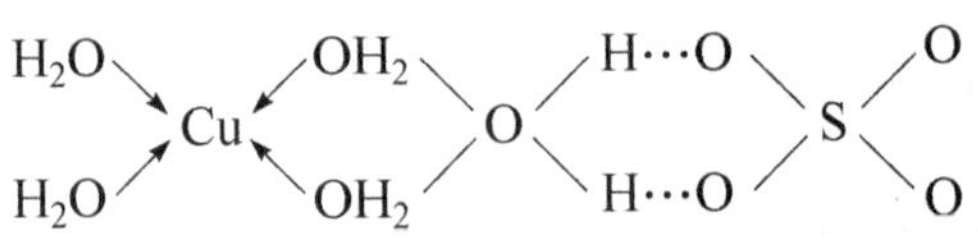

$CuSO_4 \cdot 5H_2O$

三、重要化学方程式

$$2Cu + O_2 + CO_2 + H_2O = Cu(OH)_2 \cdot CuCO_3$$

$$2Cu + 4HCl + O_2 \xlongequal{\triangle} 2CuCl_2 + 2H_2O$$

$$Cu + 4HCl(浓) \xlongequal{\triangle} H_2[CuCl_4] + H_2\uparrow$$

$$2Cu + 2H_2SO_4 + O_2 = 2CuSO_4 + 2H_2O$$

$$2Cu + 8NaCN + 2H_2O = 2Na_3[Cu(CN)_4] + 2NaOH + H_2\uparrow$$

$$Cu_2(OH)_2CO_3 \xlongequal{\triangle} 2CuO + CO_2\uparrow + H_2O$$

$$2Cu^{2+} + 5OH^- + C_6H_{12}O_6 = Cu_2O\downarrow + C_6H_{11}O_7^- + 3H_2O$$

$2Cu^{2+} + SO_3^{2-} + 4OH^- \xlongequal{} Cu_2O\downarrow + SO_4^{2-} + 2H_2O$

$2CuCl_2 \cdot 2H_2O \xlongequal{\triangle} Cu(OH)_2 \cdot CuCl_2 + 2HCl + 2H_2O$

$2CuCl_2 + SnCl_2 \xlongequal{} 2CuCl\downarrow + SnCl_4$

$2CuCl_2 + SO_2 + 2H_2O \xlongequal{} 2CuCl\downarrow + H_2SO_4 + 2HCl$

$Cu^{2+} + Cu + 2Cl^- \xlongequal{\triangle} 2CuCl$

$2Cu^{2+} + 4I^- \xlongequal{} 2CuI + I_2$

$Cu^{2+} + 5CN^- \xlongequal{} [Cu(CN)_4]^{3-} + 1/2(CN)_2$

$CuO + 2HCl + 2NaCl + Cu \xlongequal{\triangle} 2NaCuCl_2 + H_2O$

$NaCuCl_2 \xlongequal{H_2O} CuCl\downarrow + NaCl$

$CuCl_3^{2-} + CuCl_2^- \underset{浓\ HCl}{\overset{稀释}{\rightleftharpoons}} 2CuCl\downarrow + 3Cl^-$

$4CuCl + O_2 + 4H_2O \xlongequal{} 3CuO \cdot CuCl_2 \cdot 3H_2O + 2HCl$

$8CuCl + O_2 \xlongequal{} 2Cu_2O + 4Cu^{2+} + 8Cl^-$

$Cu_2O + 4NH_3 \cdot H_2O \xlongequal{} 2[Cu(NH_3)_2]^+ + 2OH^- + 3H_2O$

$2[Cu(NH_3)_2]^+ + 4NH_3 \cdot H_2O + 1/2O_2 \xlongequal{} 2[Cu(NH_3)_4]^{2+} + 2OH^- + 3H_2O$

$[Cu(NH_3)_2]Ac + CO + NH_3 \underset{减压加热}{\overset{加压降温}{\rightleftharpoons}} [Cu(NH_3)_3]Ac \cdot CO$

$2CuCl_2(s) \xlongequal{\triangle} 2CuCl(s) + Cl_2\uparrow$

$2CuS(s) \xlongequal{\triangle} Cu_2S(s) + S$

$4Ag + 2H_2S + O_2 \xlongequal{} 2Ag_2S + 2H_2O$

$3Ag + 4HNO_3 \xlongequal{\triangle} 3AgNO_3 + NO\uparrow + 2H_2O$

$4Ag + 8NaCN + O_2 + 2H_2O \xlongequal{} 4Na[Ag(CN)_2] + 4NaOH$

$Ag + O_3 \xlongequal{} AgO + O_2$

$2Ag^+ + S_2O_8^{2-} + 2H_2O \xlongequal{} 2AgO\downarrow + 4H^+ + 2SO_4^{2-}$

$AgCl + 2NH_3 \xlongequal{} [Ag(NH_3)_2]Cl$

$AgBr + 2Na_2S_2O_3 \xlongequal{} Na_3[Ag(S_2O_3)_2] + NaBr$

$Ag_2S + 4NaCN \xlongequal{} 2Na[Ag(CN)_2] + Na_2S$

$2[Ag(CN)_2]^- + Zn \xlongequal{} 2Ag\downarrow + [Zn(CN)_4]^{2-}$

$Au + 4HCl + HNO_3 \xlongequal{} HAuCl_4 + NO\uparrow + 2H_2O$

$4Au + 8NaCN + O_2 + 2H_2O \xlongequal{} 4Na[Au(CN)_2] + 4NaOH$

$2[Au(CN)_2]^- + Zn \xlongequal{} 2Au\downarrow + [Zn(CN)_4]^{2-}$

$AuCl_3 \xlongequal{\triangle} AuCl + Cl_2\uparrow$

$4Zn + 2O_2 + 3H_2O + CO_2 \xlongequal{} ZnCO_3 \cdot 3Zn(OH)_2$

$Zn + 2NaOH + 2H_2O \xlongequal{} Na_2[Zn(OH)_4] + H_2\uparrow$

$Zn + 4NH_3 + 2H_2O \xlongequal{} [Zn(NH_3)_4]^{2+} + H_2\uparrow + 2OH^-$

$M(OH)_2+4NH_3 = [M(NH_3)_4]^{2+}+2OH^-$ （M=Zn、Cd）

$ZnCl_2$(浓)$+H_2O = H[ZnCl_2(OH)]$

$FeO+2H[ZnCl_2(OH)] = Fe[ZnCl_2(OH)]_2+H_2O$

$3Hg+8HNO_3 = 3Hg(NO_3)_2+2NO\uparrow+4H_2O$

$6Hg$(过)$+8HNO_3$(冷、稀)$= 3Hg_2(NO_3)_2+2NO\uparrow+4H_2O$

$2HgO \xlongequal{\triangle} 2Hg+O_2\uparrow$

$3HgS+8H^++2NO_3^-+12Cl^- = 3HgCl_4^{2-}+3S\downarrow+2NO\uparrow+4H_2O$

$HgS+Na_2S = Na_2[HgS_2]$

$2HgCl_2+SnCl_2 = Hg_2Cl_2\downarrow$(白)$+SnCl_4$

$Hg_2Cl_2+SnCl_2 = 2Hg\downarrow$(黑)$+SnCl_4$

$HgCl_2+H_2O = Hg(OH)Cl\downarrow+HCl$

$HgCl_2+2NH_3 = [Hg(NH_2)Cl]\downarrow$(白)$+NH_4Cl$

$Hg(NO_3)_2+Hg = Hg_2(NO_3)_2$

$HgCl_2+Hg \xlongequal{研磨} Hg_2Cl_2\downarrow$

$Hg^{2+}+2I^- = HgI_2\downarrow$(红)

$HgI_2+2I^- = [HgI_4]^{2-}$(无色)

$Hg_2^{2+}+S^{2-} = HgS\downarrow$(黑)$+Hg\downarrow$

$Hg_2^{2+}+4CN^- = [Hg(CN)_4]^{2-}+Hg\downarrow$

$Hg_2^{2+}+4I^- = [HgI_4]^{2-}+Hg\downarrow$

$Hg_2^{2+}+2OH^- = Hg\downarrow+HgO\downarrow+H_2O$

$Hg_2Cl_2+2NH_3 = HgNH_2Cl\downarrow$(白)$+Hg\downarrow$(黑)$+NH_4Cl$

$Hg_2(NO_3)_2+2NH_3 = HgNH_2NO_3\downarrow$(白)$+Hg\downarrow$(黑)$+NH_4NO_3$

四、习题解答

铜 分 族

1. 在 Ag^+ 溶液中，先加入少量的 $Cr_2O_7^{2-}$，再加入适量的 Cl^-，最后加入足够量的 $S_2O_3^{2-}$，估计每一步会有什么现象出现，写出有关的离子反应方程式。

答 $4Ag^++H_2O+Cr_2O_7^{2-} = 2Ag_2CrO_4\downarrow+2H^+$ （生成砖红色沉淀）

$Ag_2CrO_4+2Cl^- = 2AgCl+CrO_4^{2-}$ （生成白色沉淀）

$AgCl+2S_2O_3^{2-} = [Ag(S_2O_3)_2]^{3-}+Cl^-$ （白色沉淀溶解为无色溶液）

加入足够量的 $S_2O_3^{2-}$ 可能存在副反应：

$3S_2O_3^{2-}+2CrO_4^{2-}+5H_2O = 2Cr(OH)_3\downarrow$(灰蓝)$+3SO_4^{2-}+3S\downarrow$(乳白)$+4OH^-$

2. 具有平面正方形结构的 Cu^{2+} 配合物$[CuCl_4]^{2-}$(黄色)、$[Cu(NH_3)_4]^{2+}$(蓝色)、$[Cu(en)_2]^{2+}$(蓝紫色)的颜色变化是由什么原因引起的？

答 晶体场理论认为：由于 d 轨道未充满，电子可以吸收光能在 d_ε 与 d_γ 轨道间发生跃迁，从而使配离子呈现被吸收光的互补色。由光学顺序知，$\Delta(en)>\Delta(NH_3)>$

$\Delta(Cl^-)$，故从$[CuCl_4]^{2-}$、$[Cu(NH_3)_4]^{2+}$到$[Cu(en)_2]^{2+}$的吸收区向波长较短的区移动，从而显现更深的颜色。

3. 利用金属的电极电势，说明铜、银、金在碱性氰化物水溶液中溶解的原因，空气中的氧气对溶解过程有何影响？CN^-在溶液中的作用是什么？

答　查表知：

$$E^{\ominus}_{O_2/OH^-}=0.401V \qquad E^{\ominus}_{H_2O/H_2}=-0.828V \qquad E^{\ominus}_{[Ag(CN)_2]^-/Ag}=-0.408V$$

$$E^{\ominus}_{[Cu(CN)_4]^{3-}/Cu}=-1.551V \qquad E^{\ominus}_{[Au(CN)_2]^-/Au}=-0.575V$$

$E^{\ominus}_{[Cu(CN)_4]^{3-}/Cu}<E^{\ominus}_{H_2O/H_2}$，因此铜能溶于碱性氰化物水溶液中，并放出$H_2$。

$E^{\ominus}_{[Ag(CN)_2]^-/Ag}>E^{\ominus}_{H_2O/H_2}$，$E^{\ominus}_{[Au(CN)_2]^-/Au}>E^{\ominus}_{H_2O/H_2}$，因此银、金必须在有空气存在的条件下才能在碱性氰化物水溶液中溶解，其中空气中的氧气在溶解过程中起氧化剂的作用，CN^-在溶液中的作用是作为配体，形成较稳定的金属配合物。

4. 将黑色CuO粉末加热到一定温度后，就转变为红色Cu_2O。加热到更高温度时，Cu_2O又转变为金属铜，试用热力学观点解释这种实验现象，并估计这些变化发生时的温度。

解　$4CuO \xlongequal[T_1]{\triangle} 2Cu_2O+O_2\uparrow$

查表计算得$\Delta_r H^{\ominus}_{m,1}=290kJ\cdot mol^{-1}$，$\Delta_r S^{\ominus}_{m,1}=220.8J\cdot mol^{-1}\cdot K^{-1}$。

由$\Delta_r G^{\ominus}_{m,T}=0$，得出分解温度

$$T_1=\Delta_r H^{\ominus}_{m,1}/\Delta_r S^{\ominus}_{m,1}=1313K$$

$$2Cu_2O \xlongequal[T_2]{\triangle} 4Cu+O_2\uparrow$$

查表计算得$\Delta_r H^{\ominus}_{m,2}=338kJ\cdot mol^{-1}$，$\Delta_r S^{\ominus}_{m,2}=150.4J\cdot mol^{-1}\cdot K^{-1}$。

由$\Delta_r G^{\ominus}_{m,T}=0$，得出分解温度

$$T_2=\Delta_r H^{\ominus}_{m,2}/\Delta_r S^{\ominus}_{m,2}=2247K$$

5. 完成并配平下列反应方程式：

(1) $Cu_2O+HCl\longrightarrow$

(2) $Cu_2O+H_2SO_4$(稀)$\longrightarrow$

(3) $CuSO_4+NaI\longrightarrow$

(4) $Ag+HI\longrightarrow$

(5) $Ag^++CN^-\longrightarrow$

(6) $Ag+O_2+H_2S\longrightarrow$

(7) $Cu^++CN^-\longrightarrow$

(8) $Cu^{2+}+CN^-\longrightarrow$

(9) $HAuCl_4+FeSO_4\longrightarrow$

(10) $AuCl\xrightarrow{\triangle}$

(11) $Ag_3AsO_4+Zn+H_2SO_4\longrightarrow$

(12) $[Ag(S_2O_3)_2]^{3-}+H_2S+H^+\longrightarrow$

(13) Au+王水⟶

答 (1) $Cu_2O+2HCl \xlongequal{} H_2O+CuCl_2+Cu\downarrow$

(2) $Cu_2O+H_2SO_4$(稀)$\xlongequal{} Cu\downarrow+CuSO_4+H_2O$

(3) $2CuSO_4+4NaI \xlongequal{} 2CuI\downarrow+I_2+2Na_2SO_4$

(4) $Ag+2HI \xlongequal{} 2AgI\downarrow+H_2\uparrow$

(5) $Ag^++2CN^- \xlongequal{} [Ag(CN)_2]^-$

(6) $4Ag+O_2+2H_2S \xlongequal{} 2Ag_2S\downarrow+2H_2O$ (缓慢进行)

(7) $Cu^++4CN^- \xlongequal{} [Cu(CN)_4]^{3-}$

(8) $2Cu^{2+}+10CN^- \xlongequal{} (CN)_2\uparrow+2[Cu(CN)_4]^{3-}$

(9) $HAuCl_4+3FeSO_4 \xlongequal{} Au\downarrow+Fe_2(SO_4)_3+HCl+FeCl_3$

(10) $3AuCl \xlongequal{\triangle} 2Au+AuCl_3\uparrow$

(11) $2Ag_3AsO_4+11Zn+11H_2SO_4 \xlongequal{} 6Ag\downarrow+2AsH_3\uparrow+11ZnSO_4+8H_2O$

(12) $2[Ag(S_2O_3)_2]^{3-}+H_2S+6H^+ \xlongequal{} Ag_2S\downarrow+4S\downarrow+4SO_2\uparrow+4H_2O$

(13) $Au+HNO_3+4HCl \xlongequal{} HAuCl_4+NO\uparrow+2H_2O$

6. 为什么在高温、干态 Cu^+ 化合物更为稳定,而在水溶液中 Cu^{2+} 化合物更为稳定?若在水溶液中形成难溶物或配离子时,是 Cu(Ⅰ)化合物还是 Cu(Ⅱ)化合物稳定?在什么情况下可使 Cu^{2+} 转化为 Cu^+?试举例说明,并解释之。

答 (1) Cu(Ⅰ)为 $3d^{10}$ 结构,比 Cu(Ⅱ)的 $3d^9$ 结构稳定。Cu(Ⅰ)再失去 1 个 3d 电子形成气态离子 Cu(Ⅱ)需要 $1958kJ\cdot mol^{-1}$ 的能量,因而 Cu(Ⅰ)很难再失去 1 个电子,说明高温、干态 Cu^+ 化合物更为稳定。例如

$$2CuCl_2(s) \xlongequal{773K} 2CuCl(s)+Cl_2(g)$$

(2) 在水溶液中,Cu^{2+} 的电荷高、半径小,与水的结合力强于 Cu^+,Cu^{2+} 的水合热高于 Cu^+,因此在水溶液中 Cu^{2+} 化合物更为稳定。例如

$$Cu_2O+H_2SO_4 \xlongequal{} CuSO_4+Cu+H_2O$$

(3) 若在水溶液中形成难溶物或配离子,哪个价态的配离子更稳定或更难溶就生成哪个价态的化合物。例如

$$4OH^-+2H_2O+O_2+4Cu^+ \xlongequal{} 4Cu(OH)_2$$

$$2Cu^{2+}+10CN^- \xlongequal{} (CN)_2+2[Cu(CN)_4]^{3-}$$

(4) 在高温或干态时可使 Cu^{2+} 转化为 Cu^+;在溶液中,生成更稳定的 Cu(Ⅰ)配合物或更难溶的沉淀时可使 Cu^{2+} 转化为 Cu^+。举例同上。

7. 判断下列各字母所代表的物质:化合物 A 是一种黑色固体,它不溶于水、稀乙酸和氢氧化钠,而易溶于热盐酸中,生成一种绿色溶液 B,如溶液 B 与铜丝一起煮沸,逐渐变棕黑(溶液 C),溶液 C 若用大量水稀释,生成白色沉淀 D,D 可溶于氨溶液中,生成无色溶液 E,E 若暴露于空气中,则迅速变蓝(溶液 F),往溶液 F 中加入 KCN 时,蓝色消失,生成溶液 G,往溶液 G 中加入锌粉,则生成红棕色沉淀 H,H 不溶于稀的酸和碱,可溶于热硝酸,生成蓝色溶液 I,往溶液 I 慢慢加入 NaOH 溶液,生成蓝色胶冻沉淀 J,将 J 过滤,取出,然

后加热，又生成原来化合物 A。

答　A：CuO　B：$CuCl_2$　C：$H[CuCl_2]$　D：$CuCl$　E：$[Cu(NH_3)_2]Cl$

F：$[Cu(NH_3)_4]Cl_2$　G：$K[Cu(CN)_2]$　H：Cu　I：$Cu(NO_3)_2$　J：$Cu(OH)_2$

8. 用反应方程式说明下列现象：

(1) 铜器在潮湿空气中慢慢生成了一层铜绿。

(2) 金溶于王水。

(3) 热分解 $CuCl_2 \cdot 2H_2O$ 得不到无水 $CuCl_2$。

答　(1) $2Cu+O_2+CO_2+H_2O \longrightarrow Cu(OH)_2 \cdot CuCO_3$

(2) $Au+4HCl+HNO_3 \longrightarrow HAuCl_4+NO\uparrow+2H_2O$

(3) $2CuCl_2 \cdot 2H_2O \xlongequal{\triangle} Cu(OH)_2 \cdot CuCl_2+2HCl+2H_2O$

9. 解释下列现象：

(1) $CuCl_2$ 浓溶液逐渐加水稀释时，溶液颜色由黄棕色经绿色而变成蓝色。

(2) 当 SO_2 通入 $CuSO_4$ 与 $NaCl$ 的浓溶液中析出白色沉淀。

(3) 往 $AgNO_3$ 溶液中滴加 KCN 溶液时，先生成白色沉淀而后溶解，再加入 NaCl 溶液时并无沉淀生成，但加入少许 Na_2S 溶液时，就析出黑色沉淀。

答　(1) 黄色是由于$[CuCl_4]^{2-}$存在，蓝色是由于$[Cu(H_2O)_6]^{2+}$存在，$CuCl_2$ 浓溶液中两者同时存在，所以显绿色。稀释后，$[Cu(H_2O)_6]^{2+}$增多，溶液变为蓝色。

(2) $SO_2+2CuSO_4+2NaCl+2H_2O \longrightarrow 2CuCl\downarrow+Na_2SO_4+2H_2SO_4$

(3) $Ag^+ + CN^- \longrightarrow AgCN\downarrow$

$AgCN+CN^- \longrightarrow [Ag(CN)_2]^-$

$[Ag(CN)_2]^- + Cl^- \longrightarrow AgCl\downarrow+2CN^-$　$K^\ominus = K^\ominus_{不稳}/K^\ominus_{sp} = 10^{-12}$，该反应不能发生

$2[Ag(CN)_2]^- + S^{2-} \longrightarrow Ag_2S\downarrow+4CN^-$　$K^\ominus = K^{\ominus 2}_{不稳}/K^\ominus_{sp} = 10^{8}$，该反应能发生

10. 如何用最简便的方法分离 $Cu(NO_3)_2$ 和 $AgNO_3$ 的混合物？

答

$Cu(NO_3)_2$、$AgNO_3$ $\xrightarrow{适量新制Ag_2O}$ $Cu(OH)_2$ $\xrightarrow{HNO_3}$ $Cu(NO_3)_2$

　　　　　　　　　　　　　　　　$\longrightarrow AgNO_3$

11. 计算下列元素电势图中的 $E^\ominus$ 值：

$$CuS \xrightarrow{E_2^\ominus} Cu_2S \xrightarrow{E_3^\ominus} Cu \quad (CuS \xrightarrow{E_1^\ominus} Cu)$$

（已知 $E^\ominus_{Cu^{2+}/Cu^+} = 0.15V$，$E^\ominus_{Cu^+/Cu} = 0.52V$，$K^\ominus_{sp,CuS} = 7.94 \times 10^{-36}$，$K^\ominus_{sp,Cu_2S} = 1.0 \times 10^{-48}$）

解　$E^\ominus_{Cu_2S/Cu} = E^\ominus_{Cu^+/Cu} + 0.0592\lg[Cu^+]$

$= E^\ominus_{Cu^+/Cu} + 0.0592\lg\sqrt{K^\ominus_{sp,Cu_2S}}$

$= 0.52 + 0.0592 \times 0.5\lg(1.0 \times 10^{-48})$

$$=-0.90(\text{V})$$

即

$$E_3^\ominus=-0.90\text{V}$$

$$E^\ominus_{CuS/Cu_2S}=E^\ominus_{Cu^{2+}/Cu^+}+0.0592\lg([Cu^{2+}]/[Cu^+])$$

$$=E^\ominus_{Cu^{2+}/Cu^+}+0.0592\lg\frac{K^\ominus_{sp,CuS}}{\sqrt{K^\ominus_{sp,Cu_2S}}}$$

$$=0.15+0.0592\lg\frac{7.94\times10^{-36}}{\sqrt{1.0\times10^{-48}}}$$

$$=-0.61(\text{V})$$

即

$$E_2^\ominus=-0.61\text{V}$$

又因为

$$2E_1^\ominus=E_2^\ominus+E_3^\ominus$$

所以

$$E_1^\ominus=-0.755\text{V}$$

12. 已知下列反应 $Cu(OH)_2(s)+2OH^-=\!=\!=[Cu(OH)_4]^{2-}$ 的平衡常数 $K^\ominus=10^{-3}$，在 1L NaOH 溶液中，若欲使 0.01mol $Cu(OH)_2$ 溶解，则 NaOH 的浓度至少应为多少？

解 设 NaOH 的物质的量为 x mol，则$[Cu(OH)_4^{2-}]=0.01\text{mol}\cdot\text{L}^{-1}$，$[OH^-]=(x-0.02)\text{mol}\cdot\text{L}^{-1}$，即

$$\frac{0.01}{(x-0.02)^2}=K^\ominus$$

解得 $x=3.18$mol，即 NaOH 的浓度至少应为 3.18mol·L^{-1}。

13. 计算 400mL 0.50mol·L^{-1} $Na_2S_2O_3$ 溶液可溶解多少克 AgBr 固体。

解 设能溶解 AgBr x mol：

$$AgBr \quad + \quad 2S_2O_3^{2-} \quad =\!=\!= \quad Br^- + [Ag(S_2O_3)_2]^{3-}$$

$$0.50-(2x/0.40) \qquad x/0.40 \qquad x/0.40$$

$$\frac{(x/0.40)^2}{[0.50-(2x/0.40)]^2}=K^\ominus_{sp}\cdot K^\ominus_{稳}$$

解得 $x=0.0946$mol，即能溶解 17.8g AgBr。

14. 铁置换铜这一经典反应具有节能、无污染等优点，但通常只用于铜的回收，不用作铁件镀铜，因得到的镀层疏松、不牢固。能否把铁置换铜的反应开发成镀铜工艺呢？下面就这一问题进行讨论，找出解决的途径。

(1) 先不考虑溶液的 pH 范围，若向 $CuSO_4$ 溶液中投入表面光滑的纯铁件后，可能发生的所有反应。

(2) 实验证实造成镀层疏松的原因之一是夹杂固体杂质（CuOH 或 Cu_2O）。试通过电化学计算证实这一点（设镀槽的 pH=4，$CuSO_4$ 的浓度为0.040mol·L^{-1}）。

(3) 通过计算说明在所给实验条件下，是否发生水解、放氢等反应。

(4) 为了实现化学镀铜工业化，提出三种以上抑制副反应发生的（化学的）技术途径，不必考虑实施细节，说明理由。

(5) 请提出铁置换铜反应的可能机理。

(6) 混在铜镀层中的 Cu_2O 与 Cu 颜色相近，如何鉴别？

实验条件及有关数据如下：

① 实验条件：镀槽的 pH=4；$CuSO_4$ 溶液的浓度为 $0.040 mol \cdot L^{-1}$；温度 298K

② 有关数据：$E^{\ominus}_{Fe^{2+}/Fe}=-0.440V$；$E^{\ominus}_{Fe^{3+}/Fe^{2+}}=0.770V$；$E^{\ominus}_{Cu^{2+}/Cu}=0.342V$；$E^{\ominus}_{Cu^{2+}/Cu^{+}}=0.160V$

平衡常数：$K^{\ominus}_{w}=1.0\times10^{-14}$；$K^{\ominus}_{sp,CuOH}=1.0\times10^{-14}$；$K^{\ominus}_{sp,Cu(OH)_2}=1.0\times10^{-20}$；$K^{\ominus}_{sp,Fe(OH)_2}=1.0\times10^{-14}$；$K^{\ominus}_{sp,Fe(OH)_3}=1.0\times10^{-36}$

解　(1) 主要发生两类反应：氧化还原反应和水解反应。

氧化还原反应主要有：Fe+Cu(Ⅱ)、Fe+Cu(Ⅰ)、Cu(Ⅱ)+Cu、Fe+H_2O、Fe(Ⅱ)+O_2。

① $Cu^{2+}+Fe = Cu+Fe^{2+}$

② $2Cu^{2+}+Fe = 2Cu^{+}+Fe^{2+}$

③ $Fe+2Cu^{2+}+2H_2O = 2CuOH+Fe^{2+}+2H^{+}$

④ $Fe+2Cu^{+} = 2Cu+Fe^{2+}$

⑤ $Fe+2CuOH+2H^{+} = Fe^{2+}+2Cu+2H_2O$

⑥ $Cu^{2+}+Cu+2H_2O = 2CuOH+2H^{+}$

$\quad\quad\quad\quad\quad\quad\quad\quad\quad\quad\quad\quad \longrightarrow Cu_2O+H_2O$

⑦ $Fe+2H^{+} = Fe^{2+}+H_2$

⑧ $4Fe(OH)_2+O_2+2H_2O = 4Fe(OH)_3$

⑨ $Cu_2O+2H^{+} = Cu^{2+}+Cu+H_2O$

⑩ $Cu^{2+}+Cu = 2Cu^{+}$

水解反应主要有：Cu^{2+}、Fe^{2+}、Cu^{+}。

① $Cu^{2+}+2H_2O = Cu(OH)_2+2H^{+}$

② $Fe^{2+}+2H_2O = Fe(OH)_2+2H^{+}$

③ $Cu^{+}+H_2O = CuOH+H^{+}$

(2) ① $Fe+2Cu^{2+}+2H_2O = Fe^{2+}+2CuOH\downarrow+2H^{+}$

设 $[Fe^{2+}]=0.040 mol \cdot L^{-1}$（最大允许值）

$Fe^{2+}+2e^{-} \rightleftharpoons Fe \qquad E_{-}=-0.481V$

$$E_{Fe^{2+}/Fe}=E^{\ominus}_{Fe^{2+}/Fe}-\frac{0.0592}{2}\lg\frac{1}{[Fe^{2+}]}=-0.440-\frac{0.0592}{2}\lg\frac{1}{0.04}$$

$$=-0.440-0.041=0.481(V)$$

$Cu^{2+}+H_2O+e^{-} = CuOH+H^{+} \qquad E_{+}=0.314V$

$Cu^{2+}+e^{-} = Cu^{+} \qquad CuOH = Cu^{+}+OH^{-}$

$$[Cu^{+}]=\frac{K^{\ominus}_{sp,CuOH}}{[OH^{-}]}=\frac{1\times10^{-14}}{1\times10^{-10}}=1\times10^{-4}$$

$E_{Cu^{2+}/Cu^{+}}=E^{\ominus}_{Cu^{2+}/Cu^{+}}-0.0592\lg\dfrac{[Cu^{+}]}{[Cu^{2+}]}=0.160-0.0592\lg\dfrac{1\times10^{-4}}{0.04}$

$=0.160-(-0.154)=0.314(V)$

$E=0.795V>0$,正方向反应自发。

② $Cu^{2+}+Cu+2H_2O=\!=\!=2CuOH\downarrow+2H^{+}$

$CuOH+H^{+}+e^{-}\rightleftharpoons Cu+H_2O \qquad E_{-}=0.287V$

$Cu^{2+}+H_2O+e^{-}\rightleftharpoons CuOH+H^{+} \qquad E_{+}=0.314V$

$E=0.027V>0$,正方向反应自发。

计算说明有 CuOH 固体杂质生成。

(3) ① 有关 Cu^{2+}、Cu^{+}、Fe^{2+} 的水解反应

$$\underset{0.040}{Cu^{2+}}+2H_2O=\!=\!=Cu(OH)_2+\underset{10^{-4}}{2H^{+}}$$

$$\Delta G=RT\ln\frac{Q}{K^{\ominus}}=8.314\times298\ln\frac{\frac{(10^{-4})^2}{0.040}}{10^{-8}}=7.97(kJ\cdot mol^{-1})$$

$$K^{\ominus}=\frac{(K^{\ominus}_{w})^2}{K^{\ominus}_{sp}}=\frac{10^{-28}}{10^{-20}}=10^{-8}$$

$\Delta G>0$,说明不发生 Cu^{2+} 的水解反应。

$$\underset{0.040}{Fe^{2+}}+2H_2O=\!=\!=Fe(OH)_2+\underset{10^{-4}}{2H^{+}}$$

$$\Delta G=RT\ln\frac{Q}{K^{\ominus}}=8.314\times298\ln\frac{\frac{(10^{-4})^2}{0.040}}{10^{-14}}=42.2(kJ\cdot mol^{-1})$$

$\Delta G>0$,说明不发生 Fe^{2+} 的水解反应。

$$Cu^{+}+H_2O=\!=\!=CuOH+H^{+}$$

设$[Cu^{+}]=0.080mol\cdot L^{-1}$(最大允许值)

$$\Delta G=RT\ln\frac{Q}{K^{\ominus}}=8.314\times298\ln\frac{\frac{10^{-4}}{0.080}}{1}=-15.6(kJ\cdot mol^{-1})$$

$\Delta G<0$,说明可发生 Cu^{+} 的水解反应。

② 放 H_2 反应

$$Fe+2H^{+}=\!=\!=Fe^{2+}+H_2$$

设 $p_{H_2}=p^{\ominus}$,$[Fe^{2+}]=0.040mol\cdot L^{-1}$(最大允许值)

$$E=E^{\ominus}-\frac{0.0592}{2}\lg\frac{[Fe^{2+}]p_{H_2}}{[H^{+}]^2}=0.44-\frac{0.0592}{2}\lg\frac{0.040\times1}{(10^{-4})^2}=0.245(V)>0$$

$E>0$,说明可发生放 H_2 副反应。

(4) 抑制副反应发生的技术途径。

① 缓冲剂:控制酸度,抑制放 H_2、水解和沉淀等。

② 配合剂：降低[Cu^{2+}]（电位下降），阻止与新生态 Cu 反应。加入配合剂络合 Cu(Ⅰ)、防止 Cu_2O 沉淀产生。

③ 抗氧剂：抑制氧化反应。

④ 稳定剂：防止累积的 Cu^{2+} 对铜的沉积产生不良影响，减缓 Fe(Ⅱ)氧化为 Fe(Ⅲ)。

(5) $Cu^{2+}+e^- \longrightarrow Cu^+$ 慢反应

$Cu^++e^- \longrightarrow$ Cu(吸附)快反应

Cu(吸附)$\longrightarrow$Cu(晶格)

(6) 鉴别。

① 加入稀硫酸，有蓝色出现的为 Cu_2O。

$$Cu_2O+2H^+ = Cu+Cu^{2+}+H_2O$$

② 磁性测定：Cu_2O 抗磁性，Cu 顺磁性。

③ XRD：Cu_2O 与 Cu 两者谱图有差别（与标准样对照）。

④ 光电子能谱测价态。

15. 合成 CuCl 通常采用 SO_2 还原 $CuSO_4$ 的方法，其工艺流程如下：

$$\xrightarrow[CuSO_4+NaCl]{\text{合成}}\xrightarrow[\text{通入}SO_2]{\text{还原}}\xrightarrow[\text{大量水}]{\text{稀释}}\xrightarrow{\text{洗涤}}\xrightarrow{\text{干燥}}\text{成品}$$

已知：

Cu^{2+} —— Cu^+ $\xrightarrow{0.521V}$ Cu（Cu^{2+}—Cu：0.337V）　　SO_4^{2-} $\xrightarrow{0.17V}$ H_2SO_3 $\xrightarrow{0.45V}$ S $\xrightarrow{0.14V}$ H_2S

$K^{\ominus}_{sp,CuCl}=1.2\times10^{-6}$

(1) 通过计算说明，为什么合成反应中一定要加入 NaCl。

(2) 为了加快氯化亚铜的合成速度，温度高一点好(70～80℃)，还是低一点好(30～40℃)？请提出观点，并加以分析。

(3) 写出合成中的总反应（离子方程式），如何判断反应已经完全？

(4) 合成反应结束后，为什么要迅速洗涤和干燥？

答 (1) 当不加 NaCl 时，由于

$$E_{Cu^{2+}/Cu^+}=0.153V \qquad E_{SO_4^{2-}/H_2SO_3}=0.17V$$

$$E^{\ominus}_+<E^{\ominus}_- \qquad E^{\ominus}<0$$

所以不加 NaCl 时，反应非自发进行。

加入 NaCl 时，合成反应如果按下式进行：

$$2Cu^{2+}+SO_2+2Cl^-+2H_2O = 2CuCl\downarrow+SO_4^{2-}+4H^+$$

负极　$SO_4^{2-}+4H^++2e^- \rightleftharpoons H_2SO_3+H_2O$　$E_-=0.17V$

正极　$Cu^{2+}+Cl^-+e^- \rightleftharpoons CuCl$　$E_+=0.50V$

$$E_+=E^{\ominus}_{Cu^{2+}/Cu^+}-0.0592\lg\frac{[Cu^+]}{[Cu^{2+}]}=0.153-0.0592\lg\frac{K^{\ominus}_{sp,CuCl}}{1}=0.50V$$

$$E=E_+-E_-=0.50-0.17=0.33(V)>0$$

所以加入 NaCl 后反应朝正方向进行。它通过降低[Cu^{2+}]使平衡向右移动。

(2) 温度宜高一点好，它可以加快反应速率。从理论上讲，温度低，SO_2 溶解度大，对反应有利；但温度低反应速率慢，SO_2 不能及时反应，大量 SO_2 累积，容易从设备中逸出，对环境造成污染。实践表明，控制在较高的温度下快速通入 SO_2，其效果更好。

(3) $2Cu^{2+}+SO_2+2Cl^-+2H_2O \longrightarrow 2CuCl\downarrow+SO_4^{2-}+4H^+$

或

$$2Cu^{2+}+SO_2+4Cl^-+2H_2O \longrightarrow 2CuCl_2^-+SO_4^{2-}+4H^+$$

当 Cu^{2+} 的蓝色消失，出现透明的深棕色，表明反应完全。

(4) 防止氧化和水解。

$$4CuCl+O_2+4H^+ \longrightarrow 4Cu^{2+}+4Cl^-+2H_2O$$

$$4CuCl+O_2 \longrightarrow 2CuO+2CuCl_2$$

$$CuCl+H_2O \longrightarrow CuOH+HCl$$

$$CuOH \longrightarrow Cu_2O+H_2O$$

16. 工业上以废铜为原料经氯化生产氯化亚铜，其反应如下：

① $Cu+Cl_2 \xrightarrow{H_2O} Cu^{2+}+2Cl^-$

② $Cu^{2+}+Cu+2Na+4Cl^- \longrightarrow 2Na[CuCl_2]$

③ $Na[CuCl_2] \xrightarrow{H_2O} CuCl\downarrow+NaCl$

在操作中为了保证质量，必须按一定规范程序进行操作。请回答下列问题：

(1) 制备中当氯化完成后须经中间步骤(生成配合物 $Na[CuCl_2]$)，为什么不用一步法制取 CuCl？($Cu^{2+}+Cu+2Cl^- \longrightarrow 2CuCl\downarrow$)

(2) 为什么必须外加 NaCl 且控制接近饱和？

(3) 为什么要在反应体系中加入少量盐酸，它起何作用？

(4) 合成结束后为什么先用稀盐酸洗涤，再用乙醇洗？为什么必须在真空密闭条件下进行抽滤操作？

答 (1) 用一步法制取 CuCl 的产率低。由于生成的固态 CuCl 会吸附在 Cu 的表面，阻碍与 Cu^{2+} 的接触，反应速率变慢，产率降低。

(2) 加入 NaCl 提高$[Cl^-]$，平衡向右移动。

(3) 加入少量盐酸，防止 Cu^{2+} 水解产生 $Cu(OH)_2$ 等沉淀物，降低反应物的浓度。

(4) 用稀盐酸将吸附在 CuCl 表面的 Cu^{2+} 洗掉，转入液相中，也可防止 CuCl 水解。

用乙醇去除 CuCl 中的水分，迅速干燥，防水解；由于乙醇挥发快，CuCl 在空气中暴露时间短，防氧化。

在真空密闭条件下才能防止 CuCl 氧化反应的发生。

17. 次磷酸 H_3PO_2 中加入 $CuSO_4$ 水溶液，加热到 40～50℃，析出一种红棕色的难溶物 A。经鉴定：反应后的溶液是硫酸和磷酸的混合物；X 射线衍射证实 A 是一种六方晶体，结构类同于纤锌矿(ZnS)，组成稳定；A 的主要化学性质如下：①温度超过 60℃，分解成金属铜和一种气体；②在氯气中着火；③与盐酸反应放出气体。根据以上信息：

(1) 写出 A 的化学式和分解反应的方程式。

(2) 写出 A 的生成反应方程式。

(3) 分别写出 A 与氯气和 A 与盐酸反应的化学方程式。

答 (1) A:CuH

$$2CuH = 2Cu + H_2\uparrow$$

(2) $$3H_3PO_2 + 4CuSO_4 + 6H_2O = 4CuH + 4H_2SO_4 + 3H_3PO_4$$

(3) $$2CuH + 3Cl_2 = 2CuCl_2 + 2HCl$$

$$CuH + HCl = H_2\uparrow + CuCl$$

18. 化合物 A 是白色固体，不溶于水，加热时剧烈分解，产生固体 B 和气体 C。固体 B 不溶于水或盐酸，但溶于热的稀硝酸，得溶液 D 及气体 E。E 无色，但在空气中变红。溶液 D 以盐酸处理时，得白色沉淀 F。气体 C 与普通试剂不起反应，但与热的金属镁作用生成白色固体 G。G 与水作用得另一种白色固体 H 及气体 J。气体 J 使湿润的红色石蕊试纸变蓝，固体 H 可溶于稀硫酸得溶液 I。化合物 A 以硫化氢处理时得黑色沉淀 K、无色溶液 L 和气体 C，过滤后，固体 K 溶于浓硝酸得气体 E、黄色固体 M 和溶液 D。D 以盐酸处理得沉淀 F。滤液 L 以氢氧化钠溶液处理又得气体 J。请指出 A～M 所表示的物质名称，并用化学反应式表示各过程。

答 A:AgN_3　B:Ag　C:N_2　D:$AgNO_3$　E:NO　F:AgCl　G:Mg_3N_2
H:$Mg(OH)_2$　I:$MgSO_4$　J:NH_3　K:Ag_2S　L:$(NH_4)_2S$　M:S

$$2AgN_3 \overset{\triangle}{=} 2Ag + 3N_2\uparrow$$

$$3Ag + 4HNO_3(\text{稀}) = 3AgNO_3 + NO\uparrow + 2H_2O$$

$$2NO + O_2 = 2NO_2$$

$$AgNO_3 + HCl = AgCl\downarrow + HNO_3$$

$$N_2 + 3Mg = Mg_3N_2$$

$$Mg_3N_2 + 6H_2O = 3Mg(OH)_2\downarrow + 2NH_3\uparrow$$

$$Mg(OH)_2 + H_2SO_4 = MgSO_4 + 2H_2O$$

$$6AgN_3 + 4H_2S = 3Ag_2S\downarrow + (NH_4)_2S + 8N_2\uparrow$$

$$3Ag_2S + 8HNO_3 = 6AgNO_3 + 2NO\uparrow + 3S + 4H_2O$$

$$(NH_4)_2S + 2NaOH = Na_2S + 2NH_3\uparrow + 2H_2O$$

19. 比较下列配合物稳定性，并加以说明。

(1) 为什么$[Cu(en)_3]^{2+}$与$[Cu(H_2O)_4(en)]^{2+}$和$[Cu(H_2O)_2(en)_2]^{2+}$相比特别不稳定?

(2) $[Cu(H_2O)_2(en)_2]^{2+}$的两个几何异构体中，哪个是主要存在形式?

(3) $[Ag(en)]^+$不如$[Ag(NH_3)_2]^+$稳定。

(4) $[Cu(en)_2]^{2+}$比$[Cu(NH_3)_4]^{2+}$稳定。

答 (1) 配体之间的斥力大。

(2) $[Cu(H_2O)_2(en)_2]^{2+}$的两个几何异构体中，两个 en 共面，两个 H_2O 居于拉伸八面体端点时较稳定，是主要存在形式。

(3) Ag^+发生 sp 杂化。$[Ag(NH_3)_2]^+$是直线形，较稳定；而$[Ag(en)]^+$不是直线形，

较不稳定。

(4) $[Cu(en)_2]^{2+}$ 螯合物较稳定。

20. 通过计算说明金属银在通空气时可溶于氰化钾溶液中。已知：$E^{\ominus}_{Ag^+/Ag}=0.80V$，$[Ag(CN)_2]^-$ 的 $K^{\ominus}_{稳}=1.0\times10^{21}$，$H_2(g)+1/2O_2(g)$ ═══ $H_2O(l)$ 的 $\Delta_r G^{\ominus}_m=-237kJ\cdot mol^{-1}$。

解 按题意需判断下列反应是否能正向进行：

$$2Ag+4CN^-+1/2O_2+H_2O = 2[Ag(CN)_2]^-+2OH^-$$

$$\begin{aligned}E_-=E^{\ominus}_{[Ag(CN)_2]^-/Ag}&=E^{\ominus}_{Ag^+/Ag}+0.0592\ lg[Ag^+]\\&=E^{\ominus}_{Ag^+/Ag}-0.0592\ lgK^{\ominus}_{稳,[Ag(CN)_2]^-}\\&=0.80-0.0592\ lg(1.0\times10^{21})\\&=-0.44(V)\end{aligned}$$

E_+ 要根据下面条件求出：

对于反应：$H_2+1/2O_2$ ═══ H_2O (l)　$\Delta_r G^{\ominus}_m=-nFE^{\ominus}$　$E^{\ominus}=1.23V$

负极：$2OH^-+H_2-2e^-\longrightarrow2H_2O$

正极：$1/2O_2+H_2O+2e^-\longrightarrow2OH^-$

因此

$$E^{\ominus}_{H_2O/H_2,OH^-}=E^{\ominus}_{H^+/H_2}+\frac{0.0592}{2}lg[H^+]^2=\frac{0.0592}{2}lg(10^{-14})^2=-0.83(V)$$

因为

$$1.23=E^{\ominus}_{O_2,H_2O/OH^-}-(-0.83)$$

所以

$$E^{\ominus}_{O_2,H_2O/OH^-}=0.40V$$

在空气中要考虑 O_2 分压：

$$E_{O_2,H_2O/OH^-}=E^{\ominus}_{O_2,H_2O/OH^-}+\frac{0.0592}{2}lg0.21^2=0.40-0.040=0.36(V)$$

$$E_{O_2,H_2O/OH^-}>E^{\ominus}_{[Ag(CN)_2]^-/Ag}$$

因此，金属银在通空气时可溶于氰化钾溶液。

21. 将 $CuSO_4\cdot5H_2O$ 加热时逐渐失水：

$$CuSO_4\cdot5H_2O\xrightarrow{102℃}CuSO_4\cdot3H_2O\xrightarrow{113℃}CuSO_4\cdot H_2O\xrightarrow{258℃}CuSO_4$$

由失水温度上的差异推测各水分子所处的环境与结合力的关系，并画出其结构图。

答 由失水温度上的差异可见各个水分子的结合力不完全一样，实验证明，4 个水分子(配位水)以平面四边形配位在 Cu^{2+} 周围，第 5 个水分子(阴离子水)以氢键与 2 个配位水分子和 SO_4^{2-} 结合，SO_4^{2-} 在平行四边形的上下，形成不规则的八面体。$CuSO_4\cdot5H_2O$ 可写成 $[Cu(H_2O)_4]SO_4\cdot H_2O$，加热失水时，先失去 Cu^{2+} 的 2 个非氢键配位水，再失去 2 个氢键配位水，最后失去阴离子水。平面结构式如下：

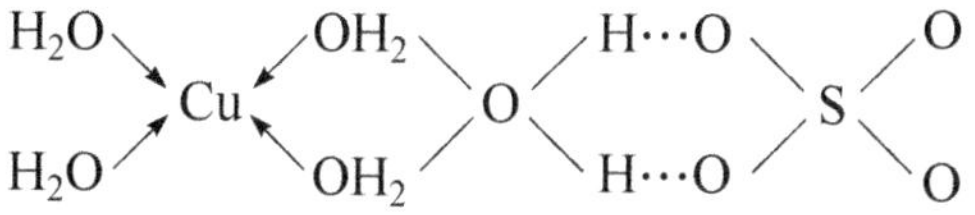

H_2O → Cu ← OH_2 ⟍ O ⟋ H⋯O ⟍ S ⟋ O
H_2O → Cu ← OH_2 ⟋ O ⟍ H⋯O ⟋ S ⟍ O

锌　分　族

1. 解释下列事实：

(1) 焊接铁皮时，常先用浓 $ZnCl_2$ 溶液处理铁皮表面。

(2) HgS 不溶于 HCl、HNO_3 和 $(NH_4)_2S$ 中，而能溶于王水或 Na_2S 中。

(3) HgC_2O_4 难溶于水，但可溶于含有 Cl^- 的溶液中。

答　(1) 用浓 $ZnCl_2$ 溶液处理铁皮表面的氧化物不损害金属表面，且在焊接时水分蒸发，熔化物覆盖表面使其不再氧化，能保证焊接金属的直接接触。

$$FeO + 2H[ZnCl_2(OH)] = Fe[ZnCl_2(OH)]_2 + H_2O$$

(2) $3HgS + 12HCl + 2HNO_3 = 3HgCl_4^{2-} + 3S\downarrow + 2NO\uparrow + 4H_2O + 6H^+$

$$HgS + Na_2S = Na_2[HgS_2]$$

(3) $HgC_2O_4 + 4Cl^- = HgCl_4^{2-} + C_2O_4^{2-}$

2. 试选用合适的配合剂分别将下列各种沉淀物溶解，并写出反应方程式：

$Hg_2C_2O_4$　HgS　$Zn(OH)_2$　HgI_2

答

$$Hg_2C_2O_4 + H^+ = Hg_2^{2+} + HC_2O_4^-$$

$$3HgS + 8H^+ + 2NO_3^- + 12Cl^- = 3HgCl_4^{2-} + 3S\downarrow + 2NO\uparrow + 4H_2O$$

$$Zn(OH)_2 + 2OH^- = [Zn(OH)_4]^{2-}$$

$$HgI_2 + 2I^- = [HgI_4]^{2-}$$

3. (1) 用一种方法区别锌盐和铝盐。

(2) 用两种方法区别锌盐和镉盐。

(3) 用三种不同的方法区别镁盐和锌盐。

(4) 用两种方法区别 Hg^{2+} 和 Hg_2^{2+}。

答　(1) $NH_3 \cdot H_2O$：锌盐溶于过量的氨水，铝盐不溶。

(2) H_2S：在 $2mol \cdot L^{-1}$ HCl 溶液中通 H_2S，CdS 沉淀，ZnS 不沉淀。

稀 NaOH：$Zn(OH)_2$ 溶于稀 NaOH 溶液，$Cd(OH)_2$ 不溶于稀 NaOH 溶液。

(3) $NH_3 \cdot H_2O$：$Zn(OH)_2$ 溶于氨水，$Mg(OH)_2$ 不溶于氨水。

NaOH：$Zn(OH)_2$ 溶于 NaOH 溶液，$Mg(OH)_2$ 不溶于 NaOH 溶液。

H_2S：通 H_2S，锌盐生成沉淀，镁盐不生成沉淀。

(4) $NH_3 \cdot H_2O$：Hg^{2+} 生成白色沉淀，Hg_2^{2+} 生成灰色沉淀。

$SnCl_2$：Hg^{2+} 先生成白色沉淀，再变灰色沉淀，最后变黑色沉淀，Hg_2^{2+} 直接生成黑色沉淀。

4. 分离下列各组混合物：

(1) $CuSO_4$ 和 $ZnSO_4$

(2) $CuSO_4$ 和 $CdSO_4$

(3) CdS 和 HgS

答 (1) Cu^{2+} $\xrightarrow{H_2S}$ CuS $\xrightarrow{HCl}$ CuS $\xrightarrow[\triangle]{HNO_3}$ $Cu^{2+} \longrightarrow Cu(OH)_2 \longrightarrow CuSO_4$

Zn^{2+} ZnS $Zn^{2+} \longrightarrow Zn(OH)_2 \longrightarrow ZnSO_4$

(2) 同上。

(3) CdS $\xrightarrow{Na_2S}$ CdS

HgS $HgS_2^{2-} \xrightarrow{H^+} HgS + H_2S$

5. 为防止硝酸亚汞溶液被氧化，常在溶液中加入少量 Hg，为什么？试根据相应的 $E^\ominus$ 值计算反应 $Hg^{2+} + Hg \xlongequal{} Hg_2^{2+}$ 的平衡常数。

解 为防止硝酸亚汞溶液被氧化，常在溶液中加入少量 Hg，抑制平衡反应 $Hg^{2+} + Hg \xlongequal{} Hg_2^{2+}$ 向左进行。

$$\lg K^\ominus = \frac{nE^\ominus_{池}}{0.0592} = \frac{1}{0.0592}(E^\ominus_{Hg^{2+}/Hg_2^{2+}} - E^\ominus_{Hg_2^{2+}/Hg})$$

$$= \frac{1}{0.0592} \times (0.911 - 0.796) = 1.943$$

$$K^\ominus = 87.6$$

6. 在什么条件下可使 Hg(Ⅱ)转化为 Hg(Ⅰ)，Hg(Ⅰ)转化为 Hg(Ⅱ)？试举三个反应式说明 Hg(Ⅰ)转化为 Hg(Ⅱ)。

答 当有较强的还原剂时，可使 Hg(Ⅱ)转化为 Hg(Ⅰ)；当生成 Hg(Ⅱ)较稳定的配离子或更难溶的沉淀时，Hg(Ⅰ)转化为 Hg(Ⅱ)。

$$Hg_2^{2+} + S^{2-} \xlongequal{} HgS\downarrow + Hg\downarrow$$

$$Hg_2Cl_2 + 2NH_3 \xlongequal{} HgNH_2Cl\downarrow + Hg\downarrow + NH_4Cl$$

$$Hg_2^{2+} + 4I^- \xlongequal{} [HgI_4]^{2-} + Hg\downarrow$$

7. 如何从 $Hg(NO_3)_2$ 制备下列化合物？

(1) Hg_2Cl_2 (2) HgO (3) $HgCl_2$ (4) $Hg_2(NO_3)_2$ (5) $HgSO_4$

答 (1) $2Hg(NO_3)_2 + SnCl_2 \xlongequal{} Sn(NO_3)_4 + Hg_2Cl_2\downarrow$

(2) $Hg(NO_3)_2 + 2NaOH \xlongequal{} HgO\downarrow + 2NaNO_3 + H_2O$

(3) $Hg(NO_3)_2 + 2NaCl \xlongequal{\triangle} HgCl_2 + 2NaNO_3$

(4) $Hg(NO_3)_2 + Hg \xlongequal{} Hg_2(NO_3)_2$

(5) $Hg(NO_3)_2 + Na_2SO_4 \xlongequal{} HgSO_4\downarrow + 2NaNO_3$

8. 利用汞的电势图 $Hg^{2+} \xrightarrow{0.92V} Hg_2^{2+} \xrightarrow{0.793V} Hg$，通过计算说明，在 Hg_2^{2+} 盐溶液中加入 S^{2-}，反应产物是什么。

已知：HgS 的 $K^\ominus_{sp} = 1.6 \times 10^{-52}$；$Hg_2S$ 的 $K^\ominus_{sp} = 1.0 \times 10^{-47}$。

解 Ⅰ：$Hg_2^{2+} + S^{2-} \rightleftharpoons Hg_2S\downarrow$ $K^\ominus_1 = 1/K^\ominus_{sp,Hg_2S} = 1.0 \times 10^{47}$

$$\text{Ⅱ}: Hg_2^{2+} + S^{2-} \rightleftharpoons HgS\downarrow + Hg \qquad K_{\text{Ⅱ}}^{\ominus} = K_{歧}^{\ominus}/K_{sp,HgS}^{\ominus}$$

$$Hg_2^{2+} \longrightarrow Hg^{2+} + Hg \qquad K_{歧}^{\ominus}$$

$$0.793 - 0.92 = 0.0592\lg K_{歧}^{\ominus}$$

$$K_{歧}^{\ominus} = 7.2\times10^{-3}$$

$$K_{\text{Ⅱ}}^{\ominus} = K_{歧}^{\ominus}/K_{sp,HgS}^{\ominus} = 4.5\times10^{49} > K_{\text{Ⅰ}}^{\ominus} = 1.0\times10^{47}$$

反应按式Ⅱ进行，产物是 HgS 和 Hg。

9. 试仅用一种试剂来鉴别下列几种溶液：

KCl　$Cu(NO_3)_2$　$AgNO_3$　$ZnSO_4$　$Hg(NO_3)_2$

答　选择稀 NaOH。

KCl：加入 NaOH，无明显现象。

$Cu(NO_3)_2$：加入 NaOH，生成蓝色沉淀。

$AgNO_3$：加入 NaOH，生成棕黑色沉淀。

$ZnSO_4$：滴加 NaOH，先生成白色沉淀，继而消失。

$Hg(NO_3)_2$：加入 NaOH，生成黄色沉淀。

10. 从结构上说明下列物质在性质上的差异：

	沸点/℃	溶解性
HgF_2	650	不溶解在有机溶剂中
$HgCl_2$	300	溶解在有机溶剂中

答　Cl^- 比 F^- 电负性小，半径大，变形性大，Hg^{2+} 极化作用和变形性都很强，HgF_2 为离子型，$HgCl_2$ 主要为共价型。因此，HgF_2 熔点高，$HgCl_2$ 熔点低；根据相似相溶，HgF_2 不溶解在有机溶剂中，$HgCl_2$ 溶解在有机溶剂中。

11. 为什么ⅡB 族元素比其他过渡金属有较低的熔点？

答　对于ⅡB 族元素，只有 ns 电子参与金属键形成，$(n-1)$d 电子不参与金属键形成。

12. 完成并配平下列反应方程式：

(1) $KI + HgCl_2 \longrightarrow$

(2) $SnCl_2 + HgCl_2 \longrightarrow$

(3) $NH_3 + HgCl_2 \longrightarrow$

(4) $SO_2 + HgCl_2 \longrightarrow$

(5) $NaOH(过量) + ZnSO_4 \longrightarrow$

答　(1) $2KI + HgCl_2 = HgI_2\downarrow + 2KCl$

(2) $SnCl_2 + 2HgCl_2 = Hg_2Cl_2\downarrow + SnCl_4$

(3) $2NH_3 + HgCl_2 = [Hg(NH_3)_2Cl_2]$

(4) $SO_2 + 2H_2O + 2HgCl_2 = Hg_2Cl_2\downarrow + H_2SO_4 + 2HCl$

(5) $4NaOH(过量) + ZnSO_4 = Na_2[Zn(OH)_4] + Na_2SO_4$

13. 计算半反应 $Hg_2SO_4 + 2e^- \rightleftharpoons 2Hg + SO_4^{2-}$ 的电极电势。已知：$E_{Hg_2^{2+}/Hg}^{\ominus} = 0.792V$；

$K^{\ominus}_{sp,Hg_2SO_4}=6.76\times10^{-7}$。

解 $E^{\ominus}_{Hg_2SO_4/Hg}=E^{\ominus}_{Hg_2^{2+}/Hg}+\frac{0.0592}{2}\lg[Hg_2^{2+}]$

$$=E^{\ominus}_{Hg_2^{2+}/Hg}+\frac{0.0592}{2}\lg K^{\ominus}_{sp,Hg_2SO_4}$$

$$=0.792+\frac{0.0592}{2}\lg(6.76\times10^{-7})$$

$$=0.609(V)$$

14. 回答下列问题：

(1) 为什么不能用薄壁玻璃容器盛汞？

(2) 为什么汞必须密封储藏？

(3) 汞不慎落在地上或桌上，应如何处理？

答 (1) 汞的相对密度大，易将容器弄破。

(2) 汞蒸气易挥发。

(3) 尽可能收集干净并快速地在地上或桌上撒硫粉。

$$Hg+S = HgS$$

15. 制备下列化合物：

(1) 由 ZnS 制备无水 $ZnCl_2$。

(2) 从金属汞制备甘汞。

答 (1) $ZnS+HCl\xrightarrow{结晶}ZnCl_2\cdot6H_2O\xrightarrow{HCl流加热}ZnCl_2$

(2) $2Hg+O_2=2HgO$

$HgO+2HCl=HgCl_2+H_2O$

$HgCl_2+Hg\xlongequal{研磨}Hg_2Cl_2$

16. 由 $CdSO_4$ 通 H_2S 制 CdS 有两种工艺操作条件：

条件一：$CdSO_4$ 溶液的酸度 pH=2～3，所得产品颗粒细，发黏，不易过滤。

条件二：$CdSO_4$ 溶液的酸度$[H^+]=1\sim1.5mol\cdot L^{-1}$，通入 H_2S 时溶液的温度为70～80℃，所得产品为砂粒状，不黏，易滤。

试用所学基本原理说明，为了提高产品质量：

(1) 为什么要有意提高溶液的酸度？

(2) 为什么要升高反应温度？

答 (1) 用$[H^+]$控制$[S^{2-}]$，提高溶液的酸度，使$[S^{2-}]$降低，从而使晶体生长速度减慢，有利于生成较大的晶体。

(2) 温度升高，破坏胶体，成核速率降低，减少晶核，促使大晶体生成。

17. HgS 溶于王水后，为什么有时溶液呈红棕色，且没有 S 析出？

答 若王水加入过量，S 继续被氧化为 SO_4^{2-}，没有 S 析出。

同时过量的 HNO_3 会发生反应，$4HNO_3=4NO_2\uparrow+O_2\uparrow+2H_2O$，红棕色的 NO_2 溶于溶液中，故有时溶液呈红棕色。

18. 在下列各对盐中,哪一个与理想离子型结构有较大的偏离？为什么？

(1) $CaCl_2/ZnCl_2$　(2) $CdCl_2/CdI_2$　(3) ZnO/ZnS　(4) $CaCl_2/CdCl_2$

答　(1) $ZnCl_2$　(2) CdI_2　(3) ZnS　(4) $CdCl_2$

因为这些化合物中阳离子极化作用大或者阴离子变形性较大,分子的共价性增强。

19. 电解 $CdCl_2$ 水溶液时电导率会出现反常,可能的原因是什么？

答　可能形成 $CdCl_4^{2-}$,使 Cd(Ⅱ)带负电。

20. 氧化锌长时间加热后将由白色变成黄色,这是由于在加热过程中发生了什么变化引起的？

答　加热失去微量氧,产生晶格缺陷,导致颜色改变。

21. Ca 与二甲基汞的反应产物是什么？

答　$Ca+Hg(CH_3)_2 = Hg+Ca(CH_3)_2$

22. 写出 HgS 溶于王水的反应方程式。有位学生在操作中发现有时溶液是无色,请分析产生这种实验现象的原因。如何用最简便的方法来证明这一结果？

答　$3HgS+8H^+ +2NO_3^- +12Cl^- = 3S\downarrow +2NO\uparrow +4H_2O+3HgCl_4^{2-}$(无色)

若王水加入过量,其中将 S 氧化为 SO_4^{2-},而 NO 逸出。可以往溶液中加 $BaCl_2$,若生成沉淀且该沉淀不溶于稀 HNO_3,则可证明 S 被氧化为 SO_4^{2-}。

23. (1) 实验测得 Hg_2Cl_2 是抗磁性,请通过对汞价电子构型的分析,说明“性能反映结构”这一论点的正确性,如果写成 HgCl 是否符合实验事实？

(2) 消除 Hg^{2+} 污染的办法有哪些？举两例说明,要求适用性、经济性。

答　(1) Hg^+ 的价电子构型是 $4d^{10}3s^1$,有一个未成对电子,若是写成 HgCl,则该物质应该为顺磁性,而实验测得是抗磁性。若形成 Hg_2Cl_2,Hg_2^{2+} 则无未成对电子,且为抗磁性物质,因此应该形成 Hg_2Cl_2,即“性能反映结构”。

(2) 往溶液中加 Na_2S,生成 HgS 沉淀。

用铁粉作还原剂将 Hg^{2+}(或 Hg_2^{2+})还原为 Hg,加以分离和回收。

第 9 章　过渡元素概论

一、学习要点

(1) 过渡元素的结构特点与原子半径、氧化态、磁性、熔沸点及气化热之间的关联性。

(2) 过渡元素含氮配合物与羰基配合物的成键特征。

(3) 亚硝酰、亚硝酸根与硝酸根配合物的配位特点。

(4) 乙酸亚铬与 $Re_2Cl_8^{2-}$ 中金属多重键的特征。

二、习题解答

1. 讨论过渡元素下列性质的变化倾向：

(1)半径　(2)氧化态　(3)电离能　(4)磁性　(5)颜色　(6)熔点

答　(1) 过渡金属的原子半径相对同周期碱金属、碱土金属较小，在同一过渡系的元素中自左至右原子半径依次缓慢减小；直到铜分族附近，d 轨道全充满，电子之间相互排斥作用增强，原子半径才略有增加。过渡元素的原子半径从上到下发现有不寻常的变化。第一、二过渡系同族上下两个元素的原子半径自上而下略有增加。第二、三过渡系同族上下两个元素的原子半径却极为接近，其中 Zr 与 Hf、Nb 与 Ta、Mo 与 W 表现得特别明显。这主要是“镧系收缩”效应的结果。

(2) 过渡元素存在多种氧化态，这与它们有未饱和的价电子构型及 $(n-1)$d 和 ns 能量相近有关。除了 s 电子可以参与成键外，d 电子也可以部分或全部参加成键，这是 d 区元素氧化态多样性的根本原因。

过渡元素氧化态变化在同一周期中自左至右，氧化态首先逐渐升高，但高氧化态又逐渐不稳定，随后氧化态又逐渐变低，到第Ⅷ族又是低氧化态稳定。当 d 电子超过 5 个时全部参加成键的可能性减少，因此氧化态呈现一种角锥体形式的变化。在同一族中，自上而下高氧化态趋向于稳定，因过渡元素中随周期数的增大，$(n-1)$d和 ns 能量越来越接近，$(n-1)$d 更易全部参加成键。

(3) 过渡金属元素第一电离能自左向右随有效核电荷增加逐渐增大，半径依次减小，电离能依次增大。同一副族元素，自上而下电离能变化规律不大。第三过渡系金属的第一电离能较第一过渡系金属大。

(4) 过渡金属及其化合物中，由于含有未成对电子而呈现顺磁性。过渡金属及其化合物按其成单电子数多少由左向右先增大后减小。铁系金属(Fe、Co、Ni)和它们的合金可以观察到铁磁性，铁磁性物质和顺磁性物质一样，其内部均含有未成对电子，都能被磁场所吸引，只是磁化程度有差别。铁磁性物质与磁场间的相互作用要比顺磁性物质大几千到几百万倍，在外磁场移走后仍可保留很强的磁性，而顺磁性物质不再具有磁性。

(5) 过渡元素的离子和化合物一般都呈现颜色，产生颜色的原因很复杂，目前主要用d-d跃迁光谱和电荷转移光谱来解释。水合离子呈现颜色与它们的d电子数目有关。d轨道全空或全满的水合离子是无色的，如d^0电子组态的Sc^{3+}和d^{10}电子组态的Cu^+。具有d^5电子组态离子常显浅色或无色，如Mn^{2+}为浅红色。d-d跃迁呈现颜色和金属离子电子构型及配体性质都有关系。第四周期d区金属含氧酸根离子VO_4^{3-}、CrO_4^{2-}、MnO_4^-，它们的颜色分别为黄色、橙色、紫色。对于这些具有d^0电子组态的化合物来说，应该是无色的，但它们却呈现出较深的颜色，这是因为化合物吸收可见光后发生了电子从一个原子转移到另一个原子而产生的电荷跃迁。金属离子越容易获得电子，与它结合的配体越容易失去电子，则它的电荷转移谱带越向低波数方向移动。

(6) 过渡元素的单质通常是高熔点的金属。同周期元素单质的熔点，从左到右一般是先逐渐升高，然后又缓慢下降。产生这种现象的原因是这些金属的原子间除了主要以金属键结合外，还可能具有部分共价键。原子中未成对的d电子数增多，金属键的部分共价性增强，导致这些金属单质的熔点升高。在同一族中，第二过渡系元素的单质的熔点大多高于第一过渡系，而第三过渡系的熔点又高于第二过渡系(ⅢB族除外)，熔点最高的单质是钨。

2. 说明过渡元素的一些性质：

(1) 有可变的氧化态。

(2) 形成许多配合物。

(3) 产生有色的顺磁性的离子和化合物。

(4) 有好的催化活性。

(5) $E^\ominus$虽为负值，但不是好的还原剂。

答 (1) 过渡元素存在多种氧化态，这与它们有未饱和的价电子构型及$(n-1)$d和ns能量相近有关。除了s电子可以参与成键外，d电子也可以部分或全部参与成键，这是过渡元素氧化态多样性的根本原因。

(2) 过渡元素的离子具有能量相近的$(n-1)$d、ns、np等价轨道，有利于形成各种成键能力较强的杂化轨道，以接受配位体提供的孤对电子；过渡元素的离子一般有较高的正电荷，它们的离子半径较小，对配位体的静电作用强；未充满的$(n-1)$d轨道上的电子屏蔽作用较小，使离子的有效核电荷较大，对配位体的极化能力较强，d电子层结构的不饱和性使它具有较大的变形性，从而增强了与配位体之间的共价结合。过渡元素中除离子可作配合物的形成体外，某些原子也可作为形成体组成配合物。过渡元素由于具备了这些成键条件而容易形成多种多样的配位化合物。

(3) 过渡元素的离子和化合物一般都有未充满的d电子，呈顺磁性。由于在可见光激发下d-d跃迁($d^{1\sim9}$)和电荷转移跃迁(d^0，d^{10})，呈现不同颜色。

(4) 第四、五、六周期的某些过渡金属，如铁、金、铂、钯、铑、铱等，主要用于脱氢和加氢反应，有些金属还具有氧化和重整的催化活性。过渡金属催化主要取决于金属原子的电子结构，特别是没有参与金属键的d轨道电子和d空轨道与被吸附分子形成吸附键的能力。因此,过渡金属催化剂的化学吸附能力和 d 轨道百分数是决定催化活性的主要因素。

(5) 对于活泼金属($E^{\ominus}$为负值),它们能从非氧化性酸中置换出氢气,但有些金属(如Ti、V、Cr)由于表面形成氧化膜,变为钝态,观察不到氢气放出。因此,过渡元素的$E^{\ominus}$虽为负值,但不是好的还原剂。

3. 解释下列事实:

(1) 某些含氧酸根离子(如 MnO_4^-、CrO_4^{2-}、VO_4^{3-} 等)呈现颜色的原因。

(2) Cu^{2+}是有色的、顺磁性的离子,而 Zn^{2+}是无色的、抗磁性的。K^+、Ca^{2+}是无色的,Fe^{2+}、Mn^{2+}、Ti^{2+}都有颜色(通常指水合金属离子的颜色)。

(3) 许多过渡元素$E^{\ominus}$虽为负值,但不能从酸中放出氢气。

(4) 实验测定四羰基合镍中的 Ni—C 键的键长要比理论推测的值约短 10%。

答 (1) 第四周期 d 区金属含氧酸根离子 VO_4^{3-}、CrO_4^{2-}、MnO_4^-,它们的颜色分别为黄色、橙色、紫色。对于这些具有 d^0 电子组态的化合物来说,应该是无色的,但它们却呈现出较深的颜色,这是因为化合物吸收可见光后发生了电子从一个原子转移到另一个原子而产生的电荷跃迁。金属离子越容易获得电子,与它结合的原子越容易失去电子,则它的电荷转移谱带越向低波数方向移动。

(2) Cu^{2+}价电子构型 $3d^9$,有 1 个未成对电子,呈顺磁性,可发生 d-d 跃迁;Zn^{2+}价电子构型 $3d^{10}$,无未成对电子,不发生 d-d 跃迁。K^+、Ca^{2+}无 d 轨道,无未成对电子。Fe^{2+}、Mn^{2+}、Ti^{2+}有未成对的 d 电子,可以发生 d-d 跃迁,因此有颜色。

(3) 过渡金属元素$E^{\ominus}$为负值,有些能从非氧化性酸中置换出氢气,但有些金属(如Ti、V、Cr)由于表面形成氧化膜,变为钝态,观察不到氢气放出。

(4) 原因在于 CO 配体有其特殊性,它除提供孤对电子外,还有能量合适的前线空轨道,能够接受中心金属原子的具有相同对称性的 d 轨道的电子,形成反馈 π 键。它能分散一部分由于 σ 键的形成而在金属 Ni 原子上聚集起来的负电荷,从而消除电荷不平衡状态,满足电中性的要求。σ 配位键和反馈 π 键这两类成键作用相互配合、相互促进(协同成键效应),导致其配合物稳定,因此实验测定四羰基合镍中的 Ni—C 键的键长要比理论推测的值约短 10%。

4. 比较 N_2 与 CO 和过渡金属配合能力的相对大小。CO 与金属配合反应发生在哪一端? 为什么?

答 N_2 分子电离能很高,高达 $1500kJ \cdot mol^{-1}$(CO 分子电离能 $1360kJ \cdot mol^{-1}$),且 $\pi_{2p_y}^*$ 比 σ_{2p_z} 高 8.3eV,电子亲和能 $-351.69kJ \cdot mol^{-1}$,同时三键键能高。因此,N_2 是一个弱的 σ 电子给予体,同时又是一个弱的 π 电子接受体。

CO 与金属配合反应发生在电负性较小的 C 端,C 易给出电子对形成 σ 配键,因而 CO 配位能力强。

5. 过渡元素低氧化态和高氧化态稳定存在的条件是什么?

答 过渡元素的低氧化态(+1、0、-1、-2、-3)常见于 CO、CN^-、NO^+,以及某些含磷、砷、硫、硒的配位体和过渡金属形成的配位化合物中,如 $Ni(CO)_4$、$Ni(PCl_3)_4$、

$[Ni(CN)_4]^{4-}$、$Fe(CO)_2(NO)_2$、$[V(phen)_3]^+$、$NaMn(CO)_5$ 等。这类配位体除提供孤对电子外，还有能量合适的前线空轨道，能够接受中心原子具有相同对称性的 d 轨道上的电子形成反馈 π 键($L \underset{\pi}{\overset{\sigma}{\rightleftharpoons}} M$)。它能分散一部分由于 σ 键的形成而在中心原子上聚集起来的负电荷，从而消除电荷不平衡状态，使低氧化态化合物能稳定存在。

高氧化态的化合物常见于过渡金属的含氧化合物(氧化物或含氧酸盐)或氟化物中，如 MnF_6^{2-}、MnO_4^-、FeO_4^{2-}、CrO_4^{2-}、OsO_4、RuF_6 等。如果中心原子与配位原子之间形成多重键，且 π 键与 σ 键的方向相同($L \underset{\pi}{\overset{\sigma}{=}} M$)时，中心原子常呈现高氧化态。

6. 回答下列问题：

(1) 过渡元素中有哪些元素容易形成多酸？

(2) 过渡元素中有哪些元素容易形成高氧化态？

答 (1) V、Nb、Ta、Cr、Mo、W 元素容易形成多酸。

(2) 对于第二、第三过渡系的较重元素来说，高氧化态一般较第一过渡系元素稳定得多。例如，Zr、Hf、Mo、W、Tc、Re 可形成高价态含氧阴离子，且不易被还原，而第一过渡系元素的类似化合物通常都是强氧化剂。

7. 回答下列问题：

(1) 用空气氧化 TiO、MnO 和 NiO 时哪个最困难？

(2) 还原 TiO、MnO 和 NiO 哪个最容易？

(提示：回顾过渡元素氧化态的变化规律，金属氧化物的氧化还原性与溶液中离子的氧化还原性具有类比性。)

答 在同一周期中自左至右，氧化态首先逐渐升高，但高氧化态又逐渐不稳定，随后氧化态又逐渐变低，到第Ⅷ族又是低氧化态稳定，即同周期氧化性随原子序数递增而增强，因而用空气氧化 NiO 最困难，还原 NiO 最容易。

8. C_{60}属哪种类型的配位体？富勒烯六元环之间的碳碳双键与中心金属形成何种类型的化学键？过渡金属与富勒烯形成的配合物能稳定存在的可能原因是什么？在这些配合物中，中心金属常呈现何种氧化态？

答 π 酸配体。富勒烯上六元环间的碳碳双键 C═C 常以 η^2-形式与过渡金属(如 Pt、Pd、Rh、Ru、Ir、Ni、Cr、Mo、W 等)结合生成配合物。这些富勒烯配合物可稳定存在的原因是：①富勒烯上烯键(六元环间的碳碳双键)与中心金属组成σ-π反馈键，此类键通常具有较强的键能；②在这类复杂的配合物内存在配体-金属-配体之间的超共轭作用，电子的离域增强了配合物的稳定性，如$(\eta^2\text{-}C_{60})Pt(PPh_3)_2$、$Os(O)_2(Py)_2(OC_{60}O)$、$\eta^2\text{-}C_{60}[RhCl(CO)(PPh_3)_2]$、$\eta^2\text{-}C_{60}[Ru(NO)(PPh_3)]_2$、$(\eta^2\text{-}C_{70})Ir(CO)(Cl)(PPh_3)_2 \cdot 2.5C_6H_5$、$(\eta^2\text{-}C_{60})M(CO)_5$(M=Cr、Mo、W)、$C_{60}RhH(CO)(PPh_3)_2$等。$\eta^2$-富勒烯配合物中的过渡金属常呈低氧化态，金属-富勒烯配位键上可能有较多的 π 电子存在。

9. 为什么 PF_3 可以和过渡金属形成许多配合物，而 NF_3 几乎不具有这样的性质？PH_3 和过渡金属形成配合物的能力为什么比 NH_3 要强？

答 PF_3 可以和过渡金属形成许多配合物，而 NF_3 几乎不具有这样的性质的原因是：PF_3 能形成 σ-π 体系，P 原子除了能提供 1 对电子给金属离子形成 σ 配键外，还具有空的外层 3d 轨道，可用于接受过渡金属离子的 d 电子形成反馈 π 键，而 N 原子无空轨道。

PH_3 和过渡金属形成配合物的能力比 NH_3 要强的原因是：PH_3 除了 P 原子上电子对给予金属原子形成 σ 键外，P 原子上的空轨道还能和过渡金属 d 轨道发生重叠形成 π 键（d 电子反馈到 P 的空轨道），通过 σ 和 π 的键合，配合物稳定性加强。例如，$Fe(CO)_4(PH_3)$、$Ni(BF_3)_2(PH_3)_2$ 等，PH_3 在配合物中既是电子给予体又是电子接受体。而 NH_3 分子 N 原子上的孤对电子作为路易斯碱和过渡金属只形成σ 键。

10. 简述 π 酸配体的特点。

答 π 酸配体是指既可作为 σ 电子给予体，又能以空的 π 轨道接受中心金属原子上 d 轨道上积累的负电荷的配体。由于具有 π 电子接受性，按照路易斯酸碱概念称为 π 酸。一氧化碳（羰基）、一氧化氮（亚硝酰）、分子氮、膦、胂、吡啶、联吡啶等配体都是 π 酸配体，配体本身既是路易斯碱，又是路易斯酸。

11. 当一个分子或离子配位于金属离子时，哪些因素能使这分子或离子的反应活性发生变化？

答 σ-π 配位使得 σ 配键加强，金属上堆积起来的负电荷也促使反馈 π 键形成。σ 配键和反馈 π 键这两类成键作用相互配合、相互促进（σ-π 协同效应），使分子或离子的反应活性发生变化。

12. 通过计算说明下列化合物是否遵循 18 电子规则。

$Cr(CO)_6$　$[Mn(CO)_5]^-$　$Ni(CO)_4$　$Mn(CO)_4(NO)$　$Mo(CO)_3(PF_3)_3$

$[Ni(en)_3]^{2+}$　$[MnF_6]^{2-}$　$[TiF_6]^{2-}$　$[Fe(CO)_4]^{2-}$

答 符合 18 电子规则的是

$Cr(CO)_6$：$6+2\times6=18$

$[Mn(CO)_5]^-$：$7+1+2\times5=18$

$Ni(CO)_4$：$10+2\times4=18$

$Mn(CO)_4(NO)$：$7+2\times4+3=18$

$Mo(CO)_3(PF_3)_3$：$6+2\times3+2\times3=18$

$[Fe(CO)_4]^{2-}$：$8+2+2\times4=18$

不符合 18 电子规则的是

$[Ni(en)_3]^{2+}$：$10-2+2\times3=14$

$[MnF_6]^{2-}$：$3+2\times6=15$

$[TiF_6]^{2-}$：$0+2\times6=12$

13. 试绘出 $Fe(CO)_5$、$Fe(CO)_4PPh_3$、$Co_2(CO)_8$ 和 $Mn_2(CO)_{10}$的空间结构图。

答

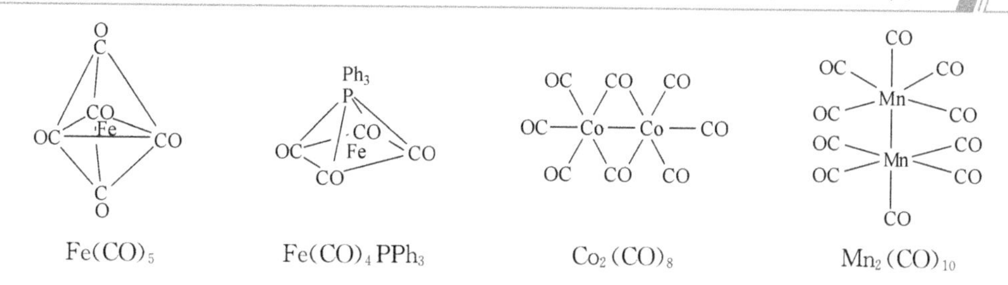

14. $Cr(NO)_n$ 已于1972年合成得到，其中NO是一个三电子配体，n 的数目是多少？

答 根据18电子规则：$6+3n=18$，$n=4$。

15. 列举一两种具有下列特殊功能的金属的名称。

(1) 耐高温金属 (2) 硬度很大的金属 (3) 低熔点金属 (4) 耐腐蚀金属 (5) 贵重金属 (6) 密度很大的金属 (7) 具有储氢功能的金属

答 (1) 钨W，铼Re；(2) 铬Cr；(3) 汞Hg，镉Cd；(4) 镍Ni，铌Nb，钽Ta；(5) 铂Pt，金Au；(6) 锇Os，铱Ir；(7) 钯Pd。

16. 比较d区金属和p区金属自上而下族氧化态稳定性变化的趋势，引用有关电极电势的数据对这种变化趋势加以说明。

答 d区金属在同一族中，自上而下高氧化态趋于稳定，这种规律性表现得与主族p区元素相反(p区第六周期因惰性电子对效应，低氧化态稳定)。过渡金属最高氧化态含氧酸 $E^\ominus$ 从上到下依次降低，而p区金属最高氧化态含氧酸 $E^\ominus$ 从上到下递增。

17. Mn_2O_7 和 Re_2O_7 哪个氧化性强？为什么Re(Ⅶ)可以以 K_3ReO_5 形式存在，而Mn(Ⅶ)却无 K_3MnO_5？

答 Mn_2O_7 氧化性强。Re是第五周期的过渡金属，具有生成高配位数化合物的倾向。

18. 在 $Cr(CO)_6$ 中Cr—C键键长(192pm)为什么比两共价半径之和(202pm)要短？请加以说明。$Cr(CO)_6$ 为抗磁性的羰基化合物。推测中心金属Cr与CO成键的价电子分布和杂化轨道类型。

答 $Cr(CO)_6$ 中CO分子与Cr原子之间以σ-π配键结合。CO提供的是5σ分子轨道中的1对电子与Cr形成σ键，同时Cr原子的 d_{xy} 轨道(有孤对电子)与CO分子的2π反键轨道形成反馈π键。σ配键和π反馈键这两类成键作用相互配合和相互促进(σ-π协同效应)使Cr—C键的稳定性得到加强，具有某些双键的特征，因此 $Cr(CO)_6$ 中Cr—C键长(192pm)比两共价半径之和(202pm)要短，是 $Cr(CO)_6$ 稳定存在的依据。Cr价电子构型为 $3d^54s^1$，$Cr(CO)_6$ 为抗磁性的羰基化合物，不存在单电子，则其6个价电子全部配对，成键时Cr原子采取 d^2sp^3 杂化，其构型为正八面体。

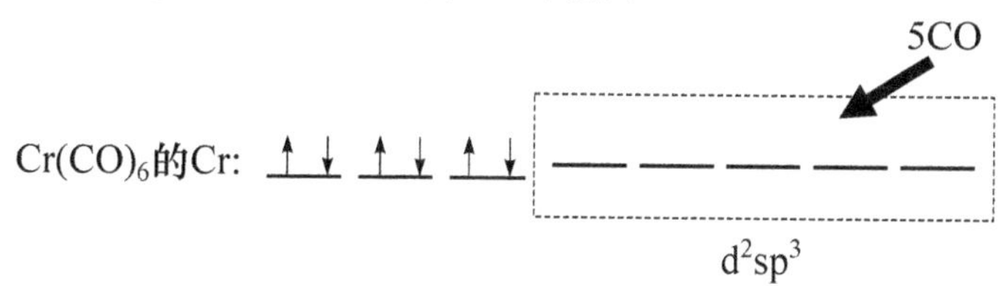

19. 说明下列羰基配合物 V—C 和 C—O 键长的变化情况：

配合物	$[V(CO)_6]^-$	$V(CO)_6$
键长(V—C)	193pm	200pm

(1) 配合物$[V(CO)_6]^-$的 V—C 键长为什么比 $V(CO)_6$ 中的要短？

(2) 这两种配合物中的 C—O 键长比自由的 CO 键长要短或长？

答 (1) 当配体一定时，反馈 π 键的反馈作用与金属上负电荷多少有关。$[V(CO)_6]^-$比 $V(CO)_6$ 多 1 个电子，金属原子上负电荷多，这种反馈作用也增强，V—C 键就越强。因此，配合物$[V(CO)_6]^-$的 V—C 键键长比$V(CO)_6$中的要短。

(2) 由于反馈 π 键的形成，C—O 键被削弱(伸缩振动频率 ν 降低)，因此两种配合物中的 C—O 键键长比自由 CO 键长要长。

20. 用有关结构知识分析下列物质所呈现的磁性：

(1) $[Cr(CH_3COO)_2 \cdot H_2O]_2$、$[Cu(CH_3COO)_2 \cdot H_2O]_2$(在一定温度下)均为抗磁性。

(2) $Ni(CO)_4$ 为抗磁性，$[NiCl_4]^{2-}$ 为顺磁性。

(3) $Mn(CO)_4(NO)$为抗磁性。

(4) $Fe(CO)_5$ 为抗磁性。

答 (1) Cr(Ⅱ)价电子构型为 $3d^4$，该配合物为变形八面体，2 个 Cr(Ⅱ)的配位数均为 6，Cr(Ⅱ)和 Cr(Ⅱ)之间存在金属四重键，2 个 Cr(Ⅱ)的 8 个电子均已配对，不存在未成对的单电子。同样，Cu(Ⅱ)价电子构型为 $3d^8$，Cu(Ⅱ)和 Cu(Ⅱ)之间存在金属键，不存在未成对的单电子。

(2) Ni 价电子构型为 $3d^8 4s^2$，$Ni(CO)_4$ 中 sp^3 杂化，d 轨道全充满状态(d^{10})；$[NiCl_4]^{2-}$ 中 sp^3 杂化，四面体构型，外轨高自旋型(d^8)，存在 2 个单电子，成顺磁性。

(3) Mn 价电子构型为 $3d^5 4s^2$，dsp^3 杂化，d 轨道 8 个电子全部配对，无单电子，抗磁性。

(4) Fe 价电子构型为 $3d^6 4s^2$，dsp^3 杂化，d 轨道 8 个电子全部配对，无单电子，抗磁性。

21. 在$[CuCl_4 \cdot 2H_2O]^{2-}$ 中，核间距是：两个 Cu—O 键 197pm，两个 Cu—Cl 键 232pm 和两个 Cu—Cl 键 295pm。试画出该配离子的结构图，并解释引起各种键长差别的主要原因。

答 由于 Cu^{2+} 的姜-泰勒(Jahn-Teller)效应，八面体场变形。

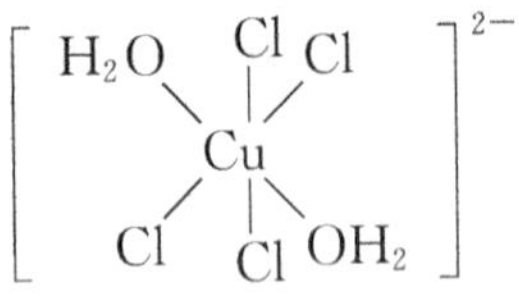

```
[ H2O   Cl  Cl    ]2-
     \  |  /
       Cu
     /  |  \
  Cl    Cl  OH2   ]
```

因为 Cu^{2+} 为 d^9 结构，d_γ 上电子的排布情况有如下两种：

$(d_{x^2-y^2})^1(d_{z^2})^2$ ①　　$(d_{x^2-y^2})^2(d_{z^2})^1$ ②

$[CuCl_4 \cdot 2H_2O]^{2-}$采用第①种排布方式，因 $d_{z^2-y^2}$ 轨道上缺少 1 个电子，则轴向上配

体对中心离子的排斥作用比赤道面上配体对中心离子排斥作用大，形成两长四短拉长的、畸变的八面体。而 Cu—O 键比 Cu—Cl 键短是由于水分子比氯离子的配体强。

22. 把 SO_2 鼓泡通入稍微酸化的 $[Cu(NH_3)_4]SO_4$ 溶液中，产生白色沉淀 A，元素分析表明 A 由五种元素组成，即 Cu、N、S、H 和 O，其中 Cu、N 和 S 的物质的量之比为 1∶1∶1，红外光谱和激光拉曼光谱表明，在 A 中存在一种三角锥结构的物种，另一个为四面体构型，另外测定结果表明 A 为抗磁性物质。

(1) 写出 A 的分子式。

(2) 给出产生 A 的反应方程式。

(3) 当 A 和 $1.0mol \cdot L^{-1}$ 的 H_2SO_4 加热时，产生沉淀 B、气体 C 和溶液 D，B 是一种普通的粉末状产物，写出反应方程式。

(4) 在(3)中 B 的最大理论产率是多少？

答　(1) NH_4CuSO_3。

(2) $2Cu(NH_3)_4SO_4 + 3SO_2 + 4H_2O = 2NH_4CuSO_3 \downarrow + 3(NH_4)_2SO_4$。

(3) $2NH_4CuSO_3 + 2H_2SO_4 = Cu \downarrow + (NH_4)_2SO_4 + 2SO_2 \uparrow + CuSO_4 + 2H_2O$。

(4) 50%。

23. 说明下列问题：

(1) 在 NaCl 和 CuCl 中，阳离子半径相近（分别为 95pm 和 96pm），晶格能和熔点的差别却很大，这似乎与所学理论发生矛盾，如何解释？

	CuCl	NaCl
$U/(kJ \cdot mol^{-1})$	929	777
熔点/℃	430	801

(2) Cu 与 K 同属第四周期元素，最外层均有一个 4s 电子。为什么它们在性质上（电离能、升华热和熔点）差别却非常之大？

	Cu	K
$I_1/(kJ \cdot mol^{-1})$	750	419
$\Delta H_s^\ominus/(kJ \cdot mol^{-1})$	331	90
熔点/℃	1083	64

答　(1) 当离子的半径相近、电荷相同时，不同电子构型的阳离子对同一阴离子的作用力大小是不同的，其顺序为 8 电子构型＜9～17 电子构型＜18 和 18＋2 电子构型。NaCl 和 CuCl 的阴离子相同，阳离子的半径大小差不多，$r_{Na^+} = 95pm$，$r_{Cu^+} = 96pm$，但 Na^+ 为 8 电子构型，Cu^+ 为 18 电子构型，这就导致了两者性质的显著差异，作用力大导致晶格能大，但极化作用也大，导致共价性增强，因此 CuCl 的共价性较强，熔点较低；而 NaCl 是离子型化合物，熔点较高。

(2) 铜原子次外层为 18 个电子，对核的屏蔽效应比 8 电子结构的小得多，有效核电荷较大，对外层电子的吸引力较强。因此，与同周期的碱金属 K 相比，铜元素的原子半径较小，第一电离能较大，升华热和熔点较高。

第 10 章　过渡元素(一)

一、学习要点

(1) d 区过渡元素各分族的价电子构型、价态、单质与主要化合物性质的变化规律。

(2) 钛、钒、铬、锰、铁、钴、镍化合物在不同介质中的存在形式、化合物颜色、水解性、氧化性、配合物的化学性质，以及不同价态的转化。

(3) 重要化合物的制备，如由钛铁矿制备二氧化钛、由二氧化钛制备单质钛、单质铬制备；由低价化合物到高价化合物的介质、氧化剂、反应条件的选择，如软锰矿制备 $KMnO_4$，高铁酸盐的制备等。

(4) 个别过渡元素化合物的作用、危害、污染及其治理方法。

二、重要内容

1. 钛的冶炼——反应偶联

$$TiO_2(s)(金红石)\xrightarrow{C(石墨),Cl_2(g)}TiCl_4(l)\xrightarrow[Ar]{Mg,800℃}Ti(s)$$

反应偶联(reaction coupling)

(1) $TiO_2(s)+2Cl_2(g)=\!=\!=TiCl_4(l)+O_2(g)$

$$\Delta_rG_1^\ominus=+152.3kJ\cdot mol^{-1}>0,\ 非自发$$

(2) $2C(石墨)+O_2(g)=\!=\!=2CO(g)$

$$\Delta_rG_2^\ominus=-274kJ\cdot mol^{-1}<0,\ 自发$$

反应(1)+反应(2)，得

$$TiO_2(s)+2Cl_2(g)+2C(石墨)=\!=\!=TiCl_4(l)+2CO(g)$$

$$\Delta_rG^\ominus=\Delta_rG_1^\ominus+\Delta_rG_2^\ominus=+152.3+(-274)=-122(kJ\cdot mol^{-1})<0$$

总反应：自发。

$$TiCl_4+2Mg=\!=\!=Ti+2MgCl_2(Ar 气氛中)$$

2. 钛铁矿制备 TiO_2

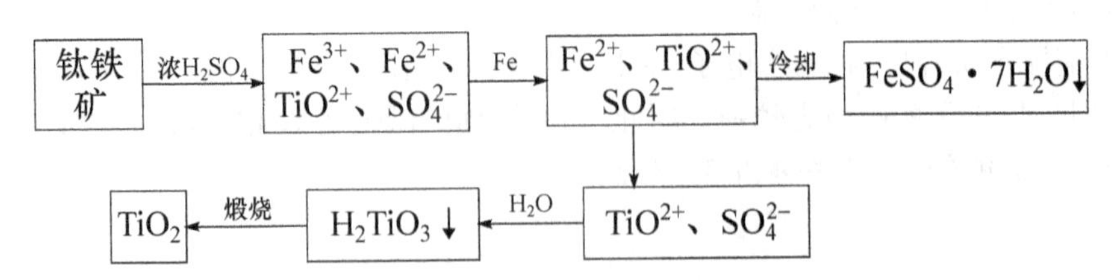

3. Ti(Ⅳ)的鉴定

在 Ti(Ⅳ)盐溶液中加入 H_2O_2,呈现特征颜色。在强酸溶液中呈红色,在稀酸或中性溶液中呈橙黄色。

$$TiO^{2+} + H_2O_2 \longrightarrow [TiO(H_2O_2)]^{2+}$$

4. Cr(Ⅲ)与 Cr(Ⅵ)的相互转化

$$Cr^{3+} \underset{H^+}{\overset{OH^-}{\rightleftharpoons}} Cr(OH)_3\downarrow(\text{灰蓝}) \underset{H^+}{\overset{OH^-}{\rightleftharpoons}} CrO_2^- \ [Cr(OH)_4^-]$$

Cr^{3+} 与 $Cr_2O_7^{2-}$ 之间:还原 / 氧化剂;CrO_2^- 经 氧化剂 H_2O_2 转化为 CrO_4^{2-}

$$Cr_2O_7^{2-} + H_2O \underset{H^+}{\overset{OH^-}{\rightleftharpoons}} 2H^+ + 2CrO_4^{2-}$$

$$Cr_2O_7^{2-} + 3H_2O_2 + 8H^+ = 2Cr^{3+} + 7H_2O + 3O_2$$

$$2Cr^{3+} + 3H_2O_2 + 10OH^- = 2CrO_4^{2-} + 8H_2O$$

5. Cr(Ⅵ)的检验

Cr(Ⅵ)和 H_2O_2 能生成不稳定的过氧化物:在重铬酸盐的酸性溶液中加入 H_2O_2,能生成深蓝色的过氧化铬 $CrO(O_2)_2$,$Cr_2O_7^{2-} + 4H_2O_2 + 2H^+ = 2CrO(O_2)_2 + 5H_2O$。当 $CrO(O_2)_2$ 被萃取到乙醚、戊醇等溶剂中时,因生成溶剂配合物,如 $[CrO(O_2)_2(C_2H_5)_2O]$ 而比较稳定。$[CrO(O_2)_2(C_2H_5)_2O]$ 结构如下:

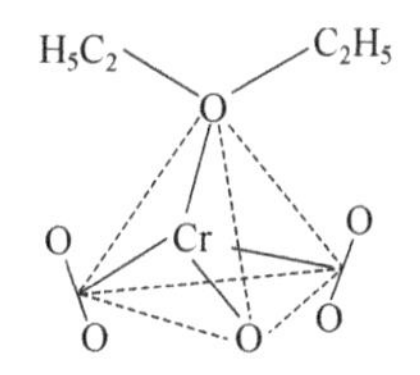

6. 由软锰矿制备 $KMnO_4$

$$\text{软锰矿(粉碎)} \xrightarrow[OH^-,\triangle]{\text{氧化剂}} K_2MnO_4(\text{墨绿色}) \longrightarrow KMnO_4(\text{紫色})$$

常用的氧化剂有 O_2、KNO_3 和 $KClO_3$。反应介质为 KOH 或 K_2CO_3。

有三种方法使 K_2MnO_4 转化为 $KMnO_4$:①CO_2 或 HAc 酸化促进歧化反应;②电解;③Cl_2 或 NaClO 氧化。

7. 酸性介质中 Co^{3+}、Ni^{3+} 的强氧化性

Co^{3+}、Ni^{3+} 不能在水溶液中稳定存在。

$$2M(OH)_2 + ClO^- + H_2O = 2M(OH)_3 + Cl^-$$

$$2M(OH)_3 + 6HCl(\text{浓}) = 2MCl_2 + Cl_2 + 6H_2O$$

$$M = Co, Ni$$

8. $CoCl_2$ 化合物中所含结晶水的数目不同而呈现不同颜色

$$\underset{(粉红色)}{CoCl_2\cdot 6H_2O} \xrightleftharpoons{325K} \underset{(紫红色)}{CoCl_2\cdot 2H_2O} \xrightleftharpoons{363K} \underset{(蓝紫色)}{CoCl_2\cdot H_2O} \xrightleftharpoons{393K} \underset{(蓝色)}{CoCl_2}$$

9. 高铁酸盐

高铁酸盐是比高锰酸盐更强的氧化剂。在浓碱中，用 NaClO 可以把$Fe(OH)_3$氧化为紫红色的 FeO_4^{2-}，或将 Fe_2O_3、KNO_3 和 KOH 混合、加热、共熔，也能制得 K_2FeO_4。

$$2Fe(OH)_3+3ClO^-+4OH^- = 2FeO_4^{2-}+3Cl^-+5H_2O$$

$$Fe_2O_3+3KNO_3+4KOH = 2K_2FeO_4+3KNO_2+2H_2O$$

10. Fe、Co、Ni 的配合物

1) NH_3 配合物

$$Fe^{2+}\xrightarrow{NH_3\cdot H_2O}Fe(OH)_2\downarrow\xrightarrow{NH_3\cdot H_2O}\text{不溶解，不形成氨配合物}$$

$$Fe^{3+}\xrightarrow{NH_3\cdot H_2O}Fe(OH)_3\downarrow\xrightarrow{NH_3\cdot H_2O}\text{不溶解，不形成氨配合物}$$

$$CoCl_2\xrightarrow{NH_3\cdot H_2O}Co(OH)Cl\downarrow\xrightarrow{NH_3\cdot H_2O}[Co(NH_3)_6]^{2+}\xrightarrow{O_2}[Co(NH_3)_6]^{3+}$$

$$NiSO_4\xrightarrow{NH_3\cdot H_2O}Ni_2(OH)_2SO_4\downarrow\xrightarrow{NH_3\cdot H_2O}[Ni(NH_3)_6]^{2+}\xrightarrow{Cl_2}[Ni(NH_3)_6]^{3+}$$

2) CN^- 配合物

$$Fe^{2+}\xrightarrow{CN^-}\underset{(白色)}{Fe(CN)_2\downarrow}\xrightarrow{CN^-}\underset{(黄色，黄血盐)}{[Fe(CN)_6]^{4-}}\xrightarrow{Cl_2}\underset{(红色，赤血盐)}{[Fe(CN)_6]^{3-}}$$

$$Co^{2+}\xrightarrow{CN^-}\underset{(红色)}{Co(CN)_2\downarrow}\xrightarrow{CN^-}\underset{(紫红色)}{[Co(CN)_6]^{4-}}\xrightarrow[H_2O]{\triangle}\underset{(黄色)}{[Co(CN)_6]^{3-}}$$

$$Ni^{2+}\xrightarrow{CN^-}Ni(CN)_2\downarrow\xrightarrow{CN^-}\underset{(杏黄色)}{[Ni(CN)_4]^{2-}}$$

滕氏蓝和普鲁士蓝

$$K^++Fe^{2+}+[Fe(CN)_6]^{3-}$$
$$K^++Fe^{3+}+[Fe(CN)_6]^{4-}$$
$$\longrightarrow KFe[Fe(CN)_6]\downarrow$$

滕氏蓝
普鲁士蓝

● Fe(Ⅲ)
○ Fe(Ⅱ)

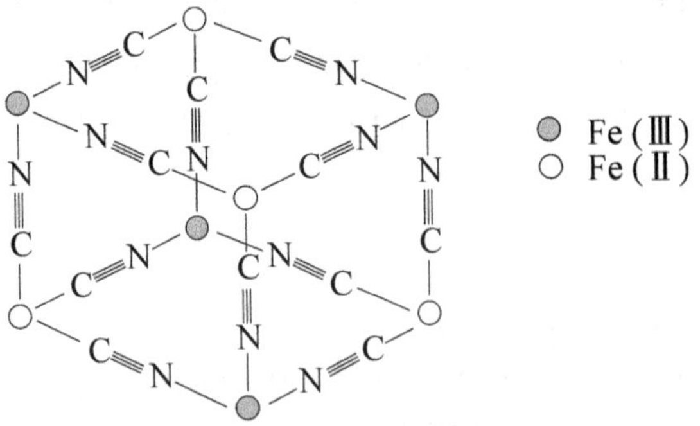

普鲁士蓝的结构示意图
(K^+未表示出来)

3）SCN^- 配合物

$Fe^{3+} \xrightarrow{SCN^-} [Fe(NCS)_n]^{3-n}$　$n=1\sim6$，鉴定 Fe^{3+} 的灵敏反应

$Co^{2+} \xrightarrow{SCN^-} [Co(NCS)_4]^{2-}$

Ni^{2+} 的异硫氰配合物极不稳定。

4）Ni^{2+} 与丁二酮肟(镍试剂)的配合物

Ni^{2+} 与丁二酮肟(镍试剂)在稀氨水溶液中能形成二丁二酮肟合镍(Ⅱ)，它是一种鲜红色沉淀，是检验 Ni^{2+} 的特征反应。

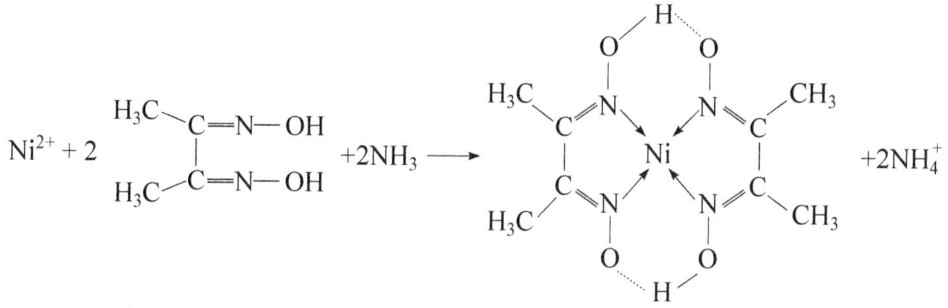

$Ni^{2+} + 2\ (CH_3C{=}NOH)_2 + 2NH_3 \longrightarrow Ni(C_4H_7N_2O_2)_2 + 2NH_4^+$

5）羰基配合物

通常金属价态较低，如 $Ni(CO)_4$、$Fe(CO)_5$、$H[Co(CO)_4]$、$Fe(CO)_2(NO)_2$。羰基化合物中的化学键如下：

(a) σ配键：

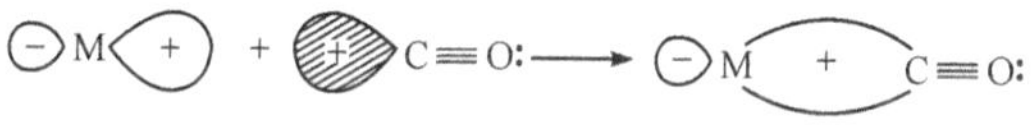

(b) 反馈键：

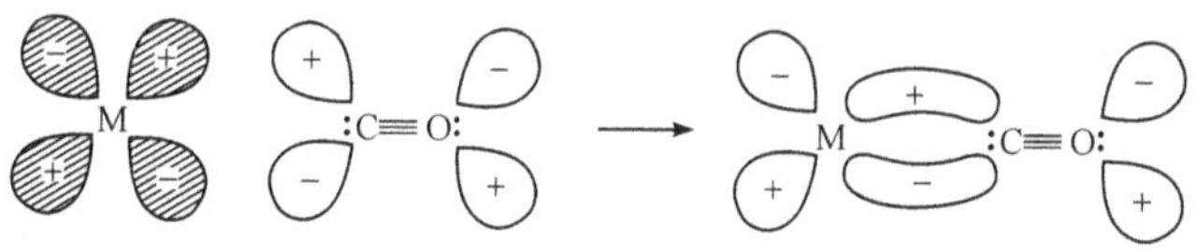

三、重要化学方程式

$3TiCl_4 + Al + nAlCl_3 \Longrightarrow 3TiCl_3 + (n+1)AlCl_3$

$3TiO^{2+} + Al + 6H^+ \Longrightarrow 3Ti^{3+} + Al^{3+} + 3H_2O$

$Ti^{3+} + Fe^{3+} + H_2O \Longrightarrow TiO^{2+} + Fe^{2+} + 2H^+$

$TiCl_4 + 3H_2O \Longrightarrow H_2TiO_3 + 4HCl\uparrow$

$TiO_2 + BaCO_3 \xlongequal{\triangle} BaTiO_3 + CO_2\uparrow$

$BaCl_2 + TiCl_4 + 2H_2C_2O_4 + 5H_2O \Longrightarrow BaTiO(C_2O_4)_2 \cdot 4H_2O\downarrow + 6HCl$

$BaTiO(C_2O_4)_2 \cdot 4H_2O \xlongequal{\triangle} BaTiO_3 + 2CO_2\uparrow + 2CO\uparrow + 4H_2O$

$H_2TiO_3 + BaCO_3 \xlongequal{\triangle} BaTiO_3 + CO_2\uparrow + H_2O$

$TiO_2 + 3C \xlongequal{\triangle} TiC + 2CO\uparrow$

$FeO \cdot TiO_2 + 2H_2SO_4 \xlongequal{\triangle} TiOSO_4 + FeSO_4 + 2H_2O$

$TiOSO_4 + 2H_2O \Longrightarrow H_2TiO_3\downarrow + H_2SO_4$

$$TiO_2+2C+2Cl_2 \xlongequal{\triangle} TiCl_4+2CO$$

$$2NH_4VO_3 \xlongequal{\triangle} V_2O_5+2NH_3\uparrow+H_2O$$

$$V_2O_5+6NaOH = 2Na_3VO_4+3H_2O$$

$$V_2O_5+H_2SO_4 = (VO_2)_2SO_4+H_2O$$

$$V_2O_5+6HCl = 2VOCl_2+Cl_2\uparrow+3H_2O$$

$$VO_2^++Fe^{2+}+2H^+ = VO^{2+}+Fe^{3+}+H_2O$$

$$2VO_2^++H_2C_2O_4+2H^+ = 2VO^{2+}+2CO_2\uparrow+2H_2O$$

$$VCl_4+H_2O = VOCl_2+2HCl$$

$$K_2Cr_2O_7+2H_2SO_4\text{(浓)} = 2CrO_3+2KHSO_4+H_2O$$

$$4CrO_3 = 2Cr_2O_3+3O_2\uparrow$$

$$Cr_2O_7^{2-}+6Fe^{2+}+14H^+ = 2Cr^{3+}+6Fe^{3+}+7H_2O$$

$$2Cr_2O_7^{2-}+3CH_3CH_2OH+16H^+ = 4Cr^{3+}+3CH_3COOH+11H_2O$$

$$Cr_2O_7^{2-}+3SO_3^{2-}+8H^+ = 2Cr^{3+}+3SO_4^{2-}+4H_2O$$

$$2Na_2CrO_4+2Fe+2H_2O = Cr_2O_3+Fe_2O_3+4NaOH$$

$$Cr_2O_7^{2-}+4H_2O_2+2H^+ = 2CrO(O_2)_2+5H_2O$$

$$4CrO_5+12H^+ = 4Cr^{3+}+7O_2\uparrow+6H_2O$$

$$Na_2Cr_2O_7+S \xlongequal{\triangle} Cr_2O_3+Na_2SO_4$$

$$(NH_4)_2Cr_2O_7 \xlongequal{\triangle} Cr_2O_3+N_2\uparrow+4H_2O$$

$$Cr_2O_3+2NaOH+3H_2O = 2NaCr(OH)_4\text{(深绿色)}$$

$$CrO_2^-+2H_2O \xlongequal{\triangle} Cr(OH)_3\downarrow+OH^-$$

$$2Cr^{3+}+3S_2O_8^{2-}+7H_2O = Cr_2O_7^{2-}+6SO_4^{2-}+14H^+$$

$$2[Cr(OH)_4]^-+3H_2O_2+2OH^- = 2CrO_4^{2-}+8H_2O$$

$$4Zn+Cr_2O_7^{2-}+14H^+ = 2Cr^{2+}+4Zn^{2+}+7H_2O$$

$$2Cr^{2+}+4CH_3COO^-+2H_2O = [Cr_2(CH_3COO)_4(H_2O)_2]$$

$$MnC_2O_4 \xlongequal{\triangle} MnO+CO\uparrow+CO_2\uparrow$$

$$MnCO_3 \xlongequal{\triangle} MnO+CO_2\uparrow$$

$$2Mn(OH)_2+O_2 = 2MnO(OH)_2$$

$$2MnO_4^-+3Mn^{2+}+2H_2O = 5MnO_2+4H^+$$

$$2Mn^{3+}+2H_2O = MnO_2+Mn^{2+}+4H^+$$

$$MnO_2+4HCl\text{(浓)} \xlongequal{\triangle} MnCl_2+Cl_2\uparrow+2H_2O$$

$$2MnO_2+2H_2SO_4 \xlongequal{\triangle} 2MnSO_4+2H_2O+O_2\uparrow$$

$$2MnO_2+4KOH+O_2 \xlongequal{\triangle} 2K_2MnO_4+2H_2O$$

$$3MnO_2+6KOH+KClO_3 \xlongequal{\triangle} 3K_2MnO_4+KCl+3H_2O$$

$3K_2MnO_4+2H_2O = 2KMnO_4+MnO_2+4KOH$

$2KMnO_4 \xlongequal{\triangle} K_2MnO_4+MnO_2+O_2\uparrow$

$4MnO_4^-+4H^+ = 4MnO_2\downarrow+3O_2\uparrow+2H_2O$

$2MnO_4^-+3SO_3^{2-}+H_2O = 2MnO_2+3SO_4^{2-}+2OH^-$

$2MnO_4^-+I^-+H_2O = 2MnO_2+IO_3^-+2OH^-$

$2MnO_4^-+SO_3^{2-}+2OH^- = 2MnO_4^{2-}+SO_4^{2-}+H_2O$

$4Fe(NO_3)_3 \xlongequal{\triangle} 2Fe_2O_3$(红棕色)$+12NO_2\uparrow+3O_2\uparrow$

$4Co(NO_3)_2 \xlongequal{\triangle} 2Co_2O_3$(黑色)$+8NO_2\uparrow+O_2\uparrow$

$4Fe(OH)_2+O_2+2H_2O = 4Fe(OH)_3\downarrow$

$4Co(OH)_2+O_2+2H_2O \xlongequal{慢} 4Co(OH)_3\downarrow$

$2Ni(OH)_2+NaClO+H_2O = 2Ni(OH)_3\downarrow+NaCl$

$4M^{3+}+2H_2O = 4M^{2+}+4H^++O_2\uparrow$ (M=Co、Ni)

$2M^{3+}+2Cl^- = 2M^{2+}+Cl_2\uparrow$ (M=Co、Ni)

$2Fe(OH)_3+3ClO^-+4OH^- = 2FeO_4^{2-}+3Cl^-+5H_2O$

$Fe_2O_3+3KNO_3+4KOH = 2K_2FeO_4+3KNO_2+2H_2O$

$4FeO_4^{2-}+20H^+ = 4Fe^{3+}+3O_2\uparrow+10H_2O$

$Ni+4CO = Ni(CO)_4$

$Fe+5CO = Fe(CO)_5$

$2CoCO_3+2H_2+8CO = Co_2(CO)_8+2CO_2+2H_2O$

四、习题解答

钛

1. 指出 TiO_2 分别与下列物质反应的产物。

Ca H_2SO_4 Al $C+Cl_2$ NaOH HF C $BaCO_3$

答 $TiO_2+2Ca = 2CaO+Ti$

$TiO_2+H_2SO_4 = TiOSO_4+H_2O$

$3TiO_2+4Al = 2Al_2O_3+3Ti$ Ti 和 Al 形成金属间化合物 Ti、Al 合金

$TiO_2+2C+2Cl_2 = TiCl_4+2CO\uparrow$

$TiO_2+2NaOH+nH_2O = Na_2TiO_3\cdot(n+1)H_2O$

$TiO_2+6HF = H_2TiF_6+2H_2O$

$TiO_2+3C \xlongequal{\triangle} TiC+2CO\uparrow$

$TiO_2+BaCO_3 \xlongequal{\triangle} BaTiO_3+CO_2\uparrow$

2. 给出合理的解释:

(1) $TiCl_4$ 可用于制造烟幕。

(2) Ti^{3+} 具有还原性。

(3) Ti 易溶于 HF,难溶于 HNO_3 中。

(4) 金属钛在低温下没有反应性。

(5) Ca 与 Ti 是同一周期的邻近元素,Ti 的密度、熔点比 Ca 高。

(6) Ca^{2+} 为无色,而 Ti^{2+} 为有色离子。

(7) Ca 与 Ti 原子外层都是 $4s^2$,Ti 有+2、+3、+4 多种氧化态,而 Ca 只有+2价态。

答 (1) $TiCl_4$ 遇到水蒸气会强烈水解,生成白烟。

$$TiCl_4+3H_2O \xlongequal{} H_2TiO_3+4HCl\uparrow$$

(2) Ti^{3+} 的电极电势较低($E^{\ominus}_{TiO^{2+}/Ti^{3+}}=0.10V$),极易被空气或水氧化,因而有一定还原性。

(3) 利用 F^- 与 Ti^{4+} 的配位作用促进 Ti 的溶解,$E^{\ominus}_{TiF_6^{2-}/Ti}=-1.19V$, $Ti+6HF \xlongequal{} H_2TiF_6+2H_2\uparrow$,因而 Ti 易溶于 HF;而与 HF 相比,$HNO_3$ 只是氧化性酸,因此 Ti 难溶于其中($E^{\ominus}_{TiO^{2+}/Ti}=-0.86V$)。

(4) 常温下,钛表面易生成一层极薄的、致密的氧化物保护膜,阻止反应的进一步进行,因此金属钛在低温下没有反应性。

(5) Ti 价电子构型为 $3d^24s^2$,不仅 s 电子参与形成金属键,d 电子也可以参与成键,所以它的熔点和密度比无 d 电子的 Ca 高。

(6) Ca^{2+} 无 d 电子,而 Ti^{2+} 含有 $3d^2$ 电子,能发生 d-d 跃迁,吸收特定波长的光而显色。

(7) 两者价电子构型不同,Ca 为 $4s^2$,Ti 为 $3d^24s^2$,Ca 没有 d 电子。

3. 金属钛有何宝贵的特性? 基于这些特性的主要作用有哪些?

答 金属钛呈银白色,粉末钛呈灰色。钛的熔点高,密度小(比钢轻 13%)。在硬度、耐热性及导电导热性方面与其他过渡金属(如铁和镍)相似。但是钛比其他具有相似机械和耐热性能的金属轻得多;在常温下,表面易生成致密的、钝性的、能自行修补裂缝的氧化物薄膜而具有优良的抗腐蚀性(不受硝酸、王水、潮湿氯气、稀硫酸、稀盐酸及稀碱的侵蚀)。由于钛有耐腐蚀、比钢轻、强度大、耐高温、抗低温等特性,因此成为制造航天、航海、化工设备等的理想材料。此外,钛能与骨骼肌肉生长在一起,用于接骨和人工关节,故有“生物金属”之称。钛合金还有记忆功能(Ti-Ni 合金)、超导功能(Nb-Ti 合金)和储氢功能(Ti-Mn、Ti-Fe 等合金),因此是重要的功能材料。

4. 以 TiO_2 为原料制取 $TiCl_4$ 的两种方法。写出有关反应方程式。

答 (1) 氯化法:

$$TiO_2+2C+2Cl_2 \longrightarrow TiCl_4+2CO\uparrow$$

具体过程大致如下:金红石或富钛料经粉碎、干燥后与焦炭粉混合,装入氯化炉中,通入氯气发生氯化反应。用精馏和化学处理的综合方法除去原料中带入的杂质(铁、锰、硅、锆等氧化物转化为相应的氯化物)后,可得精 $TiCl_4$。

(2) TiO_2 直接与 $COCl_2$、$SOCl_2$、$CHCl_3$、CCl_4 等氯化试剂反应:

$$TiO_2+CCl_4 \xlongequal{} TiCl_4+CO_2\uparrow$$

5. 完成并配平下列反应方程式:

(1) $Ti+HF \longrightarrow$

(2) $TiO_2+H_2SO_4 \longrightarrow$

(3) $TiCl_4+H_2O \longrightarrow$

(4) $FeTiO_3+H_2SO_4 \longrightarrow$

(5) $TiO_2+BaCO_3 \longrightarrow$

(6) $TiO_2+C+Cl_2 \longrightarrow$

(7) $Ti+HCl \longrightarrow$

答　(1) $Ti+6HF = H_2TiF_6+2H_2\uparrow$

(2) $TiO_2+H_2SO_4 = TiOSO_4+H_2O$

(3) $TiCl_4+3H_2O = H_2TiO_3+4HCl\uparrow$

(4) $FeTiO_3+2H_2SO_4 = FeSO_4+TiOSO_4+2H_2O$

(5) $TiO_2+BaCO_3 \xlongequal{\triangle} BaTiO_3+CO_2\uparrow$

(6) $TiO_2+2C+2Cl_2 = 2CO\uparrow+TiCl_4$

(7) $2Ti+6HCl = 2TiCl_3+3H_2\uparrow$

6. 在敞开的容器中,被盐酸酸化了的三氯化钛紫色溶液会逐渐褪色。为什么?

答　$TiCl_3$ 有较强的还原性,极易被空气或水氧化,遇水与空气分解生成钛酰氯($4TiCl_3+O_2+2H_2O = 4TiOCl_2+4HCl$),因此应保存在 N_2 或 CO_2 等惰性气氛中。

7. 根据下列实验写出有关反应方程式:将一瓶 $TiCl_4$ 打开瓶塞时立即冒白烟,向瓶中加入浓 HCl 溶液和金属锌时生成紫色溶液,缓慢地加入 NaOH 溶液直至溶液呈碱性,于是出现紫色沉淀。沉淀过滤后,先用 HNO_3 处理,然后用稀碱溶液处理,生成白色沉淀。

答　(1) 冒白烟是因为 $TiCl_4$ 水解:

$$TiCl_4+H_2O = TiOCl_2+2HCl\uparrow$$

$$TiCl_4+3H_2O = H_2TiO_3+4HCl\uparrow$$

(2) 向瓶中加入浓 HCl 溶液和金属锌时生成紫色溶液:

$$2TiCl_4+Zn = ZnCl_2+2TiCl_3$$

$TiCl_3$ 显紫色。

(3) 缓慢地加入 NaOH 溶液直至溶液呈碱性,出现紫色沉淀:

$$TiCl_3+3NaOH = Ti(OH)_3\downarrow+3NaCl$$

(4) 沉淀过滤后,先用 HNO_3 处理,然后用稀碱溶液处理,生成白色沉淀:

$$Ti(OH)_3+3HNO_3 = TiO(NO_3)_2+NO_2\uparrow+3H_2O$$

$$TiO^{2+}+2OH^- = TiO_2\cdot H_2O$$

8. 利用标准电极电势数据判断 H_2S、SO_2、$SnCl_2$ 和金属铝能否把 TiO^{2+} 还原成 Ti^{3+}。

答　$E^{\ominus}_{TiO_2,H^+/Ti^{3+}}=0.1V$,而 $E^{\ominus}_{Sn^{4+}/Sn^{2+}}=0.15V>0.1V$,$E^{\ominus}_{S,H^+/H_2S}=0.141V>0.1V$,$E^{\ominus}_{SO_4^{2-},H^+/SO_2,H_2O}=0.172V>0.10V$,$E^{\ominus}_{Al^{3+}/Al}=-1.662V<0.1V$,因而 H_2S、SO_2、$SnCl_2$ 均

不能将 TiO^{2+} 还原成 Ti^{3+}，而金属铝可以。

9. 试说明$[Ti(H_2O)_6]^{2+}$、$[Ti(H_2O)_6]^{3+}$和$[Ti(H_2O)_6]^{4+}$中哪些离子不能在水溶液中存在。为什么？

答 $[Ti(H_2O)_6]^{2+}$在水中易被氧化，不能稳定存在。

$[Ti(H_2O)_6]^{3+}$可以在水溶液中稳定存在。

$[Ti(H_2O)_6]^{4+}$在水溶液中强烈水解，不能稳定存在。

10. 怎样鉴别 TiO^{2+} 和 Ti^{3+}？

答 加入过氧化氢，$TiO^{2+}+H_2O_2 \longrightarrow [TiO(H_2O_2)]^{2+}$，在强酸溶液中呈红色、在稀酸溶液或中性溶液中呈橙黄色的是 TiO^{2+}，而 Ti^{3+} 呈紫色。

11. (1) $[Ti(H_2O)_6]^{3+}$在约 490nm 处显示一个较强吸收，试预测$[Ti(NH_3)_6]^{3+}$将吸收较长波长还是较短波长的光，为什么？

(2) 已知$[TiCl_6]^{3-}$在 784nm 处有一宽峰，这是由什么跃迁引起的？该配离子的 Δ_o 值为多少？

答 (1) NH_3 是更强的配体，分裂能更大，因而跃迁吸收波长减小，吸收较短波长的光。

(2) 这是由 d-d 跃迁引起的，该配离子的 Δ_o 值为 $1275cm^{-1}$。

钒

1. 给出合理的解释：

(1) VF_5 是已知的，而 VCl_5 不稳定。

(2) 某些钒(Ⅴ)的化合物，其离子虽为 d^0 结构，但却是有色的。

(3) 钒是过渡元素，而磷是非金属，然而这两种元素有相似之处，请给予说明。

答 (1) V(Ⅴ)具有较强的氧化性，能把 Cl^- 氧化成 Cl_2，却不能氧化 F^-。

(2) 在这些化合物中钒(Ⅴ)存在强的极化作用，如含氧化合物，由于极化作用，氧上的电子向钒(Ⅴ)跃迁(电荷转移跃迁)，导致化合物出现颜色。

(3) 它们最高氧化态都是+5，其最高价氧化物及其含氧酸存在形式和性质也有很多相似之处。例如，当磷酸根和正钒酸根浓度较小、pH>4 时，二者都以质子化单体形式存在，正钒酸根与磷酸根所带电荷相同，质子化程度相同，几何构型相同且大小相近，因而正钒酸根是磷酸根极好的类似物，在许多生化过程中，钒酸根都能与磷酸根进行竞争。

2. 已知 $E_A^{\ominus}$：$E^{\ominus}_{VO_2^+/VO^{2+}}=1.0V$；$E^{\ominus}_{VO^{2+}/V^{3+}}=0.36V$；$E^{\ominus}_{V^{3+}/V^{2+}}=-0.25V$；$E^{\ominus}_{V^{2+}/V}=-1.2V$；分别用 $1mol\cdot L^{-1}$ Fe^{2+}、$1mol\cdot L^{-1}Sn^{2+}$和 Zn 还原 $1mol\cdot L^{-1}VO_2^+$ 时(在酸性溶液中)，最终产物各是什么？

答 由于 $E^{\ominus}_{V^{3+}/V^{2+}}(-0.25V)>E^{\ominus}_{Fe^{2+}/Fe}(-0.44V)>E^{\ominus}_{V^{2+}/V}(-1.2V)$，因此 $1mol\cdot L^{-1}$ Fe^{2+}把 $1mol\cdot L^{-1}$ VO_2^+ 还原成 V^{2+}。

同理可得：Sn^{2+}把 $1mol\cdot L^{-1}$ VO_2^+ 还原成 V^{3+}；Zn 把 $1mol\cdot L^{-1}$ VO_2^+ 还原成 V^{2+}。

3. 完成并配平下列反应方程式：

(1) $V_2O_5 + NaOH \longrightarrow$

(2) $V_2O_5 + HCl(浓) \xrightarrow{\triangle}$

(3) $VO_2^+ + Fe^{2+} + H^+ \longrightarrow$

(4) $VO_2^+ + H_2C_2O_4 + H^+ \longrightarrow$

(5) $V^{2+} + MnO_4^- + H^+ \longrightarrow$

(6) $VO_2^+ + SO_3^{2-} + H^+ \longrightarrow$

(7) $NH_4VO_3 \xrightarrow{\triangle}$

(8) $NH_4VO_3 + H_2SO_4(浓) \longrightarrow$

答 (1) $V_2O_5 + 6NaOH = 2Na_3VO_4 + 3H_2O$

(2) $V_2O_5 + 6HCl(浓) \stackrel{\triangle}{=} 2VOCl_2 + Cl_2\uparrow + 3H_2O$

(3) $VO_2^+ + Fe^{2+} + 2H^+ = VO^{2+} + Fe^{3+} + H_2O$

(4) $2VO_2^+ + H_2C_2O_4 + 2H^+ = 2VO^{2+} + 2CO_2\uparrow + 2H_2O$

(5) $5V^{2+} + 3MnO_4^- + 4H^+ = 5VO_2^+ + 3Mn^{2+} + 2H_2O$

(6) $2VO_2^+ + SO_3^{2-} + 2H^+ = SO_4^{2-} + 2VO^{2+} + H_2O$

(7) $2NH_4VO_3 \stackrel{\triangle}{=} V_2O_5 + 2NH_3\uparrow + H_2O$

(8) $2NH_4VO_3 + H_2SO_4(浓) = 2V_2O_5 + (NH_4)_2SO_4 + H_2O$

4. 可溶性钒(Ⅴ)的化合物在 $1mol \cdot L^{-1}$ 强酸、$0.1mol \cdot L^{-1}$ NaOH 和中性溶液中各以何种形式存在?各呈现什么颜色?

答 强酸溶液中,VO_2^+(黄色);强碱溶液中,VO_4^{3-}(无色);中性溶液中,$V_{10}O_{28}^{6-}$(深红色)。

5. 一橙黄色固体钒的化合物 A,微溶于水,使蓝色石蕊试纸变红,在 A 中滴加 NaOH,A 完全溶解成为无色透明溶液 B,A 不溶于稀 H_2SO_4,但加浓 H_2SO_4 并加热,溶解成为淡黄色溶液 C。指出各字母符号代表的物质,写出有关反应方程式。以上事实可说明 A 的什么性质?

答 A:V_2O_5　　B:Na_3VO_4　　C:$(VO_2)_2SO_4$

$$V_2O_5 + 6NaOH = 2Na_3VO_4 + 3H_2O$$

$$V_2O_5 + H_2SO_4 = (VO_2)_2SO_4 + H_2O$$

说明 A 为两性氧化物,主要显酸性,溶于强碱生成钒酸盐;溶于强酸,生成含钒氧离子的盐。

6. 写出钒的三种同多酸的化学式。

答 $H_6V_{10}O_{28}$,$H_3V_3O_9$,$H_4V_2O_7$。

铬

1. 根据下列实验现象写出相应的化学反应方程式:

(1) 往 $Cr_2(SO_4)_3$ 溶液中滴加 NaOH 溶液,先析出灰蓝色沉淀,后又溶解,再向所得的溶液中加入溴水，溶液由绿色变为黄色，用 H_2O_2 代替溴水也得到同样的结果。

(2) 向黄色的 $BaCrO_4$ 沉淀中加入浓 HCl 得到一种绿色溶液。

(3) 在酸性介质中，用锌还原 $Cr_2O_7^{2-}$ 时，溶液颜色由橙色经绿色而变成蓝色，放置时又变成绿色。

(4) 把 H_2S 通入用 H_2SO_4 酸化的 $K_2Cr_2O_7$ 溶液中，溶液颜色由橙变绿，同时析出白色沉淀。

答 (1)

$$Cr_2(SO_4)_3+6NaOH = Cr_2O_3+3Na_2SO_4+3H_2O$$

$$Cr_2O_3+2NaOH+3H_2O = 2NaCr(OH)_4$$

$$2Cr(OH)_4^-+3Br_2 = 2CrO_4^{2-}+6Br^-+8H^+$$

(2)

$$2BaCrO_4+2HCl = BaCr_2O_7+BaCl_2+H_2O$$

$$BaCr_2O_7+14HCl = BaCl_2+2CrCl_3+3Cl_2+7H_2O$$

(3)

$$Cr_2O_7^{2-}+3Zn+14H^+ = 2Cr^{3+}+3Zn^{2+}+7H_2O$$

$$2Cr^{3+}+Zn = 2Cr^{2+}+Zn^{2+}$$

$$4Cr^{2+}+O_2+4H^+ = 4Cr^{3+}+2H_2O$$

(4)

$$K_2Cr_2O_7+3H_2S+4H_2SO_4 = Cr_2(SO_4)_3+3S\downarrow+7H_2O+K_2SO_4$$

2. 实验室中常用的铬酸洗液如何配制？为什么它有去污能力？如何使用比较合理？失效时有何现象？

答 铬酸洗液的配制方法：称取工业用 $K_2Cr_2O_7$ 固体 25g，溶于 50mL 水中，然后向溶液中缓慢注入 450mL 浓 H_2SO_4，边加边搅拌（注意，切勿将溶液倒入浓 H_2SO_4 中！）。冷却至室温，转入试剂瓶中密封备用。

重铬酸钾在酸性溶液中具有强氧化性，因此具有去污能力。使用时要节约，应随时把盖子盖紧以防吸水降低去污能力。当洗液变成绿色时，即失去去污能力。

3. 为什么碱金属的重铬酸盐在水溶液中的 $pH<7$？

答 因为重铬酸盐只能在酸性条件下存在，否则就转化为铬酸盐。

4. 溶液的 pH 怎样影响铬酸根离子、钼酸根离子和钨酸根离子的组成？

答 当 $pH<7$ 时，CrO_4^{2-} 向 $Cr_2O_7^{2-}$ 转化，主要以 $Cr_2O_7^{2-}$ 形式存在；$pH>7$ 时则主要以 CrO_4^{2-} 形式存在。随着 pH 的升高，CrO_4^{2-} 的量增多。而钼酸根离子或钨酸根离子在降低 pH 时，将逐渐缩聚成多酸根离子，一般 pH 越小，聚合度越大。

5. 如何分离下列离子？

(1) Cr^{3+} 和 Al^{3+}　　(2) Cr^{3+}、Al^{3+} 和 Zn^{2+}

答 (1) 加入氨水，Al^{3+} 生成 $Al(OH)_3$ 沉淀，而 Cr^{3+} 生成 $[Cr(NH_3)_6]^{3+}$。

(2) 首先加入过量的氢氧化钠，各离子转化为酸根形式 CrO_2^-、AlO_2^-、ZnO_2^{2-}；然后煮沸，$Cr(OH)_3$ 沉淀出来；最后加入氨水，分离出 Al^{3+} 和 Zn^{2+}。

6. 在含有 Cl^- 和 CrO_4^{2-} 的混合溶液中逐滴加入 $AgNO_3$ 溶液，当 $[Cl^-]$ 和 $[CrO_4^{2-}]$ 均为 $0.10mol\cdot L^{-1}$ 时，哪种离子先沉淀？当第二种离子沉淀时，第一种离子的浓度是多少？讨论 Ag_2CrO_4 可否作为 Ag^+ 滴定 Cl^- 时的指示剂。

解 查资料：$K^{\ominus}_{sp,AgCl}=1.8\times10^{-10}$，$K^{\ominus}_{sp,Ag_2CrO_4}=2.0\times10^{-12}$。

当 Cl^- 出现沉淀时：

$$[Ag^+]=K^{\ominus}_{sp,AgCl}/[Cl^-]=1.8\times10^{-10}/0.1=1.8\times10^{-9}(mol\cdot L^{-1})$$

当 CrO_4^{2-} 出现沉淀时：

$$[Ag^+]=\sqrt{K^{\ominus}_{sp,Ag_2CrO_4}/[CrO_4^{2-}]}=\sqrt{2.0\times10^{-12}/0.1}=4.5\times10^{-6}(mol\cdot L^{-1})$$

可知 Cl^- 先沉淀。

当 CrO_4^{2-} 沉淀时：

$$[Cl^-]=K^{\ominus}_{sp,AgCl}/[Ag^+]=1.8\times10^{-10}/(4.5\times10^{-6})=4.0\times10^{-5}(mol\cdot L^{-1})$$

显然此时$[Cl^-]\ll0.10mol\cdot L^{-1}$，因此可以用 Ag_2CrO_4 作为 Ag^+ 滴定 Cl^- 时的指示剂。

7. $2CrO_4^{2-}+2H^+ = Cr_2O_7^{2-}+H_2O$，$K^{\ominus}=10^{14}$。在起始浓度为 $1mol\cdot L^{-1}$ 铬酸钾溶液中，pH 是多少时：

(1) 铬酸根离子和重铬酸根离子浓度相等？

(2) 铬酸根离子的浓度占99%？

(3) 重铬酸根离子的浓度占99%？

解 (1) 铬酸根离子和重铬酸根离子浓度相等：

$$[CrO_4^{2-}]=[Cr_2O_7^{2-}]=0.5mol\cdot L^{-1}$$

$$K^{\ominus}=[Cr_2O_7^{2-}]/([CrO_4^{2-}]^2\times[H^+]^2)$$

$$[H^+]^2=[Cr_2O_7^{2-}]/([CrO_4^{2-}]^2\times K^{\ominus})$$

代入数据可得

$$[H^+]^2=2\times10^{-14}$$

$$pH=6.85$$

(2) 铬酸根离子的浓度占99%，即

$$[CrO_4^{2-}]=0.99mol\cdot L^{-1}\qquad[Cr_2O_7^{2-}]=0.01mol\cdot L^{-1}$$

同理，由已知可得

$$[H^+]^2=[Cr_2O_7^{2-}]/([CrO_4^{2-}]^2\times K^{\ominus})$$

代入数据可得

$$[H^+]^2=0.01/(0.99^2\times10^{14})$$

$$pH=7.99$$

(3) 重铬酸根离子的浓度占99%，即

$$[CrO_4^{2-}]=0.01mol\cdot L^{-1}\qquad[Cr_2O_7^{2-}]=0.99mol\cdot L^{-1}$$

同理，由已知可得

$$[H^+]^2=[Cr_2O_7^{2-}]/([CrO_4^{2-}]^2\times K^{\ominus})$$

代入数据可得

$$[H^+]^2=0.99/(0.01^2\times10^{14})$$

$$pH=5.00$$

8. 把重铬酸钾溶液和硝酸银混合，析出什么沉淀？

答 析出铬酸银沉淀。

9. 铬的某化合物 A 是橙红色溶于水的固体，将 A 用浓 HCl 处理产生黄绿色刺激气体 B 和生成暗绿色溶液 C，在 C 中加入 KOH 溶液，先生成灰蓝色沉淀 D，继续加入过量的 KOH 溶液，则沉淀溶解，变成绿色溶液 E。在 E 中加入 H_2O_2，加热则生成黄色溶液 F，F 用稀酸酸化，又变成原来的化合物 A 的溶液。A～F 各是什么？写出各步变化的反应式。

答 A：$K_2Cr_2O_7$ B：Cl_2 C：$CrCl_3$ D：$Cr(OH)_3$ E：$KCrO_2$ F：K_2CrO_4

$$K_2Cr_2O_7+14HCl = 3Cl_2\uparrow+2CrCl_3+7H_2O+2KCl$$

$$CrCl_3+3KOH = Cr(OH)_3+3KCl$$

$$Cr(OH)_3+KOH = KCrO_2+2H_2O$$

$$2KCrO_2+3H_2O_2+2KOH = 2K_2CrO_4+4H_2O$$

$$2CrO_4^{2-}+2H^+ = Cr_2O_7^{2-}+H_2O$$

10. 如何由铬铁矿和硝酸铅制备铬黄染料（$PbCrO_4$）？试设计实验方案并写出反应方程式。

答 （1）以铬铁矿 $Fe(CrO_2)_2$ 为原料，先制 Na_2CrO_4。在碱中完成 Cr（Ⅲ）向Cr（Ⅵ）的转化。

$$4Fe(CrO_2)_2+8Na_2CO_3+7O_2 = 8Na_2CrO_4+2Fe_2O_3+8CO_2$$

（2）去铁：将块状物溶于水，滤去 Fe_2O_3。

（3）加硝酸铅，制得 $PbCrO_4$，过滤，洗涤，干燥。

$$Na_2CrO_4+Pb(NO_3)_2 = PbCrO_4\downarrow+2NaNO_3$$

11. 写出从钨锰矿制备金属钨粉的整个过程。

答 （1）钨锰铁矿（Fe，$MnWO_4$）碱熔。

$$4FeWO_4+4Na_2CO_3+O_2 = 4Na_2WO_4+2Fe_2O_3+4CO_2$$

$$6MnWO_4+6Na_2CO_3+O_2 = 6Na_2WO_4+2Mn_3O_4+6CO_2$$

矿石中的其他杂质，如 Si、P、As 分别转化为 Na_2SiO_3、Na_3PO_4、Na_3AsO_4 等可溶性杂质。

（2）除杂精制 WO_3。加入 $NH_4Cl\text{-}NH_3\cdot H_2O$ 并控制 pH，除去可溶性杂质。

$$SiO_3^{2-}+2H^+ = H_2SiO_3\downarrow$$

$$Mg^{2+}+NH_4^++PO_4^{3-}(\text{或 }AsO_4^{3-})\longrightarrow MgNH_4PO_4\downarrow(\text{或 }MgNH_4AsO_4\downarrow)$$

（3）过滤除杂后，滤液用 HCl 酸化，可得 H_2WO_4 沉淀。

$$WO_4^{2-}+2H^+ = H_2WO_4\downarrow \quad (pH<1)$$

为提高 WO_3 纯度，将 $NH_3\cdot H_2O$ 与 H_2WO_4 反应，蒸发浓缩，制成$(NH_4)_2WO_4$ 晶体，热分解制取 WO_3。

$$H_2WO_4+2NH_3 = (NH_4)_2WO_4$$

$$(NH_4)_2WO_4 \xlongequal{\triangle} WO_3+2NH_3\uparrow+H_2O$$

（4）还原制钨。

$$WO_3+3H_2 \xlongequal{\triangle} W+3H_2O$$

12. 写出下列反应方程式：

(1) 制备无水氯化铬。

(2) 制备 CrO_3。

(3) 在 Fe^{2+} 的水溶液中加入酸性的重铬酸根离子溶液。

(4) 在酸性 $Cr_2O_7^{2-}$ 的溶液中加入 H_2O_2 和乙醚。

(5) 加热重铬酸铵固体。

(6) $K_2Cr_2O_7 + H_2SO_4(浓) \longrightarrow$

(7) $K_2Cr_2O_7 + HCl(浓) \longrightarrow$

答 (1) $Cr_2O_3 + 3CCl_4 = 2CrCl_3 + 3COCl_2$ (N_2 气氛中，>650℃)

或 $2Cr_2O_3 + 3C + 6Cl_2 = 4CrCl_3 + 3CO_2$

(2) $K_2Cr_2O_7 + 2H_2SO_4(浓) = 2CrO_3 + 2KHSO_4 + H_2O$

(3) $Cr_2O_7^{2-} + 6Fe^{2+} + 14H^+ = 6Fe^{3+} + 2Cr^{3+} + 7H_2O$

(4) $Cr_2O_7^{2-} + 4H_2O_2 + 2H^+ = 2CrO(O_2)_2 + 5H_2O$

(5) $(NH_4)_2Cr_2O_7 \xlongequal{\triangle} N_2\uparrow + Cr_2O_3 + 4H_2O$

(6) $K_2Cr_2O_7 + 2H_2SO_4(浓) = 2KHSO_4 + 2CrO_3 + H_2O$

(7) $K_2Cr_2O_7 + 14HCl = 3Cl_2\uparrow + 2CrCl_3 + 7H_2O + 2KCl$

13. 用最简便的方法完成下列转变：

$$Cr^{2+} \longrightarrow Cr^{3+} \longrightarrow CrO_2^- \longrightarrow CrO_4^{2-} \longrightarrow Cr_2O_7^{2-}$$

答

$$4Cr^{2+} + O_2 + 4H^+ = 4Cr^{3+} + 2H_2O$$

$$Cr^{3+} + 3OH^- = Cr(OH)_3$$

$$Cr(OH)_3 + OH^- = CrO_2^- + 2H_2O$$

$$2CrO_2^- + 3H_2O_2 + 2OH^- = 2CrO_4^{2-} + 4H_2O$$

$$2CrO_4^{2-} + 2H^+ = Cr_2O_7^{2-} + H_2O$$

14. 说明下列物质的制备、性质和用途：

(1) $K_2Cr_2O_7$ (2) K_2CrO_4 (3) Cr_2O_3

答 (1) $K_2Cr_2O_7$ 是由铬铁矿借助碱熔法制得的。

$$4FeCr_2O_4 + 8Na_2CO_3 + 7O_2 \xlongequal{\triangle} 8Na_2CrO_4 + 2Fe_2O_3 + 8CO_2$$

以水浸取熔块，过滤分离除去不溶性氧化物等，得到 Na_2CrO_4。再加硫酸酸化使铬酸钠转变成重铬酸钠，并蒸发使 $Na_2Cr_2O_7$ 结晶析出。

$$2Na_2CrO_4 + H_2SO_4 = Na_2Cr_2O_7 + Na_2SO_4 + H_2O$$

在 $Na_2Cr_2O_7$ 中加入 KCl(大于 90%)发生复分解反应，经过除杂质、冷却、结晶、分离、洗涤、干燥，即得成品 $K_2Cr_2O_7$。

$$Na_2Cr_2O_7 + 2KCl = K_2Cr_2O_7 + 2NaCl$$

$K_2Cr_2O_7$ 是橙红色晶体，工业上称为“红矾钾”。主要用于制备铬酐、其他铬盐和铬黄颜料，也用于制造安全火柴、烟火、炸药、油脂漂白剂及制革工业的皮革鞣制和皮革染色等。$K_2Cr_2O_7$ 不含结晶水，用重结晶法提纯后，常用作基准氧化试剂。Cr(Ⅵ)在酸性溶液中是强氧化剂，其还原产物均为 Cr^{3+}。在分析化学中，常用 $K_2Cr_2O_7$ 来测定 Fe 的含量；利用 $K_2Cr_2O_7$ 能将乙醇氧化成乙酸的反应，可以检测司机酒后开车的情况；$K_2Cr_2O_7$ 还被用来配制实验室常用的铬酸洗液，铬酸洗液的氧化性很强，在实验室中用于洗涤玻璃器皿上附着的油污。

(2) K_2CrO_4 可由煅烧氧化方法制备：将铬铁矿和 KOH 在 800℃下进行氧化煅烧，使铬铁矿中的铬氧化成+6 价，生成铬酸钾，与铁分离。

$$4FeCr_2O_4+16KOH+7O_2 \xlongequal{\triangle} 8K_2CrO_4+2Fe_2O_3+8H_2O$$

K_2CrO_4 为黄色斜方晶体，溶于水，不溶于乙醇。有氧化作用。用于鞣革、医药，并用作媒染剂和分析试剂等。可用作硝酸银滴定 Cl^- 的指示剂。

(3) Cr_2O_3 是铬的+3 价氧化物，又称"铬绿"。绿色的 Cr_2O_3 可用金属铬在氧气中燃烧、S 还原重铬酸盐或重铬酸铵分解制得。例如

$$Na_2Cr_2O_7+S \xlongequal{\triangle} Cr_2O_3+Na_2SO_4$$

$$(NH_4)_2Cr_2O_7 \xlongequal{\triangle} Cr_2O_3+N_2\uparrow+4H_2O$$

Cr_2O_3 是暗绿色晶体或绿色粉末，为难熔氧化物，熔点高。Cr_2O_3 与 Al_2O_3 相似，呈现两性，既能溶于酸，也能溶于浓碱，但不溶于水，常用作绿色颜料。它也用于制耐高温陶瓷、用铝热法制备金属铬及有机合成的催化剂。

15. 在 $K_2Cr_2O_7$ 的饱和溶液中加入浓 H_2SO_4，并加热到 200℃时，发现溶液的颜色变为蓝绿色，检查反应开始时，并无任何还原剂存在，试说明上述变化的原因。

答 因为发生了下述反应：

$$K_2Cr_2O_7+2H_2SO_4(浓) \xlongequal{} 2KHSO_4+2CrO_3+H_2O$$

加热条件下：

$$4CrO_3 \xlongequal{} 2Cr_2O_3+3O_2\uparrow \qquad Cr_2O_3+3H_2SO_4(浓) \xlongequal{} Cr_2(SO_4)_3+3H_2O$$

所以溶液的颜色变为蓝绿色。

16. 解释下列现象，并写出有关反应的离子方程式：酸化 K_2CrO_4 溶液，溶液由黄色变成橙色，加入 Na_2S 于溶液时，溶液变成绿色；继续加入 Na_2S 溶液时出现灰绿色沉淀。

答 在溶液中存在下列平衡：

$$2CrO_4^{2-}+2H^+ \rightleftharpoons Cr_2O_7^{2-}+H_2O \qquad K^\ominus=1.2\times10^{14}$$

当向黄色的 CrO_4^{2-} 溶液中加酸时，溶液变为橙色。溶液颜色的转变与 pH 有关，pH 降低时，有利于橙色的 $Cr_2O_7^{2-}$ 形成。

加入 Na_2S 于溶液时：

$$Cr_2O_7^{2-}+3S^{2-}+14H^+ \xlongequal{} 2Cr^{3+}(绿色)+3S\downarrow+7H_2O$$

继续加入 Na_2S，溶液由酸性逐渐变为碱性，$Cr^{3+}+3OH^- \longrightarrow Cr(OH)_3\downarrow$（或者生成的 Cr_2S_3 立即发生水解，溶液出现灰绿色沉淀）。

17. 讨论氢离子浓度对 $2CrO_4^{2-}+2H^+ \xlongequal{} Cr_2O_7^{2-}+H_2O$ 平衡移动的影响。为什么在 $K_2Cr_2O_7$ 溶液加入 Pb^{2+} 会生成黄色的 $PbCrO_4$ 沉淀？

答 氢离子浓度增加，会使平衡向右移动，即 pH 降低时，有利于 $Cr_2O_7^{2-}$ 的形成；pH 增大时，有利于 CrO_4^{2-} 的形成。

在 $K_2Cr_2O_7$ 溶液加入 Pb^2 时，由于 $PbCrO_4$ 的 $K_{sp}^{\ominus}=1.2\times10^{-12}$，很小，产生$PbCrO_4$沉淀，使得溶液中 CrO_4^{2-} 的浓度减少，平衡向左移动，随着 Pb^{2+} 的加入，产生越来越多的黄色 $PbCrO_4$ 沉淀。

18. 用浓 HCl 和 H_2SO_4 分别酸化铬酸钠的溶液，产物应该是什么？写出反应方程式。

答 用浓 HCl 酸化发生下列反应：

$$2CrO_4^{2-}+2H^+ = Cr_2O_7^{2-}+H_2O$$

$$Cr_2O_7^{2-}+14H^++6Cl^- = 3Cl_2+2Cr^{3+}+7H_2O$$

产物为 $CrCl_3$。

用浓 H_2SO_4 酸化发生下列反应：

$$2CrO_4^{2-}+2H^+ = Cr_2O_7^{2-}+H_2O$$

产物为 $Na_2Cr_2O_7$。

19. 在浓度分别为 0.020mol·L^{-1} Cr^{2+} 和 0.030mol·L^{-1} Pb^{2+}的混合液中，如何控制酸度（用 pH 表示）以氢氧化物的沉淀形式加以分离[$K_{sp,Cr(OH)_2}^{\ominus}=1.2\times10^{-15}$；$K_{sp,Pb(OH)_2}^{\ominus}=2.6\times10^{-31}$]？

解 比较 $K_{sp,Cr(OH)_2}^{\ominus}$ 和 $K_{sp,Pb(OH)_2}^{\ominus}$，可知 Pb^{2+} 首先出现沉淀，而当 Pb^{2+} 完全沉淀时：

$$[OH^-]=\sqrt{\frac{K_{sp,Pb(OH)_2}^{\ominus}}{[Pb^{2+}]}}=\sqrt{\frac{2.6\times10^{-31}}{1\times10^{-5}}}=1.6\times10^{-13}(mol\cdot L^{-1})$$

此时 pH=1.20。

当 Cr^{2+} 开始沉淀时：

$$[OH^-]=\sqrt{\frac{K_{sp,Cr(OH)_2}^{\ominus}}{[Cr^{2+}]}}=\sqrt{\frac{1.2\times10^{-15}}{0.02}}=2.4\times10^{-7}(mol\cdot L^{-1})$$

此时 pH=7.38。

因此，将 pH 控制在 1.20～7.38，Pb^{2+} 可以以氢氧化物的沉淀形式加以分离，而 Cr^{2+} 留在溶液中。

20. 设有一液体含有 0.10mol·L^{-1} Ba^{2+} 及 0.10mol·L^{-1} Sr^{2+}，如欲借 K_2CrO_4 试剂使两种离子分离（设残留在溶液中的正离子浓度为 1.0×10^{-5}mol·L^{-1}），CrO_4^{2-} 浓度应控制在何种范围（$K_{sp,BaCrO_4}^{\ominus}=1.6\times10^{-10}$；$K_{sp,SrCrO_4}^{\ominus}=3.5\times10^{-5}$）？

解 因为$[Ba^{2+}]=[Sr^{2+}]$，$K_{sp,BaCrO_4}^{\ominus}<K_{sp,SrCrO_4}^{\ominus}$，而两种沉淀类型相同，所以 $BaCrO_4$ 先析出。

当$[Ba^{2+}]=1.0\times10^{-5}$mol·L^{-1}时：

$[CrO_4^{2-}]=K_{sp,BaCrO_4}^{\ominus}/[Ba^{2+}]=1.6\times10^{-10}/(1.0\times10^{-5})=1.6\times10^{-5}(mol\cdot L^{-1})$

当 $SrCrO_4$ 开始析出时：

$$[CrO_4^{2-}]=K_{sp,SrCrO_4}^{\ominus}/[Sr^{2+}]=3.5\times10^{-5}/0.10=3.5\times10^{-4}(mol\cdot L^{-1})$$

因此，CrO_4^{2-} 浓度应控制在 $1.6\times10^{-5}\sim3.5\times10^{-4}\text{mol}\cdot\text{L}^{-1}$。

21. 计算说明：为什么在碱性介质中 H_2O_2 能将 CrO_2^- 氧化为 CrO_4^{2-}，在酸性介质中 H_2O_2 能将 $Cr_2O_7^{2-}$ 还原为 Cr^{3+}。

解 在碱性介质中：

$$E^\ominus_{H_2O_2/OH^-}=0.87\text{V}\qquad E^\ominus_{CrO_4^{2-}/CrO_2^-}=-0.13\text{V}$$

$$E^\ominus_{H_2O_2/OH^-}>E^\ominus_{CrO_4^{2-}/CrO_2^-}$$

$$E=E^\ominus_{H_2O_2/OH^-}-E^\ominus_{CrO_4^{2-}/CrO_2^-}=1.00\text{V}>0$$

H_2O_2 能将 CrO_2^- 氧化为 CrO_4^{2-}。

在酸性介质中：

$$E^\ominus_{H_2O_2/H_2O}=0.71\text{V}\qquad E^\ominus_{Cr_2O_7^{2-}/Cr^{3+}}=1.33\text{V}$$

$$E^\ominus_{Cr_2O_7^{2-}/Cr^{3+}}>E^\ominus_{H_2O_2/H_2O}$$

$$E=E^\ominus_{Cr_2O_7^{2-}/Cr^{3+}}-E^\ominus_{H_2O_2/H_2O}=0.62\text{V}>0$$

H_2O_2 能将 $Cr_2O_7^{2-}$ 还原为 Cr^{3+}。

22. 电镀废水中 Cr(Ⅵ)的毒性极高，必须设法变成毒性较小的 Cr(Ⅲ)的沉淀物再进行回收处理。能否利用工厂排出的废弃物来进行以废治废？举例加以说明，并写出有关的反应方程式。

答 能。用排放出的铁(Ⅱ)还原 Cr(Ⅵ)，使其变成毒性较小的 Cr(Ⅲ)，再加碱使其沉淀。

$$Cr_2O_7^{2-}+6Fe^{2+}+14H^+=\!=\!=2Cr^{3+}+6Fe^{3+}+7H_2O$$

$$Cr^{3+}+3OH^-=\!=\!=Cr(OH)_3\downarrow$$

23. 用锌还原 $Cr_2O_7^{2-}$ 时，溶液颜色由橙色经绿色而变成蓝色，放置时又变成绿色。

(1) 根据上述实验现象写出相应的化学反应方程式。

(2) 对最后一步"放置时又变为绿色"，目前有两种观点：一种认为是空气中 O_2 引起的；另一种认为是水中的 H^+ 引起的。请利用有关标准电极电势的数据评论这些观点，并作出选择。

答 (1) $Cr_2O_7^{2-}+3Zn+14H^+=\!=\!=2Cr^{3+}+3Zn^{2+}+7H_2O$

$$2Cr^{3+}+Zn=\!=\!=2Cr^{2+}+Zn^{2+}$$

$$4Cr^{2+}+O_2+4H^+=\!=\!=4Cr^{3+}+2H_2O$$

(2) 根据 $O_2+4H^++4e^-=\!=\!=2H_2O$，$E^\ominus=1.229\text{V}$，在此条件下：

$$p_{O_2}=\frac{1}{5}p^\ominus\qquad [H^+]=10^{-7}\text{mol}\cdot\text{L}^{-1}$$

可得

$$E=E^\ominus+\frac{0.0592}{4}\lg\frac{\frac{p_{O_2}}{p^\ominus}\times[H^+]^4}{1}$$

$$E=0.804\text{V}$$

由 $2H^+ + 2e^- = H_2, E^\ominus = 0V$ 可得

$$E = \frac{0.0592}{2}\lg\frac{[H^+]^2}{p_{H_2}/p^\ominus}$$

设 $p_{H_2} = p^\ominus$, $[H^+] = 10^{-7}mol \cdot L^{-1}$,可得 $E = -0.414V$。

$E^\ominus_{Cr^{3+}/Cr^{2+}} = -0.41V$,与溶液中氢离子的电极电势 $E = -0.414V$ 相当,而远小于空气中氧气的电极电势($E = 0.804V$),因此是由氧气引起的。

锰

1. 以二氧化锰为原料制备下列化合物:

(1) 硫酸锰　(2) 锰酸钾　(3)高锰酸钾

答　(1) 二氧化锰在热浓硫酸中放出氧气,生成硫酸锰,硫酸还原成 SO_2 逸出,这样制得的硫酸锰较纯净,将反应后物质稀释、结晶,即可得到纯净的硫酸锰。

$$2MnO_2 + 2H_2SO_4 = 2MnSO_4 + 2H_2O + O_2\uparrow$$

(2) 二氧化锰在较强氧化剂存在下与碱共熔时,可被氧化为锰酸钾。

$$2MnO_2 + 4KOH + O_2 = 2K_2MnO_4 + 2H_2O$$

或

$$3MnO_2 + 6KOH + KClO_3 = 3K_2MnO_4 + KCl + 3H_2O$$

(3) 锰酸钾在水溶液中不稳定,发生歧化反应。一般在弱碱性或中性介质中,歧化反应趋势较小,反应速率也较慢。但在弱酸性介质中,锰酸钾易发生歧化反应,生成高锰酸钾 $KMnO_4$ 和 MnO_2。向含有锰酸钾的溶液中通入二氧化碳气体,可生成高锰酸钾。

$$3K_2MnO_4 + 2CO_2 = 2KMnO_4 + MnO_2\downarrow + 2K_2CO_3$$

然后减压过滤除去 MnO_2,将溶液浓缩,即可析出暗紫色的针状高锰酸钾晶体。

或者电解锰酸钾。

阳极:$2MnO_4^{2-} - 2e^- = 2MnO_4^-$

阴极:$2H_2O + 2e^- = H_2\uparrow + 2OH^-$

总反应:$2K_2MnO_4 + 2H_2O = 2KMnO_4 + 2KOH + H_2\uparrow$

2. 解释下列现象:

(1) 为什么标准的高锰酸钾溶液要保存在棕色瓶中?

(2) 为什么不能用碱熔法从 MnO_2 直接制得 $KMnO_4$?

(3) 通 SO_2 于 $KMnO_4$ 溶液中,先出现棕色沉淀;继续通 SO_2 使沉淀溶解后,溶液几乎为无色。

答　(1) $KMnO_4$ 溶液为紫红色,不稳定,在酸性溶液中明显地分解。

$$4MnO_4^- + 4H^+ = 4MnO_2\downarrow + 3O_2\uparrow + 2H_2O$$

在中性或弱碱性溶液中,$KMnO_4$ 分解十分缓慢。但光会使分解反应加速,故配制的 $KMnO_4$ 标准溶液要存放在棕色瓶中。

(2) 在强碱性条件下锰酸盐较稳定,即 MnO_4^{2-} 能在强碱性溶液中稳定存在,不易歧化生成 $KMnO_4$。因此,用碱熔法从 MnO_2 直接制得的是 K_2MnO_4,只有进一步酸化该溶

液才可得到 $KMnO_4$。

(3)
$$SO_2+H_2O═══SO_3^{2-}+2H^+$$
$$3SO_3^{2-}+2MnO_4^-+2H^+═══3SO_4^{2-}+H_2O+2MnO_2\downarrow\text{（棕色沉淀）}$$
$$MnO_2+SO_3^{2-}+2H^+═══SO_4^{2-}+Mn^{2+}+H_2O\text{（溶液几乎为无色）}$$

3. 根据下列电势图：

$$MnO_4^- \xrightarrow{1.69V} MnO_2 \xrightarrow{1.23V} Mn^{2+} \qquad IO_3^- \xrightarrow{1.19V} I_2 \xrightarrow{0.535V} I^-$$

写出当溶液的 pH=0 时，在下列条件下，高锰酸钾和碘化钾反应的方程式，并加以讨论：

(1) 碘化钾过量。

(2) 高锰酸钾过量。

解 (1) 从电势图可得

$$E^{\ominus}_{IO_3^-/I^-}=(5\times1.19+0.535)/6=1.08(V)$$
$$E^{\ominus}_{MnO_4^-/Mn^{2+}}=(1.69\times3+1.23\times2)/5=1.51(V)$$

显然 $E^{\ominus}_{MnO_4^-/Mn^{2+}}>E^{\ominus}_{IO_3^-/I^-}$，因此 $KMnO_4$ 能把 I^- 氧化为 IO_3^-。但由于 KI 过量，IO_3^- 和 I^- 能反应生成 I_2，I_2 与 I^- 生成 I_3^-，因此结果为

$$2MnO_4^-+16H^++15I^-═══5I_3^-+2Mn^{2+}+8H_2O$$

(2) $KMnO_4$ 过量，I^- 就能被氧化为 IO_3^-。但由于 $KMnO_4$ 过量，MnO_4^- 和 Mn^{2+} 发生归中反应，生成 MnO_2。因此反应式为

$$2MnO_4^-+2H^++I^-═══IO_3^-+2MnO_2+H_2O$$

4. 棕黑色粉末状物 A，不溶于水，不溶于稀 HCl，但溶于浓 HCl，生成浅粉红色溶液 B 及气体 C，将 C 赶净后，加入 NaOH，生成白色沉淀 D，振荡 D 渐渐又转变为 A，将 A 加入 $KClO_3$、浓碱并加热得到绿色溶液 E，加入少量酸，绿色随即褪掉，变为紫色溶液 F，还有少量 A 沉淀出来。经分离后，在 F 中加入酸化的 Na_2SO_3，紫色褪掉变为 B。加入少量 $NaBiO_3$ 固体及 HNO_3，振荡并离心沉淀，又得到紫色溶液 F。确定各字母符号代表的物质，写出反应方程式。

答 A：MnO_2 B：$MnCl_2$ C：Cl_2 D：$Mn(OH)_2$ E：K_2MnO_4 F：$KMnO_4$

$$MnO_2+4H^++2Cl^-═══Mn^{2+}+Cl_2\uparrow+2H_2O$$
$$Mn^{2+}+2OH^-═══Mn(OH)_2\downarrow$$
$$2Mn(OH)_2+O_2═══2MnO_2\downarrow+2H_2O$$
$$3MnO_2+ClO_3^-+6OH^-═══Cl^-+3MnO_4^{2-}+3H_2O$$
$$3MnO_4^{2-}+4H^+═══MnO_2\downarrow+2MnO_4^-+2H_2O$$
$$2MnO_4^-+5SO_3^{2-}+6H^+═══2Mn^{2+}+5SO_4^{2-}+3H_2O$$
$$5NaBiO_3+2Mn^{2+}+14H^+═══5Bi^{3+}+5Na^++2MnO_4^-+7H_2O$$

5. 完成并配平下列反应方程式：

(1) $PbO_2+Mn^{2+}+H^+\longrightarrow$

(2) $NaBiO_3+Mn^{2+}+H^+\longrightarrow$

(3) $MnO_4^- + Cl^- + H^+ \longrightarrow$

(4) $MnO_4^{2-} + SO_3^{2-} \longrightarrow$

(5) $MnO_4^{2-} + H_2O \longrightarrow$

(6) $MnO_4^- + Fe^{2+} + H^+ \longrightarrow$

(7) $MnO_4^- + H_2S + H^+ \longrightarrow$

(8) $MnO_4^- + Mn^{2+} \longrightarrow$

答　(1) $5PbO_2 + 2Mn^{2+} + 4H^+ \!=\!=\!= 5Pb^{2+} + 2MnO_4^- + 2H_2O$

(2) $5NaBiO_3 + 2Mn^{2+} + 14H^+ \!=\!=\!= 5Bi^{3+} + 5Na^+ + 2MnO_4^- + 7H_2O$

(3) $2MnO_4^- + 10Cl^- + 16H^+ \!=\!=\!= 2Mn^{2+} + 8H_2O + 5Cl_2$

(4) $MnO_4^{2-} + SO_3^{2-} + 2H^+ \!=\!=\!= MnO_2 \downarrow + SO_4^{2-} + H_2O$

(5) $3MnO_4^{2-} + 2H_2O \!=\!=\!= 2MnO_4^- + 4OH^- + MnO_2 \downarrow$

(6) $MnO_4^- + 5Fe^{2+} + 8H^+ \!=\!=\!= Mn^{2+} + 5Fe^{3+} + 4H_2O$

(7) $8MnO_4^- + 5H_2S + 14H^+ \!=\!=\!= 8Mn^{2+} + 5SO_4^{2-} + 12H_2O$

(8) $2MnO_4^- + 3Mn^{2+} + 2H_2O \!=\!=\!= 5MnO_2 \downarrow + 4H^+$

6. 在酸性溶液中，当过量的 Na_2SO_3 与 MnO_4^- 反应，为什么 MnO_4^- 总是被还原为 Mn^{2+} 而不能得到 MnO_4^{2-}、MnO_2 或 Mn^{3+}？

答　在酸性条件下，MnO_4^{2-} 易发生歧化反应而生成 MnO_2 和 MnO_4^-，Mn^{3+} 也易发生歧化反应而生成 Mn^{2+} 和 MnO_2。由于 $E^\ominus_{MnO_2/Mn^{2+}} > E^\ominus_{SO_4^{2-}/SO_3^{2-}}$，当 Na_2SO_3 过量时，MnO_2 则完全被还原为 Mn^{2+}。

7. 已知下列电对值：$E^\ominus_{Mn^{3+}/Mn^{2+}} = 1.51V$；$E^\ominus_{[Mn(CN)_6]^{3-}/[Mn(CN)_6]^{4-}} = -0.233V$。通过计算说明锰的这两种氰合配离子的 $K_稳$ 哪个较大。

解
$$E^\ominus_{[Mn(CN)_6]^{3-}/[Mn(CN)_6]^{4-}} = E^\ominus_{Mn^{3+}/Mn^{2+}} + \frac{0.0592}{1}\lg\frac{[Mn^{3+}]}{[Mn^{2+}]}$$
$$= E^\ominus_{Mn^{3+}/Mn^{2+}} + \frac{0.0592}{1}\lg\frac{1/K^\ominus_{稳,[Mn(CN)_6]^{3-}}}{1/K^\ominus_{稳,[Mn(CN)_6]^{4-}}}$$
$$\frac{K^\ominus_{稳,[Mn(CN)_6]^{4-}}}{K^\ominus_{稳,[Mn(CN)_6]^{3-}}} = 10^{(-0.233-1.51)/0.0592} = 10^{-29.44}$$
$$K^\ominus_{稳,[Mn(CN)_6]^{3-}} > K^\ominus_{稳,[Mn(CN)_6]^{4-}}$$

8. 已知下列配合物的磁矩：

	$[Mn(C_2O_4)_3]^{3-}$	$[Mn(CN)_6]^{3-}$
μ/(B. M.)	4.9	2.8

试回答：(1) 中心离子的价层电子对分布；(2) 中心离子的配位数；(3) 估计哪种配合物较稳定？

答　(1) 根据 $\mu = \sqrt{n(n+2)}\mu_B$ 可得 $[Mn(C_2O_4)_3]^{3-}$ 的未成对电子数 $n=4$，同理可得 $[Mn(CN)_6]^{3-}$ 的未成对电子数 $n=2$，则上述两种配合物中心离子的价层电子对分布分别

是 $d_\varepsilon^3 d_\gamma^1$ 和 $d_\varepsilon^4 d_\gamma^0$。

(2) 两者都是 6 配位。

(3) $[Mn(CN)_6]^{3-}$ 稳定，为 Mn(Ⅲ)的唯一低自旋化合物。

9. 计算在下列情况下能否生成 $Mn(OH)_2$ 沉淀：

(1) 10.0mL 0.0015mol·L^{-1} $MnSO_4$ 溶液加 5.0mL 0.15mol·L^{-1} $NH_3 \cdot H_2O$ 溶液。

(2) 在 100mL 0.20mol·L^{-1} $MnCl_2$ 溶液中加入等体积含 NH_4Cl 的0.010mol·L^{-1} $NH_3 \cdot H_2O$ 溶液，计算不生成 $Mn(OH)_2$ 沉淀所需 NH_4Cl 的质量。

解 (1) $NH_3 \cdot H_2O \rightleftharpoons NH_4^+ + OH^- \qquad K_b^\ominus = 1.8\times10^{-5}$

可得

$$[OH^-]=\sqrt{K_b^\ominus c}=\sqrt{1.8\times10^{-5}\times0.15/3}=9.5\times10^{-4}(mol\cdot L^{-1})$$

则

$$\begin{aligned}[OH]^2[Mn^{2+}]&=(9.5\times10^{-4})^2\times0.0015\times2/3\\&=9\times10^{-10}>K^\ominus_{sp,Mn(OH)_2}=1.9\times10^{-13}\end{aligned}$$

因此可以产生沉淀。

(2) 由已知可得

$$[Mn^{2+}]=0.10mol\cdot L^{-1} \qquad [NH_4^+]=0.010/2=0.005(mol\cdot L^{-1})$$

要不产生沉淀，须$[OH]^2<K^\ominus_{sp,Mn(OH)_2}/[Mn^{2+}]$，则$[OH]<1.4\times10^{-6}$ mol·L^{-1}。

设溶液中 NH_4^+ 浓度为 x mol·L^{-1}：

$$NH_3\cdot H_2O \rightleftharpoons NH_4^+ + OH^-$$

平衡时/(mol·L^{-1}) 0.005 x 1.4×10^{-6}

由平衡常数关系式得

$$(1.4\times10^{-6})x/0.005=1.8\times10^{-5}$$

解得

$$x=0.064mol\cdot L^{-1}$$

可加入 NH_4Cl 的质量$=0.064\times0.2\times53.5=0.68$(g)，因此至少要加入 0.68g 的 NH_4Cl。

铁、钴、镍

1. 完成并配平下列反应方程式：

(1) $Co(OH)_2 + H_2O_2 \longrightarrow$

(2) $Ni(OH)_2 + Br_2 + OH^- \longrightarrow$

(3) $FeCl_3 + NaF \longrightarrow$

(4) $FeCl_3 + H_2S \xrightarrow{(H^+)}$

(5) $FeCl_3 + KI \longrightarrow$

(6) $Co_2O_3 + HCl \longrightarrow$

(7) $Fe(OH)_3 + KClO_3 + KOH \xrightarrow{\triangle}$

(8) $K_4Co(CN)_6+O_2+H_2O \longrightarrow$

(9) $K_2FeO_4+NH_3+H_2O \longrightarrow$

答 (1) $2Co(OH)_2+H_2O_2 = 2Co(OH)_3$

(2) $2Ni(OH)_2+Br_2+2OH^- = 2Ni(OH)_3+2Br^-$

(3) $FeCl_3+6NaF = Na_3FeF_6+3NaCl$

(4) $2FeCl_3+H_2S = 2FeCl_2+S\downarrow+2HCl$

(5) $2FeCl_3+2KI = 2FeCl_2+I_2+2KCl$

(6) $Co_2O_3+6HCl = 2CoCl_2+Cl_2\uparrow+3H_2O$

(7) $2Fe(OH)_3+KClO_3+4KOH \xlongequal{\triangle} 2K_2FeO_4+KCl+5H_2O$

(8) $4K_4Co(CN)_6+O_2+2H_2O = 4K_3Co(CN)_6+4KOH$

(9) $2K_2FeO_4+2NH_3+2H_2O = 2Fe(OH)_3+N_2\uparrow+4KOH$

2. 回答下列问题:

(1) 在 Fe^{3+} 的溶液中加入 KNCS 溶液时出现了血红色,但加入少许铁粉后,血红色立即消失。

(2) 在配制的 $FeSO_4$ 溶液中为什么需加一些金属铁?

(3) 为什么不能在水溶液中由 Fe^{3+} 盐和 KI 制得 FeI_3?

(4) 当 Na_2CO_3 溶液作用于 $FeCl_3$ 溶液时为什么得到的是氢氧化铁,而不是 $Fe_2(CO_3)_3$?

(5) 变色硅胶含有什么成分?为什么干燥时呈蓝色,吸水后变粉红色?

(6) 为什么 $[CoF_6]^{3-}$ 为顺磁性,而 $[Co(CN)_6]^{3-}$ 为抗磁性?

(7) 为什么 $[Fe(CN)_6]^{3-}$ 为低自旋,而 $[FeF_6]^{3-}$ 为高自旋?

(8) 为什么 $[Co(H_2O)_6]^{3+}$ 的稳定性比 $[Co(NH_3)_6]^{3+}$ 低得多(用晶体场理论解释)?

(9) 为什么将 FeO 溶解在酸化的 H_2O_2 溶液中,与此同时会从溶液中放出氧气?

答 (1) $Fe^{3+}+nNCS^- = [Fe(NCS)_n]^{3-n}$ 血红色($n=1\sim6$,随 NCS^- 浓度而异)当加入铁粉后,铁粉将 $[Fe(NCS)_n]^{3-n}$ 还原,因此血红色消失。

$$2[Fe(NCS)_n]^{3-n}+Fe = 3Fe^{2+}+2nNCS^-$$

(2) 主要防止 Fe^{2+} 被空气中的氧气氧化成 Fe^{3+}。

$$2Fe^{3+}+Fe = 3Fe^{2+}$$

(3) 因为 $E^{\ominus}_{Fe^{3+}/Fe^{2+}} > E^{\ominus}_{I_2/I^-}$,所以在水中,$Fe^{3+}$ 能将 I^- 氧化成 I_2。

$$2Fe^{3+}+2I^- = 2Fe^{2+}+I_2$$

(4) 因为 Na_2CO_3 溶液会发生水解,$CO_3^{2-}+H_2O = HCO_3^-+OH^-$,溶液中 $[CO_3^{2-}]$ 和 $[OH^-]$ 差不多,且氢氧化铁的溶解度远小于碳酸铁,所以在水溶液中只产生氢氧化铁沉淀。

$$3Na_2CO_3+2FeCl_3+3H_2O = 2Fe(OH)_3\downarrow+3CO_2\uparrow+6NaCl$$

(5) 变色硅胶含有少量 $CoCl_2$,$CoCl_2$ 由于化合物中所含结晶水的数目不同而呈现不同颜色。

$$\underset{\text{(粉红色)}}{CoCl_2\cdot 6H_2O} \xrightleftharpoons{325K} \underset{\text{(紫红色)}}{CoCl_2\cdot 2H_2O} \xrightleftharpoons{363K} \underset{\text{(蓝紫色)}}{CoCl_2\cdot H_2O} \xrightleftharpoons{393K} \underset{\text{(蓝色)}}{CoCl_2}$$

制备硅胶时加入少量$CoCl_2$，经烘干后硅胶呈蓝色，其中$CoCl_2$可表示干燥剂的吸湿情况。当干燥硅胶吸水后，逐渐由蓝色变为粉红色，再经烘干驱水又能重复使用。

(6) 由于F^-具有强的电负性，不易提供孤对电子，对中心离子Co^{3+} d电子排列影响不大，使其电子排布不发生变化，因此$[CoF_6]^{3-}$呈外轨型，有4个单电子。相反CN^-电负性较小，容易给出孤对电子，对中心离子Co^{3+} d电子排列影响大，使其电子排布发生变化，因此$[Co(CN)_6]^{3-}$呈内轨型，有0个单电子。

(7) 根据配合物晶体场理论中的光谱化学序列，CN^-为强场，其分裂能大于成对能，因此为低自旋；而F^-为弱场，其分裂能小于成对能，因此为高自旋。

(8) 根据光谱化学序列，H_2O属于弱场，而NH_3属于中等强度场，因此$[Co(NH_3)_6]^{3+}$比较稳定。

(9) FeO被酸溶解的同时被H_2O_2氧化成Fe^{3+}，Fe^{3+}催化H_2O_2歧化放出氧气。

$$2FeO+6H^+ +H_2O_2 \longrightarrow 2Fe^{3+} +4H_2O$$

$$2H_2O_2 \longrightarrow 2H_2O+O_2\uparrow \quad (Fe^{3+}\text{催化})$$

总反应：$$2FeO+6H^+ +3H_2O_2 \longrightarrow 2Fe^{3+} +6H_2O+O_2\uparrow$$

3. 用反应式说明下列实验现象：

向含有Fe^{2+}的溶液中加入NaOH溶液后生成的白绿色沉淀逐渐变棕红色。过滤后，用盐酸溶解棕色沉淀，溶液呈黄色。加上几滴KNCS溶液，立即变血红色，通入SO_2时红色消失，滴加$KMnO_4$溶液，其紫色会褪去，最后加入黄血盐溶液时，生成蓝色沉淀。

答 $Fe^{2+} +2OH^- \longrightarrow Fe(OH)_2\downarrow$ 白色沉淀，遇氧气部分被氧化变成浅绿色

$4Fe(OH)_2+O_2+2H_2O \longrightarrow 4Fe(OH)_3$ 变成棕色

$Fe(OH)_3+3HCl \longrightarrow FeCl_3+3H_2O$ 变成黄色

$FeCl_3+NCS^- \longrightarrow [FeNCS]^{2+} +3Cl^-$ 血红色

$2[FeNCS]^{2+} +SO_2+2H_2O \longrightarrow 2Fe^{2+} +SO_4^{2-} +4H^+ +2NCS^-$ 血红色消失

$5Fe^{2+} +MnO_4^- +8H^+ \longrightarrow Mn^{2+} +5Fe^{3+} +4H_2O$ 紫色褪去

$Fe^{3+} +[Fe(CN)_6]^{4-} +K^+ \longrightarrow KFe[Fe(CN)_6]$ 蓝色沉淀

4. 指出下列实验现象，并写出反应式：

(1) 用浓盐酸处理$Fe(OH)_3$、$Co(OH)_3$和$Ni(OH)_3$。

(2) 在$FeSO_4$、$CoSO_4$和$NiSO_4$溶液中加入氨水。

答 (1) 用浓盐酸处理$Fe(OH)_3$棕色沉淀溶解，得到黄色溶液。

$$Fe(OH)_3+3HCl \longrightarrow FeCl_3+3H_2O$$

用浓盐酸处理$Co(OH)_3$棕褐色沉淀溶解，得到粉红色溶液，并有刺激性气体生成。

$$2Co(OH)_3+2Cl^- +6H^+ +6H_2O \longrightarrow 2[Co(H_2O)_6]^{2+} +Cl_2\uparrow$$

盐酸过量，溶液变蓝。

$$[Co(H_2O)_6]^{2+} +4Cl^- \longrightarrow [CoCl_4]^{2-} +6H_2O$$

用浓盐酸处理$Ni(OH)_3$黑色沉淀溶解，得到绿色溶液，并有刺激性气体生成。

$$2Ni(OH)_3+2Cl^- +6H^+ +6H_2O \longrightarrow 2[Ni(H_2O)_6]^{2+} +Cl_2\uparrow$$

(2) 加氨水至$FeSO_4$溶液中时，因溶液中有氧气，得到浅绿色沉淀，沉淀在空气中缓

慢变成棕色。

$$Fe^{2+} + 2NH_3 + 2H_2O = Fe(OH)_2 \downarrow + 2NH_4^+$$

$$4Fe(OH)_2 + O_2 + 2H_2O = 4Fe(OH)_3$$

加氨水至 $CoSO_4$ 溶液中时,先有蓝绿色沉淀生成,氨水过量时沉淀溶解得到棕黄色溶液,在空气放置,溶液颜色略变深。

$$2Co^{2+} + 2NH_3 + 2H_2O + SO_4^{2-} = Co(OH)_2 \cdot CoSO_4 \downarrow + 2NH_4^+$$

$$Co(OH)_2 \cdot CoSO_4 + 2NH_4^+ + 10NH_3 = 2[Co(NH_3)_6]^{2+} + SO_4^{2-} + 2H_2O$$

$$4[Co(NH_3)_6]^{2+} + O_2 + 2H_2O = 4[Co(NH_3)_6]^{3+} + 4OH^-$$

加氨水至 $NiSO_4$ 溶液中时,先有绿色沉淀生成,氨水过量时绿色沉淀溶解,生成蓝色的 $[Ni(NH_3)_6]^{2+}$。

$$2Ni^{2+} + 2NH_3 + 2H_2O + SO_4^{2-} = Ni(OH)_2 \cdot NiSO_4 \downarrow + 2NH_4^+$$

$$Ni(OH)_2 \cdot CoSO_4 + 2NH_4^+ + 10NH_3 = 2[Ni(NH_3)_6]^{2+} + SO_4^{2-} + 2H_2O$$

5. 如何鉴别 Fe^{3+}、Fe^{2+}、Co^{2+} 和 Ni^{2+}?

答　鉴别 Fe^{3+}:

Fe^{3+} 遇 NCS^- 变成血红色。

$$Fe^{3+} + NCS^- = [FeNCS]^{2+}$$

Fe^{3+} 遇 $K_4[Fe(CN)_6]$ 变成蓝色。

$$Fe^{3+} + K^+ + [Fe(CN)_6]^{4-} = KFe[Fe(CN)_6]$$

鉴别 Fe^{2+}:

Fe^{2+} 遇 $K_3[Fe(CN)_6]$ 变成蓝色。

$$Fe^{2+} + K^+ + [Fe(CN)_6]^{3-} = KFe[Fe(CN)_6]$$

Fe^{2+} 可使酸性高锰酸钾溶液褪色。

$$5Fe^{2+} + MnO_4^- + 8H^+ = Mn^{2+} + 5Fe^{3+} + 4H_2O$$

鉴别 Co^{2+}:

Co^{2+} 遇 SCN^- 作用后用乙醚萃取,乙醚层为蓝色。

$$Co^{2+} + 4SCN^- = [Co(SCN)_4]^{2-}$$

Co^{2+} 遇 NaOH 先有蓝色沉淀生成,加 H_2O_2,沉淀逐渐变为粉红色。

$$Co^{2+} + 2OH^- = Co(OH)_2 \downarrow$$

$$2Co(OH)_2 + H_2O_2 = 2Co(OH)_3$$

鉴别 Ni^{2+}:

Ni^{2+} 遇到少量氨水反应生成绿色沉淀,氨水过量时沉淀溶解得蓝色溶液。

$$Ni^{2+} + 2OH^- = Ni(OH)_2 \downarrow$$

$$Ni(OH)_2 + 6NH_3 = [Ni(NH_3)_6]^{2+} + 2OH^-$$

Ni^{2+} 与丁二酮肟(镍试剂)在稀氨水溶液中能形成二丁二酮肟合镍(Ⅱ),它是一种鲜红色沉淀,是检验 Ni^{2+} 的特征反应。反应的适宜 pH 为 5～10,太高有 $Ni(OH)_2$ 沉淀产生,太低则螯合物分解。

$$Ni^{2+} + 2\ \begin{array}{l} H_3C-C{=}N-OH \\ \qquad\ | \\ H_3C-C{=}N-OH \end{array} + 2NH_3 \longrightarrow \begin{array}{ccccc} & O & -H\cdots & O & \\ & | & & | & \\ H_3C-C & {=}N & \rightarrow Ni \leftarrow & N{=} & C-CH_3 \\ | & & & & | \\ H_3C-C & {=}N & \nearrow\ \ \nwarrow & N{=} & C-CH_3 \\ & | & & | & \\ & O & \cdots H- & O & \end{array} + 2NH_4^+$$

6. 已知$[Co(NH_3)_6]Cl_x$ 是反磁性的，而$[Co(NH_3)_6]Cl_y$ 是顺磁性的。试判断这些化合物中钴的氧化态。x、y 的值为多少?

答 因为$[Co(NH_3)_6]Cl_x$ 是反磁性的，则中心离子 Co 为低自旋，单电子数为 0，可以推出 Co 离子 d 轨道应该有 6 个电子，可得 Co 氧化态为$+3$，$x=3$；同理$[Co(NH_3)_6]Cl_y$ 是顺磁性的，有单电子，可得出 Co 离子 d 轨道应该有 7 个电子，可得 Co 氧化态为$+2$，$y=2$。

7. 金属 M 溶于稀盐酸时生成 MCl_2，其磁性为 5.0B. M. 。在无氧操作条件下，MCl_2 溶液遇 NaOH 溶液，生成一白色沉淀 A。A 接触空气就逐渐变绿，最后变成棕色沉淀 B，灼烧时生成了棕红色粉末 C。C 经不彻底还原而生成了铁磁性的黑色物 D。B 溶于稀盐酸生成溶液 E，使 KI 溶液氧化成 I_2，但在加入 KI 前先加入 NaF，则 KI 将不被 E 所氧化。若向 B 的浓 NaOH 悬浮液中通入 Cl_2 气时可得到一紫红色溶液 F，加入 $BaCl_2$ 时就会沉淀出红棕色固体 G，G 是一种强氧化剂。试确认各字母符号所代表的化合物，并写出反应方程式。

答 A：$Fe(OH)_2$ B：$Fe(OH)_3$ C：Fe_2O_3 D：Fe_3O_4 E：$FeCl_3$ F：Na_2FeO_4 G：$BaFeO_4$

$$Fe + 2HCl = FeCl_2 + H_2\uparrow$$
$$Fe^{2+} + 2OH^- = Fe(OH)_2\downarrow$$
$$4Fe(OH)_2 + O_2 + 2H_2O = 4Fe(OH)_3$$
$$2Fe(OH)_3 \xlongequal{灼烧} Fe_2O_3 + 3H_2O$$
$$3Fe_2O_3 + H_2 = 2Fe_3O_4 + H_2O$$
$$Fe(OH)_3 + 3H^+ = Fe^{3+} + 3H_2O$$
$$2Fe^{3+} + 2I^- = 2Fe^{2+} + I_2$$
$$2Fe(OH)_3 + 3Cl_2 + 10OH^- = 2FeO_4^{2-} + 8H_2O + 6Cl^-$$
$$FeO_4^{2-} + Ba^{2+} = BaFeO_4\downarrow$$

8. 有一配位化合物是由 Co^{3+}、NH_3 分子和 Cl^- 所组成，从 11.67g 该配位化合物中沉淀出 Cl^-，需要 8.5g $AgNO_3$，又分解同样量的该配位化合物可得到 4.48L 氨气(标准状态下)。已知该配位化合物的相对分子质量为 233.3，求它的化学式，并指出其内界、外界的组成。

解 由已知可设未知配合物为 X，可得

$$n_X = 11.67/233.3 = 0.05(\text{mol})$$

1mol X 中含有 $n_{NH_3} = 4.48/(22.4 \times 0.05) = 4(\text{mol})$

1mol X 外界中含有 $n_{Cl^-} = n_{AgNO_3} = 8.5/(180 \times 0.05) = 1(\text{mol})$

根据电中性原则,可得内界必须还有 2mol Cl^-。

因此,可得化学式$[Co(NH_3)_4Cl_2]Cl$,内界为$[Co(NH_3)_4Cl_2]^+$,外界为 Cl^-。

9. 试从热力学观点出发推测下列配离子哪个毒性最大:$[Cr(CN)_6]^{3-}$、$[Fe(CN)_6]^{3-}$和$[Fe(CN)_6]^{4-}$。

答　从热力学观点出发推测配离子毒性,依据配合物的稳定常数大小来比较。已知$K^{\ominus}_{稳,[Fe(CN)_6]^{3-}} = 1.0 \times 10^{42}$,$K^{\ominus}_{稳,[Fe(CN)_6]^{4-}} = 1.0 \times 10^{35}$,因此从热力学上看$[Fe(CN)_6]^{3-}$与$[Fe(CN)_6]^{4-}$都是非常稳定的物质,难以解离出 CN^-,而$[Cr(CN)_6]^{3-}$的 $K^{\ominus}_{稳}$较小,最易解离出 CN^-,因而毒性最大。

10. 在 0.1mol·L^{-1} Fe^{3+}溶液中加入足量的铜屑,室温下反应达到平衡,求 Fe^{2+}、Fe^{3+}和 Cu^{2+}的浓度。

解　设反应达到平衡时,溶液中 Fe^{3+}的浓度为 $x$mol·L^{-1},已知

$$E^{\ominus}_{Cu^{2+}/Cu} = 0.521\text{V} \qquad E^{\ominus}_{Fe^{3+}/Fe^{2+}} = 0.77\text{V}$$

$$\Delta E^{\ominus} = 0.77 - 0.521 = 0.249(\text{V})$$

该反应很彻底。则

	$2Fe^{3+} + Cu$ ═══	$2Fe^{2+}$	+	Cu^{2+}
平衡时/(mol·L^{-1})	x	$0.2-x$		$0.1-x$

反应达到平衡时:

$$E = E^{\ominus} + \frac{0.0592}{2}\lg\frac{[Cu^{2+}][Fe^{2+}]^2}{[Fe^{3+}]^2}$$

$$= 0.249 + 0.0296\lg\frac{(0.1-x)(0.2-x)^2}{x^2} = 0$$

解得

$$x = 1.0 \times 10^{-5}\ \text{mol} \cdot \text{L}^{-1}$$

因此,溶液中 Fe^{3+}的浓度为 1.0×10^{-5} mol·L^{-1},Fe^{2+}和 Cu^{2+}的浓度分别为 0.2mol·L^{-1}和 0.1mol·L^{-1}。

11. $[Co(NH_3)_6]^{3+}$和 Cl^-能共存于同一溶液中,而$[Co(H_2O)_6]^{3+}$和 Cl^-却不能共存于同一溶液中,请根据有关数据给予解释(指氧化还原稳定性)。

答　查有关数据可得

$$E^{\ominus}_{[Co(NH_3)_6]^{3+}/[Co(NH_3)_6]^{2+}} = 0.1\text{V} \qquad E^{\ominus}_{Cl_2/Cl^-} = 1.3595\text{V}$$

$$E^{\ominus}_{[Co(H_2O)_6]^{3+}/[Co(H_2O)_6]^{2+}} = 1.84\text{V}$$

显然可以看到

$$E^{\ominus}_{[Co(NH_3)_6]^{3+}/[Co(NH_3)_6]^{2+}} < E^{\ominus}_{Cl_2/Cl^-} \qquad E^{\ominus}_{[Co(H_2O)_6]^{3+}/[Co(H_2O)_6]^{2+}} > E^{\ominus}_{Cl_2/Cl^-}$$

因此,$[Co(NH_3)_6]^{3+}$和 Cl^-能共存于同一溶液中,而$[Co(H_2O)_6]^{3+}$和 Cl^-却不能共存于同一溶液中。

12. 用反应方程式表示下列实验现象：

(1) 在血红色的 $Fe(NCS)_3$ 溶液中加入 $ZnCl_2$ 溶液无变化，加入 $SnCl_2$ 溶液血红色褪去。

(2) 用 NH_4SCN 溶液检出 Co^{2+} 时，加入 NH_4F 可消除 Fe^{3+} 的干扰。

(3) Fe^{2+} 溶液加入 NO_2^- 形成棕黑色溶液(保持酸性介质且 Fe^{2+} 过量)。

答 (1) $ZnCl_2$ 不能还原 $Fe(NCS)_3$。而加入 $SnCl_2$ 溶液后，$SnCl_2$ 将 $Fe(NCS)_3$ 还原为 Fe^{2+} 而使血红色消失。

$$2Fe(NCS)_3 + Sn^{2+} = Sn^{4+} + 2Fe^{2+} + 6NCS^-$$

(2) 因为 F^- 比 NCS^- 更能与 Fe^{3+} 形成稳定的配合物[$K^\ominus_{稳,FeF_3} = 10^{12}$，$K^\ominus_{稳,Fe(NCS)_3} = 10^5$]，但却不能与 Co^{2+} 形成稳定的配合物，因此加入 NH_4F 可消除 Fe^{3+} 的干扰。

(3) NO_2^- 有氧化性，在酸性溶液中能将 Fe^{2+} 氧化成 Fe^{3+}，本身则还原为 NO。NO 能与 Fe^{2+} 反应生成棕黑色(或深棕色)的 $Fe(NO)^{2+}$。

$$Fe^{2+} + NO_2^- + 2H^+ = Fe^{3+} + H_2O + NO\uparrow$$

$$Fe^{2+} + NO = Fe(NO)^{2+}$$

13. 如何分离 Ni^{2+} 与 Mn^{2+}？如何鉴别它们？

答

$$\left.\begin{matrix} Ni^{2+} \\ Mn^{2+} \end{matrix}\right. \xrightarrow{加入氨水} \begin{cases} [Ni(NH_3)_6]^{2+}(蓝色) \\ MnO_2\downarrow(分离) \end{cases}$$

鉴别：加丁二酮肟，产生鲜红色沉淀的是 Ni^{2+}；加碱产生白色沉淀，后沉淀又慢慢变成棕色的是 Mn^{2+}。

14. 含有 $ZnSO_4$ 109g·L^{-1} 的溶液，其主要杂质 Fe^{3+} 的含量为 0.056g·L^{-1}，若以 $Fe(OH)_3$ 形式沉淀除去，溶液的 pH 应控制在何范围[$K^\ominus_{sp,Fe(OH)_3} = 1.1\times10^{-36}$，$K^\ominus_{sp,Zn(OH)_2} = 1.8\times10^{-14}$]？

解 由已知可得

$$[ZnSO_4] = 109/161 = 0.677(mol\cdot L^{-1})$$

当 Zn^{2+} 开始出现沉淀时：

$$[OH^-] = \sqrt{\frac{K^\ominus_{sp,Zn(OH)_2}}{[Zn^{2+}]}} = \sqrt{\frac{1.8\times10^{-14}}{0.677}} = 1.6\times10^{-7}(mol\cdot L^{-1})$$

$$pH = 7.20$$

而当 Fe^{3+} 完全除去时，$[Fe^{3+}] = 1\times10^{-5}$ mol·L^{-1}，此时

$$[OH^-] = \sqrt[3]{\frac{K^\ominus_{sp,Fe(OH)_3}}{[Fe^{3+}]}} = \sqrt[3]{\frac{1.1\times10^{-36}}{1\times10^{-5}}} = 4.8\times10^{-11}(mol\cdot L^{-1})$$

$$pH = 3.68$$

因此，pH 控制在 3.68～7.20。

15. 通过计算说明：

(1) 为什么可用 $FeCl_3$ 溶液腐蚀印刷电路铜板？

(2) 为什么 HNO_3 与铁反应得到的是 $Fe^{3+}(aq)$ 而不是 $Fe^{2+}(aq)$?

答 (1) 因为 $E^\ominus_{Fe^{3+}/Fe^{2+}} = 0.771V > E^\ominus_{Cu^{2+}/Cu} = 0.521V$,所以 $FeCl_3$ 溶液能溶解铜。

$$2Fe^{3+} + Cu = 2Fe^{2+} + Cu^{2+}$$

(2) 因为 $E^\ominus_{HNO_3/NO} = 0.957V > E^\ominus_{Fe^{3+}/Fe^{2+}} = 0.771V$,所以溶液中不可能存在 $Fe^{2+}(aq)$。

16. Fe^{3+} 在水解过程中将生成哪些产物?加热对 Fe^{3+} 的水解有何作用?

答 Fe^{3+} 盐溶于水后都容易水解,由于 Fe^{3+} 有较高的正电场,离子半径为 60pm,有较大的电荷半径比,因此在水溶液中明显地水解,使溶液显酸性。

水解过程复杂,首先发生逐级水解:

$$\underset{\text{(淡紫色)}}{[Fe(H_2O)_6]^{3+}} + H_2O \rightleftharpoons \underset{\text{(黄色)}}{[Fe(OH)(H_2O)_5]^{2+}} + H_3O^+ \quad K^\ominus \approx 2\times10^{-3}$$

$$[Fe(OH)(H_2O)_5]^{2+} + H_2O \rightleftharpoons [Fe(OH)_2(H_2O)_4]^+ + H_3O^+$$

pH 增大,羟基离子缩合成二聚的羟桥配合物 $[Fe(H_2O)_4(OH)_2Fe(H_2O)_4]^{4+}$,进一步形成可溶的多聚体,溶液颜色由黄棕色变为深棕色,最终析出红棕色胶状沉淀 $Fe_2O_3 \cdot xH_2O$[通常写成 $Fe(OH)_3$]。

将溶液加热,能促进 Fe^{3+} 的水解。

17. 蒸发氯化铁溶液能否得到无水氯化铁固体?为什么?蒸干后的产物可能是什么?

答 蒸发氯化铁溶液不能得到无水氯化铁固体。

因为加热会促进氯化铁溶液水解,使其生成 $Fe(OH)_3$。

$$Fe^{3+} + 3H_2O = Fe(OH)_3\downarrow + 3H^+$$

在加热条件下:

$$2Fe(OH)_3 = Fe_2O_3 + 3H_2O$$

蒸干后产物可能为 Fe_2O_3。

18. 有两个化合物的分子式都是 $CoBr(SO_4)(NH_3)_5$。一个是红色的化合物,将它溶于水在所得溶液中加入 $AgNO_3$ 溶液时产生 AgBr 沉淀,但加入 $BaCl_2$ 时则没有沉淀生成。另一个是紫色的化合物,与 $BaCl_2$ 产生沉淀但与 $AgNO_3$ 不生成沉淀。根据上述实验现象:(1) 确定这两个化合物的结构式;(2) 命名这两个化合物。

答 红色的化合物溶于水,在所得溶液中加入 $AgNO_3$ 溶液时产生 AgBr 沉淀,但加入 $BaCl_2$ 时则没有沉淀生成,说明 Br^- 在配合物的外界,SO_4^{2-} 处于配合物的内界,则该红色化合物为 $[Co(NH_3)_5SO_4]Br$,溴化硫酸·五氨合钴(Ⅲ)。

紫色的化合物与 $BaCl_2$ 产生沉淀,但与 $AgNO_3$ 不生成沉淀,说明 SO_4^{2-} 处于配合物的外界,Br^- 在配合物的内界,因此紫色的化合物为 $[Co(NH_3)_5Br]SO_4$,硫酸一溴·五氨合钴(Ⅲ)。

19. Fe^{3+} 与 SCN^- 可形成一种血红色的配合物。Fe^{3+} 与 SCN^- 中的哪一端配位会更加稳定?用什么实验手段来确证?

答 SCN^- 为异齿双基配位体,由于它们分别有两个给予体原子,且两者软硬度不同,根据 HSAB 原则,给电子原子 N 属硬碱配位体,亲硬酸;S 则属软碱配位体,亲软酸。

Fe^{3+} 与 SCN^- 为硬酸与硬碱结合，因而 N 端配位更加稳定。可以用红外光谱法确证：为了确定 SCN^- 基团在配合物中的 M—L 成键方式，注意两条特征谱带，即位于 $2050cm^{-1}$ 附近的 C≡N 伸缩振动带与 $750cm^{-1}$ 的 C—S 伸缩振动带。一般来说，在硫氰酸根配合物中，C≡N 键比自由 SCN^- 中的 C≡N 键有所增强，而 C—S 键的强度则有一定减弱；在异硫氰酸根配合物中，则 C≡N 键强度变化较小，而 C—S 键强度增大；因此前者的 $\nu_{C\equiv N}$ 通常大于 $2100cm^{-1}$，而后者的 $\nu_{C\equiv N}$ 通常小于 $2100cm^{-1}$。

20. 研究表明用高铁酸盐作消毒饮用水优于氯气，有可能成为氯源消毒和净水剂的替代品。简述用高铁酸盐作消毒饮用水的基本原理。

答 FeO_4^{2-} 只能在强碱性介质中稳定存在；在水或酸性介质中不稳定，会放出氧气。

$$4FeO_4^{2-}+20H^+ \xlongequal{} 4Fe^{3+}+3O_2\uparrow+10H_2O$$

高铁酸盐具有强氧化性，具有杀菌消毒作用，杀菌消毒机理是通过其强烈的氧化作用，破坏细菌的某些结构（如细胞壁、细胞膜），以及细胞结构中的一些物质（如酶等），抑制和阻碍蛋白质及核酸的合成，使菌体的生长和繁殖受阻，起到杀死菌体的作用，同时生成 $Fe(OH)_3$ 胶体，具有吸附性，能除污。高铁酸钾具有氧化和絮凝双重功能，是安全性更高的水处理剂，它用于饮用水消毒不会产生有害的金属离子及三氯甲烷、氯代酚衍生物等，因此可作为一种优良的水处理剂的替代品。

21. $FeCl_3$ 的蒸气中存在双聚分子，画出它的结构式，确定其杂化类型。$FeCl_3$ 易溶于有机溶剂的原因是什么？

答 $FeCl_3$ 的蒸气中存在双聚分子的结构式如下：

```
Cl      Cl      Cl
  \    /  \    /
   Fe        Fe
  /    \  /    \
Cl      Cl      Cl
```

其中 Fe^{3+} 为 sp^3 杂化，Fe^{3+} 由于具有较大的离子势（电荷半径比），对氯离子的极化作用比较强，因此 Fe—Cl 键具有较多的共价成分，所以易溶于有机溶剂。

22. 某过渡金属氧化物 A 溶于浓 HCl 后得溶液 B 和气体 C。C 通入 KI 溶液后用 CCl_4 萃取生成物，CCl_4 层出现紫红色。B 加入 KOH 溶液后析出粉红色沉淀。B 遇过量氨水时得不到沉淀。B 加入 KSCN 时生成蓝色溶液。试判断 A 是什么氧化物。

答 A 为三氧化二钴（Co_2O_3）。

$$Co_2O_3+6HCl \xlongequal{} 2CoCl_2+Cl_2\uparrow+3H_2O$$

$$Cl_2+2I^- \xlongequal{} 2Cl^-+I_2$$

$$Co^{2+}+2OH^- \xlongequal{} Co(OH)_2\downarrow$$

$$Co^{2+}+6NH_3\cdot H_2O \xlongequal{} [Co(NH_3)_6]^{2+}+6H_2O$$

$$Co^{2+}+4SCN^- \xlongequal{} [Co(SCN)_4]^{2-}$$

第 11 章　过渡元素(二)

一、学习要点

(1) 第二、第三过渡系元素的电子层结构特点。

(2) 第二、第三过渡系元素的氧化态、配位性的特点。

(3) 钼、钨的氧化物的制备。

(4) 钼、钨的多酸及其盐的结构与性质。

(5) 顺铂的制备与性质。

(6) 铂、钯的催化性能。

二、重要化学方程式

$$ZrCl_4 + 9H_2O = ZrOCl_2 \cdot 8H_2O + 2HCl$$

$$(NH_4)_2[ZrF_6] = ZrF_4 + 2NH_3\uparrow + 2HF\uparrow$$

$$2NbOCl_3 + (x+3)H_2O = Nb_2O_5 \cdot xH_2O + 6HCl$$

$$MoO_3 + 2NH_3 \cdot H_2O = (NH_4)_2MoO_4 + H_2O$$

$$WO_3 + 2NaOH = Na_2WO_4 + H_2O$$

$$2(NH_4)_2MoO_4 + 3Zn + 16HCl = 2MoCl_3 + 3ZnCl_2 + 4NH_4Cl + 8H_2O$$

$$7MoO_4^{2-} + 8H^+ = Mo_7O_{24}^{6-} + 4H_2O$$

$$12MoO_4^{2-} + 3NH_4^+ + HPO_4^{2-} + 23H^+ = (NH_4)_3[P(Mo_3O_{10})_4] \cdot 6H_2O\downarrow + 6H_2O$$

$$2K_2ReO_4 + 3H_2 + 10HCl(浓) \xlongequal{熔融} K_2Re_2Cl_8 + 8H_2O + 2KCl$$

$$2Re_3Cl_9 + 6Et_2NH_2Cl(过量) = 3(Et_2NH_2)_2Re_2Cl_8$$

$$PdCl_2 + CO + H_2O = Pd\downarrow + CO_2 + 2HCl$$

$$Pd + 4HNO_3(浓) = Pd(NO_3)_2 + 2NO_2\uparrow + 2H_2O$$

$$3Pt + 4HNO_3 + 18HCl = 3H_2[PtCl_6] + 4NO\uparrow + 8H_2O$$

$$K_2PtCl_4 + C_2H_4 = K[PtCl_3(C_2H_4)] + KCl$$

$$K_2PtCl_6 + N_2H_2 \cdot 2HCl \xlongequal{50\sim60℃} K_2PtCl_4(黄色) + N_2\uparrow + 4HCl$$

$$K_2PtCl_4 + 2NH_4Ac \xlongequal[pH\approx7.4\sim7.8]{\triangle,KCl} cis\text{-}[PtCl_2(NH_3)_2](红色) + 2HAc + 2KCl$$

三、习题解答

1. 试回答和解释下列事实:

(1) $PdCl_2 \cdot 2PF_3$ 比 $PdCl_2 \cdot 2NH_3$ 稳定，而 $BF_3 \cdot NH_3$ 却比 $BF_3 \cdot PF_3$ 稳定得多，这是为什么？

(2) 相应的化学式为 $PtCl_2(NH_3)_2$ 的固体有两种异构体（顺、反），它们的颜色不同，一种是棕黄色，另一种是淡黄色。它们在水中的溶解度也有差别，其中溶解度较大的应是哪一种？为什么？

(3) 钌和锇的四氧化物都是低熔点的固体（RuO_4 为 298K，OsO_4 为 314K）。

(4) ZrO_2 的碱性比 TiO_2 强，为什么？

(5) Nb 和 Ta 的原子半径几乎相同，为什么？

答 (1) Pd^{2+} 的半径较大，易变形，属于软酸，PF_3 中配位原子为 P，NH_3 配位原子为 N，后者电负性高，原子半径小，变形性小，属于硬碱，前者是软碱，因而 $PdCl_2 \cdot 2PF_3$ 比较稳定；而 BF_3 相对 $PdCl_2$ 是硬酸，所以 $BF_3 \cdot NH_3$ 比较稳定。

(2) Pt^{2+} 为 dsp^2 杂化，$PtCl_2(NH_3)_2$ 固体的两种异构体（顺、反）均为平面正方形结构，顺式极性较大，溶解度大。

(3) 钌和锇的四氧化物都是抗磁性、电中性且对称性高的正四面体结构的分子，所以熔点低。

(4) 虽然 Ti 的金属性强于 Zr 的金属性，但是由于 Ti^{4+} 具有极大的离子势，因此 TiO_2 酸性较强，而 ZrO_2 碱性较强。

(5) Nb 和 Ta 的原子半径几乎相同是由于位于 Ta 之前的ⅢB 族内填了 15 个过渡元素而造成镧系收缩效应。镧系元素的原子半径和离子半径在总的趋势上都随原子序数的增加而缩小的现象称为镧系收缩，这与镧系元素电子结构（$4f^{0\sim14}$、$5d^{0\sim1}$、$6s^2$）特点有关，新增加的电子不是填充到最外层，而是填充到 4f 内层。由于 4f 电子层的弥散，它并非全部地分布在 5s5p 壳层内部。当原子序数增加 1 时，核电荷增加 1，4f 电子虽然也增加 1，但 4f 电子只能屏蔽核电荷的一部分。这种对核的不完全屏蔽，随着 4f 电子的增加，有效核电荷略有增大，对外层电子的引力略有增强，引起原子半径或离子半径的收缩。

2. $Pt(NH_3)_2(NO_3)_2$ 有 α 和 β 两种构型。α 型与草酸反应生成 $Pt(NH_3)_2C_2O_4$，但 β 型与草酸反应得到的反应产物却是 $Pt(NH_3)_2(C_2O_4H)_2$。用什么物理方法区分 α 型和 β 型？请画出这两种配合物的结构式。

答 $Pt(NH_3)_2(NO_3)_2$ 呈平面四边形，α 构型为顺式构型，与草酸反应时草酸根离子以二齿配位方式取代处于顺式位置的硝酸根离子，生成 $Pt(NH_3)_2C_2O_4$，

[H_3N、H_3N 顺式配位于 Pt，草酸根以两个 O 原子二齿配位于 Pt 的结构式]

。β 构型为反式构型，因硝酸根离子处于反式位置，与草酸反应时草酸分子只能以单齿方式与其配位，所以以 +1 价草酸氢根离子形式与其配位生成 $Pt(NH_3)_2(C_2O_4H)_2$，

[Pt 为中心，H_3N 与 NH_3 处于反式位置，C_2O_4H 与 HC_2O_4 处于反式位置的结构式]

。α 构型的极性大，易溶于极性溶剂；β 构型的极性小，易溶于非极性溶剂。可以利用其溶解度差别来区分它们。

3. 完成并配平下列反应方程式:

(1) $Pt+HNO_3+HCl \longrightarrow$

(2) $PdCl_2+CO+H_2O \longrightarrow$

(3) $K_2PtCl_6+K_2C_2O_4 \longrightarrow$

(4) $MoO_4^{2-}+Zn+H^+ \longrightarrow$

(5) $Mo^{3+}+NCS^- \longrightarrow$

(6) $(NH_4)_2PtCl_6 \xrightarrow{\triangle}$

(7) $K_2PtCl_6+N_2H_2 \cdot 2HCl \xrightarrow{\triangle}$

(8) $ZrCl_4+H_2O \longrightarrow$

(9) $PtF_6+Xe \longrightarrow$

(10) $Ru+KClO_3+KOH \longrightarrow$

(11) $MoO_3+NaOH \longrightarrow$

(12) $WO_3+NaOH \longrightarrow$

(13) $WO_3 \cdot nH_2O \xrightarrow{\triangle}$

(14) $(NH_4)_2ZrF_6 \xrightarrow{\triangle}$

答　(1) $3Pt+4HNO_3+18HCl = 3H_2[PtCl_6]+4NO\uparrow+8H_2O$

(2) $PdCl_2+CO+H_2O = Pd\downarrow+CO_2+2HCl$

(3) $K_2PtCl_6+K_2C_2O_4 = K_2PtCl_4+2KCl+2CO_2\uparrow$

(4) $2MoO_4^{2-}+3Zn+16H^+ = 2Mo^{3+}+3Zn^{2+}+8H_2O$

(5) $Mo^{3+}+6NCS^- = [Mo(SCN)_6]^{3-}$

(6) $3(NH_4)_2PtCl_6 \xlongequal{\triangle} 3Pt+2NH_4Cl+2N_2\uparrow+16HCl$

(7) $K_2PtCl_6+N_2H_2 \cdot 2HCl \xlongequal{\triangle} K_2PtCl_4+N_2\uparrow+4HCl$

(8) $ZrCl_4+9H_2O = ZrOCl_2 \cdot 8H_2O+2HCl$

(9) $PtF_6+Xe = XePtF_6$

(10) $Ru+KClO_3+2KOH = K_2RuO_4+KCl+H_2O$

(11) $MoO_3+2NaOH = Na_2MoO_4+H_2O$

(12) $WO_3+2NaOH = Na_2WO_4+H_2O$

(13) $WO_3 \cdot nH_2O \xlongequal{\triangle} WO_3 \cdot H_2O+(n-1)H_2O$

(14) $(NH_4)_2ZrF_6 \xlongequal{\triangle} ZrF_4+2NH_3\uparrow+2HF\uparrow$

4. Zr 和 Hf 有何宝贵的特征? 基于这些特性有哪些主要用途?

答　锆和铪是外观似钢而有光泽的金属(比钛软)。锆和铪由于提取方法复杂,产量少,用途特殊。锆粉加热到 473K 即开始燃烧,是良好的脱氧剂,金属锆具有低的中子吸收截面、优异的耐蚀性能和加工性能,是核工业的重要材料。各主要产锆国生产的原子能锆大多用于原子能反应堆,主要用于原子反应堆的铀棒外套真空中作除氧剂。金属铪在非核工业中有许多用途,如含铪 10%的铌合金可用作登月火箭喷嘴,金属铪粉可用作火箭推进器材料。

5. 锌汞齐能将钒酸盐中的钒(Ⅴ)还原至钒(Ⅱ)，将铌酸盐中的铌(Ⅴ)还原至铌(Ⅳ)，但不能使钽酸盐还原，此实验结果说明了什么规律性？

答 说明原子序数增大，按V、Nb、Ta的顺序，高氧化态(+5)的稳定性依次增强，低氧化态的稳定性依次降低。

6. Re_3Cl_9 溶于含 PPh_3 的溶剂中形成化合物 $Re_3Cl_9(PPh_3)_3$，试画出其结构式。

答

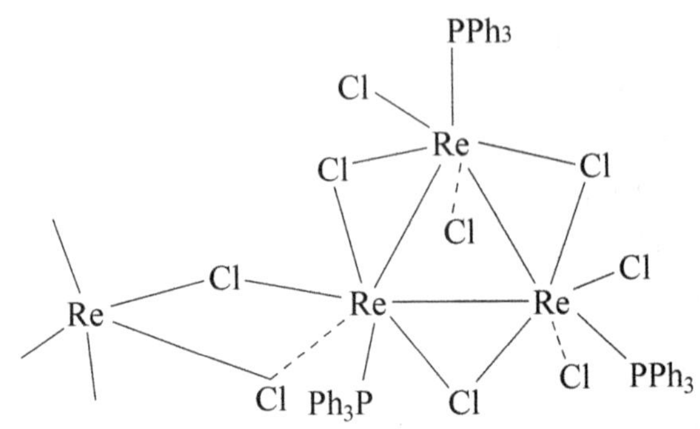

Re_3Cl_9的结构中，三角形结构的Re—Re键(Re—Re键键长248pm)，每个金属原子中心有1个端基配位的Re—Cl键(230pm)和两个分子间两个不对称的Re—Cl桥键(Re—Cl键键长分别是240pm、266pm)，分子间的Re—Cl桥键连接 Re_3Cl_9 单元形成无限片状结构。Re_3Cl_9 溶于含 PPh_3 的溶剂中形成化合物 $Re_3Cl_9(PPh_3)_3$，3个三苯基膦分别与3个Re配位，形成如上结构。

7. 举例说明什么是多酸(同多酸和杂多酸)以及它们的主要用途。

答 多酸是两个或两个以上的含氧酸分子缩合去水而成的酸。多酸中含有相同酸根的称为同多酸，含有不同酸根的称为杂多酸。

多酸是一种多核配合物。化学元素中有近40种元素可形成多酸，包括各成酸元素、两性元素以及若干金属性较强的元素，如V、Cr、Mo、W、Nd、Ta、U、B、Si、P等。

例如，将三氧化钼的氨水溶液酸化，降低pH，当pH降到大约为6时，生成 $Mo_7O_{24}^{6-}$。

$$7MoO_4^{2-}+8H^+ = Mo_7O_{24}^{6-}+4H_2O$$

将含有钼酸盐的溶液和另一种含氧酸盐溶液混合，酸化并加热，可制得钼的杂多酸盐。例如，将 $(NH_4)_2MoO_4$ 溶液用硝酸酸化并加热至323K左右，加入 Na_2HPO_4 溶液，可生成12-钼磷酸铵的黄色晶状沉淀。

$$12MoO_4^{2-}+3NH_4^++HPO_4^{2-}+23H^+ = (NH_4)_3[P(Mo_3O_{10})_4]\cdot 6H_2O\downarrow +6H_2O$$

多酸化合物具有光、电、磁、催化、液晶及抗病毒等方面的功能特性。特别是多酸化合物作为抗艾滋病毒(HIV-1)、抗肿瘤、抗病毒的无机药物的研究开发备受瞩目，如已申请专利的、可作为抗HIV-1药物的杂多酸化合物有杂多酸盐 $K_7PW_{10}Ti_2O_{40}$、$SiW_{12}O_{40}^{4-}$、$BW_{12}O_{40}^{5-}$、$W_{10}O_{32}^{4-}$ 和杂多酸阴离子的盐类或酸、钨锑杂多酸化合物及含铌的杂多酸化合物等。具有抗肿瘤活性且无细胞毒性的同多酸和杂多酸化合物有 $[Mo_7O_{24}]^{6-}$、$[XMo_6O_{24}]^{n-}$(X=I、Pt、Co、Cr、…)等。

8. 试指出铂制器皿中能否进行下述各试剂参与的化学反应。

(1) HF　(2) 王水　(3) $NaOH+Na_2O_2$　(4) Na_2CO_3

答　(1)、(4) 可以。

(2) Pt能被王水溶解生成橙红色的氯铂酸。

$$3Pt+4HNO_3+18HCl = 3H_2PtCl_6+4NO\uparrow+8H_2O$$

(3) 熔融的NaOH或 Na_2O_2 对Pt腐蚀严重。

第 12 章　镧系元素和锕系元素

一、学习要点

(1) 镧系元素电子层结构、氧化态、磁性及颜色等特性。

(2) 镧系收缩的含义及其后果。

(3) 氧化物和氢氧化物、易溶盐和难溶盐的性质。

(4) 镧系元素提取和分离的几种方法。

(5) 稀土元素的存在、特点及应用。

(6) 钍和铀的重要化合物。

二、重要化学方程式

$$Ln_2O_3 + 3C + 3Cl_2 \xlongequal{\triangle} 2LnCl_3 + 3CO\uparrow$$

$$Ln_2O_3 + 6NH_4Cl \xlongequal{\triangle} 2LnCl_3 + 6NH_3\uparrow + 3H_2O$$

$$2Ln + 3Cl_2 \xlongequal{\triangle} 2LnCl_3$$

$$2Ln + 3HgCl_2 \xlongequal{\triangle} 2LnCl_3 + 3Hg$$

$$2Ln(NO_3)_3 \xlongequal{\triangle} 2LnONO_3 + 4NO_2\uparrow + O_2\uparrow$$

$$4LnONO_3 \xlongequal{\triangle} 2Ln_2O_3 + 4NO_2\uparrow + O_2\uparrow$$

$$2CeO_2 + 8HCl \xlongequal{} 2CeCl_3 + Cl_2\uparrow + 4H_2O$$

$$2CeO_2 + 2KI + 8HCl \xlongequal{} 2CeCl_3 + I_2 + 2KCl + 4H_2O$$

$$4Ce(OH)_3 + O_2 + 2H_2O \xlongequal{} 4Ce(OH)_4$$

$$2Ce(OH)_3 + Cl_2 + 2H_2O \xlongequal{} 2Ce(OH)_4 + 2HCl$$

$$3Ce(NO_3)_3 + KMnO_4 + 4H_2O \xlongequal{} 3CeO_2 + MnO_2 + KNO_3 + 8HNO_3$$

$$2UO_2(NO_3)_2 \xlongequal{} 2UO_3 + 4NO_2\uparrow + O_2\uparrow$$

$$UO_3 + 3SF_4 \xlongequal{} UF_6 + 3SOF_2$$

$$UF_6 + 2H_2O \xlongequal{} UO_2F_2 + 4HF$$

三、习题解答

1. 从 Ln^{3+} 的电子构型、离子电荷和离子半径说明三价离子在性质上的类似性。

答　Ln^{3+} 构型 4f 从 0→14，5d、6s 上均没有电子，Ln^{3+} 的离子半径总的趋势是缓慢减小，所以离子半径相差不大，相邻两个离子半径极为相近。

由于Ln^{3+}的构型相似，离子半径又几乎相等，离子电荷相同，因此性质很相似。

2. 试说明镧系元素的特征氧化态是+3，而铈、镨、铽却常呈现+4，钐、铕、镱又可呈现+2。

答　因为镧系元素的原子除能失去外层的s电子外，还能失去$(n-2)f$或$(n-1)d$上的1个电子形成Ln^{3+}，这反映出ⅢB族元素在氧化态上的共同特点，即它们一般都能形成稳定的+3氧化态，所以+3氧化态是所有镧系元素在固态化合物和水溶液中的特征。

但是，根据洪德(Hund)规则，轨道处于全充满、半充满或全空时是比较稳定的结构，镧系元素4f轨道有保持或接近这种稳定结构的倾向，Ce^{4+}为全空($4f^0 5d^0 6s^0$)，Pr^{4+}接近全空($4f^1 6s^0$)，Tb^{4+}为半满($4f^7$)，所以铈、镨、铽常呈现+4氧化态；而Sm^{2+}接近半满($4f^6$)，Eu^{2+}为半满($4f^7$)，Yb^{2+}为全满($4f^{14}$)，所以钐、铕、镱又可呈现+2氧化态。

3. 什么是“镧系收缩”？讨论出现这种现象的原因和它对第五、六周期中副族元素性质所产生的影响。

答　镧系元素的原子半径和离子半径在总的趋势上都随原子序数的增加而缩小的现象称为镧系收缩。这与镧系元素电子结构($4f^{0\sim14}$、$5d^{0\sim1}$、$6s^2$)特点有关，新增加的电子不是填充到最外层，而是填充到4f内层。由于4f电子层的弥散，它并非全部地分布在5s5p壳层内部。当原子序数增加1时，核电荷增加1，4f电子虽然也增加1，但4f电子只能屏蔽核电荷的一部分(一般认为在离子中4f电子只能屏蔽核电荷的85%，而原子中屏蔽系数略大于离子中)。这种对核的不完全屏蔽，随着4f电子的增加，有效核电荷略有增大，对外层电子的引力略有增强，引起原子半径或离子半径的收缩。

由于镧系收缩，镧系之后五、六周期同族上、下元素的原子半径和离子半径极为接近，性质相似，在自然界它们常共生在一起，造成分离上的困难。特别表现在紧靠近镧系后三对元素之间，即Zr和Hf、Nb和Ta、Mo和W的离子半径接近(Zr^{4+} 80pm、Hf^{4+} 81pm、Nb^{5+} 70pm、Ta^{5+} 73pm、Mo^{6+} 62pm、W^{6+} 65pm)，化学性质相似。

镧系收缩产生的另一后果是钇的原子半径和离子半径与镧系中某些元素的相接近，因此钇在矿物中与镧系元素共生，从而成为稀土的成员(钇及其化合物的各种性质一般介于镝和钬之间)。

4. 稀土元素有哪些主要性质和用途？

答　稀土元素单质都是强化学活性的金属，一般应保存在煤油中。它们的化学活泼性比铝强而和碱土金属相近。稀土元素的标准电极电势较负(−2.37～−1.99V)。它们易溶于稀酸放出H_2，在氢氟酸和磷酸中不易溶解，这是由于生成难溶的氟化物和磷酸盐膜。稀土金属能分解水。它们能与O_2、N_2、X_2反应，分别生成Ln_2O_3(Ce、Pr、Tb除外)、LnN、LnX_3。利用稀土金属易氧化、燃烧的特性(铈、镨、钕的燃点分别为438K、563K、345K)，可用于制作打火石或炮弹的点火装置。CeO_2在玻璃工业中用作脱色剂。

稀土金属能与绝大多数主族和过渡金属形成化合物。有些化合物具有特殊性能。例如，Nd-Fe-B是优良的磁性材料，$LaNi_5$是优良的储氢材料等。

稀土元素具有诸多与众不同的化学、光学、磁学和核性能等特性，被广泛应用于：①高新技术领域，如用作激光及发光材料、永磁材料、储氢材料、超导材料；②石油、化工领域中用作催化剂；③玻璃及陶瓷工业中作特性材料；④原子能工业、黑色及有色冶金工业、皮毛染色及轻纺工业、医药和农业等。

5. 试述镧系元素氢氧化物 $Ln(OH)_3$ 的溶解度和碱性变化的情况。

答 $Ln(OH)_3$的溶解度从 $La(OH)_3$到 $Lu(OH)_3$ 逐渐减小。

镧系元素氢氧化物 $Ln(OH)_3$ 为离子型碱性氢氧化物，随着离子半径的减小，其碱性减弱，即由 $La(OH)_3$ 到 $Lu(OH)_3$ 碱性递减。总的来说，碱性比$Ca(OH)_2$弱，但比$Al(OH)_3$强，容易与无机酸反应生成相应的盐。

6. 稀土元素的草酸盐沉淀有什么特性？

答 稀土元素和草酸反应生成 $Re_2(C_2O_4)_3 \cdot nH_2O$ 型的草酸盐，稀土元素的草酸盐既难溶于水，也不易溶于稀强酸中。而非稀土元素的难溶盐可溶于稀的强酸中。利用草酸盐在酸性溶液中也难溶的性质，可以使稀土元素离子以草酸盐的形式析出，从而与其他许多金属离子分离。如需溶解草酸盐，可将草酸盐与碱溶液一起煮沸，转化为氢氧化物沉淀，然后将它溶解在酸中。例如，Ho、Er、Tm、Yb、Lu 元素的草酸盐与碱金属（包括铵）草酸盐生成$[Ln(C_2O_4)_2]^-$而溶解，这个性质被用来分离轻、重镧系元素。水合草酸盐受热逐步脱出结晶水形成无水盐，继续加热中间经过碳酸盐或碱式碳酸盐，最后得到氧化物Ln_2O_3，但 Ce、Pr、Tb 盐依次分解生成 CeO_2、Pr_6O_{11}、Tb_4O_7。因此，稀土元素的草酸盐在分离、提取及制备中有着特殊的重要性。

7. Ln^{3+}形成配合物的能力如何？举例说明它们形成螯合物的情况与实际应用。

答 Ln^{3+}的 4f 电子处于内层，受到外层 $5s^2 5p^6$ 电子的屏蔽，内层 4f 电子受周围配位体电场的影响较小。它们之间相互作用很弱，4f 轨道参与成键的成分不大。化学键具有一定共价性的主要贡献来自外层的 5d 和 6s 轨道。Ln^{3+}与配位体之间相互作用是以静电作用为主。Ln^{3+}属于硬酸（静电作用为主），易与属于硬碱（如电负性大的 O、N、F 等）的配位原子进行配位。例如，在氧族中元素镧系元素更倾向于与氧形成 Ln—O 键，而与硫、硒、碲形成化学键的数目明显减少。Ln^{3+}与属于软碱的配位原子（如 S、P、C 等）的配位能力则较弱。Ln^{3+}与 CO、CN^-、PR_3 等难以生成稳定的配合物。由于镧系元素配合物中配位键主要是离子性的，因此配合物在溶液中多为活性配合物，易于发生配体取代反应。

一般来说，Ln^{3+}配合能力比典型过渡元素弱，比碱土金属强。例如，与 EDTA（Y^{4-}）形成的配合物的稳定常数：$\lg K^{\ominus}_{稳,[CaY]^{2-}}=10.56$；$\lg K^{\ominus}_{稳,[BaY]^{2-}}=7.77$；$\lg K^{\ominus}_{稳,[LaY]^{2-}}=15.50$；$\lg K^{\ominus}_{稳,[LuY]^{2-}}=19.83$；$\lg K^{\ominus}_{稳,[FeY]^{2-}}=25.07$；$\lg K^{\ominus}_{稳,[CoY]^{2-}}=36.0$。螯合物因形成环状结构，比其他类型配合物稳定。分子型螯合物难溶于水，易溶于有机溶剂。这类螯合剂主要为β-二酮类和 8-羟基喹啉类，在稀土萃取分离中得到广泛应用。Ln^{3+}与氨基多羧酸类的乙二胺四乙酸（EDTA）生成螯合物的反应广泛应用于镧系元素的分离分析。

8. 锕系元素的氧化态与镧系元素比较有何不同？

答 镧系和锕系分属第六和第七周期，镧系元素特征氧化态是+3。与镧系元素相比，锕系元素并不像镧系元素那样具有明显的相似性。锕本身具有稳定的+3 氧化态，轻锕系元素的高价态和重锕系元素的低价态比其相应的镧系元素显得更加稳定；如钍在水溶液中的特征氧化态是+4，镤是+5，而铀在水溶液中最稳定的则是+6 氧化态。这是由于轻锕系元素 5f 电子与核的作用比镧系元素的 4f 电子弱，因而容易失去，形成稳定高氧化态；随着原子序数的增加，核电荷升高，5f 电子与核间的作用增强，使 5f 和 6d 能量差变大，5f 能级趋于稳定，电子也不容易失去。

9. 水合稀土氯化物为什么要在一定真空度下进行脱水？这一点和其他哪些常见的含水氯化物的脱水情况相似？

答 用 $LnCl_3 \cdot nH_2O$ 直接加热脱水往往不能获得无水氯化物，因为在加热过程中发生水解生成氯氧化物。

$$LnCl_3 \cdot nH_2O \xlongequal{\triangle} LnOCl + 2HCl + (n-1)H_2O$$

所以由水合稀土氯化物制取无水稀土氯化物要在一定真空度下进行脱水，大多是在 $LnCl_3$ 溶液中加入过量的 NH_4Cl 进行脱水（一般 $LnCl_3$ 与 NH_4Cl 的物质的量之比为 1：6），将溶液蒸干后，产物在真空下缓慢加热到一定温度除去所有水分，再升高温度使 NH_4Cl 升华，可获得纯净的无水氯化物。

为了防止水解，采用控制一定真空度的方法，一方面能将水蒸气抽出，抑制了水解，另一方面也可降低脱水温度。这一点和 $BeCl_2 \cdot 4H_2O$、$MgCl_2 \cdot 6H_2O$、$ZnCl_2 \cdot H_2O$等水合氯化物的脱水情况相似。

10. 写出 Ce^{4+}、Sm^{2+}、Eu^{2+}、Yb^{2+} 基态的电子构型。

答

离子	基态电子构型	离子	基态电子构型
Ce^{4+}	$4f^0 5s^2 5p^6$	Eu^{2+}	$4f^7 5s^2 5p^6$
Sm^{2+}	$4f^6 5s^2 5p^6$	Yb^{2+}	$4f^{14} 5s^2 5p^6$

11. 试求出下列离子成单电子数：La^{3+}、Ce^{4+}、Lu^{3+}、Yb^{2+}、Gd^{3+}、Eu^{2+}、Tb^{4+}。

答

离子	成单电子数	离子	成单电子数
La^{3+}	$0(4f^0)$	Gd^{3+}	$7(4f^7)$
Ce^{4+}	$0(4f^0)$	Eu^{2+}	$7(4f^7)$
Lu^{3+}	$0(4f^{14})$	Tb^{4+}	$7(4f^7)$
Yb^{2+}	$0(4f^{14})$		

12. 完成并配平下列反应方程式：

(1) $EuCl_2 + FeCl_3 \longrightarrow$

(2) $CeO_2 + HCl \longrightarrow$

(3) $UO_2(NO_3)_2 \xrightarrow{\triangle}$

(4) $UO_3 \xrightarrow{\triangle}$

(5) $UO_3 + HF \longrightarrow$

(6) $UO_3 + NaOH \longrightarrow$

(7) $UO_3+SF_4 \longrightarrow$

(8) $Ce(OH)_3+NaOH+Cl_2 \longrightarrow$

(9) $Ln_2O_3+HNO_3 \longrightarrow$

答 (1) $EuCl_2+FeCl_3 = EuCl_3+FeCl_2$

(2) $2CeO_2+8HCl = 2CeCl_3+Cl_2\uparrow+4H_2O$

(3) $2UO_2(NO_3)_2 \overset{\triangle}{=} 2UO_3+4NO_2\uparrow+O_2\uparrow$

(4) $6UO_3 \overset{\triangle}{=} 2U_3O_8+O_2\uparrow$

(5) $UO_3+2HF = UO_2F_2+H_2O$

(6) $2UO_3+2NaOH+5H_2O = Na_2U_2O_7\cdot 6H_2O$(黄色)

(7) $UO_3+3SF_4 = UF_6+3SOF_2$

(8) $2Ce(OH)_3+2NaOH+Cl_2 = 2Ce(OH)_4+2NaCl$

(9) $Ln_2O_3+6HNO_3 = 2Ln(NO_3)_3+3H_2O$

13. 稀土金属常以+3 氧化态存在,其中有些还有其他稳定氧化态,如 Ce^{4+} 和 Eu^{2+}。Eu^{2+} 的半径接近 Ba^{2+}。怎样将铕与其他稀土分离?

答 铕具有 $4f^7 6s^2$ 的电子结构,可以形成较稳定的 Eu^{2+},Eu^{2+} 能存在于固态化合物中,在水溶液中不稳定,是强的还原剂。利用铕的变价性质,在一定的氧化还原条件下能形成 Eu^{2+}。+2 价离子的性质与+3 价镧系元素的性质有很大区别。利用这种性质上的差别,可以简单、有效地将它们从+3 价镧系元素中分离出来。

例如,锌可以将 Eu^{3+} 还原为 Eu^{2+},其他+3 价镧系元素则不被还原。最后加入可溶性硫酸盐,铕以硫酸盐的形式沉淀分离而得。

$$2Eu^{3+}+Zn = Zn^{2+}+2Eu^{2+}$$

14. f 组元素的性质为什么不同于 d 组元素?举例说明。

答 f 组元素基态原子的价电子构型一般表示为 $4f^{0\sim14}5d^{0\sim1}6s^2$。随原子序数的增加,新增加的电子主要排布在 4f 轨道上。由于 4f 电子层的弥散,它并非全部地分布在 5s5p 壳层内部。当原子序数增加 1 时,核电荷增加 1,4f 电子虽然也增加 1,但 4f 电子只能屏蔽核电荷的一部分(一般认为在离子中 4f 电子只能屏蔽核电荷的 85%,而原子中屏蔽系数略大于离子中)。Ln^{3+} 电荷虽高,但半径较大,因而离子势较小。基态 Ln^{3+} 具有稀有气体原子的外层电子结构($5s^25p^6$),内层 4f 轨道与外部原子的扰动隔绝,受外部原子的影响较小,因而内层 4f 电子受周围配位体电场的影响较小,它们之间相互作用很弱,4f 轨道参与成键的成分不大。化学键具有一定共价性的主要贡献来自外层的 5d 和 6s 轨道。Ln^{3+} 与配位体之间相互作用是以静电作用为主。而 d 组元素其特征电子构型分别为$(n-1)d^{1\sim9}ns^{1\sim2}$(Pd 为 $4d^{10}5s^0$ 例外)和$(n-1)d^{10}ns^{1\sim2}$,在同一周期中自左至右逐渐填充 d 电子,最外层电子几乎不变。d 组元素由于其离子具有能量相近的$(n-1)d$、ns、np 等价轨道,有利于形成各种成键能力较强的杂化轨道,以接受配位体提供的孤对电子;d 组元素的离子一般有较高的正电荷,它们的离子半径较小,对配位体的静电作用强;未充满的$(n-1)d$ 轨道上的电子屏蔽作用较小,使离子的有效核电荷较大,对配位体的极化能力较强，d 电子层结构的不饱和性使它具有较大的变形性，从而增强了与配位体之间的共价结合。Ln^{3+} 配合能力比典型过渡元素要弱，如与 EDTA(Y^{4-})形成的配合物的稳定常数：$\lg K^{\ominus}_{稳,[LaY]^{2-}}=15.50$；$\lg K^{\ominus}_{稳,[LuY]^{2-}}=19.83$；$\lg K^{\ominus}_{稳,[FeY]^{2-}}=25.07$；$\lg K^{\ominus}_{稳,[CoY]^{2-}}=36.0$。此外，f 区元素的磁性与 d 区元素的磁性也有根本的不同。

15. 讨论下列性质：

(1) $Ln(OH)_3$ 的碱强度随 Ln 原子序数的提高而降低。

(2) 镧系元素为什么形成配合物的能力很弱？镧元素配合物中配位键为什么主要是离子性的？

(3) Ln^{3+} 大部分是有色的、顺磁性的。

答　(1) $Ln(OH)_3$ 为离子型碱性氢氧化物，随着离子半径的减小，中心离子对 OH^- 的吸引力增强，其碱性减弱，即由 $La(OH)_3$ 到 $Lu(OH)_3$ 碱性递减。总的来说，碱性比 $Ca(OH)_2$ 弱，但比 $Al(OH)_3$ 强，容易与无机酸反应生成相应的盐。

(2) Ln^{3+} 电荷虽高，但半径较大，因而离子势较小。基态 Ln^{3+} 具有稀有气体原子的外层电子结构($5s^2 5p^6$)，内层 4f 轨道与外部原子的扰动隔绝，受外部原子的影响较小，因而内层 4f 电子受周围配位体电场的影响较小，它们之间相互作用很弱，4f 轨道参与成键的成分不大。化学键具有一定共价性的主要贡献来自外层的 5d 和 6s 轨道。Ln^{3+} 与配位体之间相互作用是以静电作用为主。因此，镧系元素形成配位化合物的倾向很小，Ln^{3+} 与配位体之间的相互作用以静电作用为主，所形成的配位键主要是离子性的。

(3) f 区元素的离子显色大多是由 f-f、f-d 跃迁及电荷转移跃迁引起的。

+3 价镧系元素离子的 4f 电子可以在 7 个 4f 轨道之间任意分布，从而产生多种多样的电子能级，因而 Ln^{3+} 大部分是有色的，吸收光谱极为复杂。Ln^{3+} 的颜色变化大致有以下特点：①具有 f^x 和 f^{14-x}($x=1,2,\cdots,7$)构型的离子显示的颜色常相同或相近；②具有 f^0、f^7、f^{14}(全空、半满、全满)结构的离子是无色的；③成单电子数为 2～5 的离子都是有色的，且成单电子数相同的离子所显示的颜色也是相似的。

根据顺磁性物质含有未成对电子、反磁性物质不含未成对电子的原则，$4f^0$ 构型的 La^{3+} 和 Ce^{4+} 以及 $4f^{14}$ 构型的 Yb^{2+} 和 Lu^{3+} 没有未成对电子，因此都是反磁性的，而 $f^{1\sim13}$ 构型的离子或原子都是顺磁性的。Ln^{3+} 核外未成对电子数多，因此 Ln^{3+} 大部分是顺磁性的。并且大多数+3 价离子磁矩比 d 过渡元素离子的大。Ln^{3+} 的磁矩与电子的自旋运动和轨道运动均有关，对于镧系离子 Ln^{3+} 来说，由于外层 $5s^2 5p^6$ 电子的屏蔽作用，4f 电子受配体场的影响较小。

16. 回答下列问题：

(1) 钇在矿物中与镧系元素共生的原因何在？

(2) 从混合稀土中提取单一稀土的主要方法有哪些？

(3) 根据镧系元素的标准电极电势，判断它们在通常条件下和水及酸的反应能力。镧系金属的还原能力同哪个金属的还原能力相近？

(4) 镧系收缩的结果造成哪三对元素在分离上困难？

(5) 镧系+3 价离子的配合物只有 La^{3+}、Gd^{3+} 和 Lu^{3+}，具有与纯自旋公式所得一致的磁矩，为什么？

答 (1) 由于钇与镧系元素同属于ⅢB族，镧系收缩使得Y的原子半径处于Ho和Er之间，Y^{3+}（离子半径 88pm）在镧系元素离子半径的序列中位于 Er^{3+}（离子半径 88.1pm）附近，因而其化学性质与镧系元素非常相似，在矿物中共生，分离困难，故在稀土元素分离中将其归于重稀土一组。

(2) 由于稀土元素性质十分相似，它们在自然界中广泛共生，而且在矿物中伴生的杂质元素较多，给分离和提纯工作带来很大的困难。目前从混合稀土元素中分离提取单一稀土元素的方法有化学分离法（包括分级结晶法、分级沉淀法、氧化还原法）、离子交换法和溶剂萃取法等。目前广泛采用离子交换法和溶剂萃取法分离稀土元素，因为这两种方法具有操作简单、分离完全等优点。

(3) 镧系元素的标准电极电势较负（$-2.37\sim-1.99$V）。它们易溶于稀酸放出 H_2，在氢氟酸和磷酸中不易溶解，这是由于生成难溶的氟化物和磷酸盐膜。镧系元素单质都是强化学活性的金属，一般应保存在煤油中。它们的化学活泼性比铝强而和碱土金属Be、Mg相近。镧系金属能分解水。由于镧系金属的化学性质很活泼，从它们的化合物制取金属时，通常采用热还原法（如钠、钾、钙、镁等还原无水卤化物）和熔融盐电解法（如氯化物熔融盐体系）。

(4) 镧系收缩使镧系后面的元素Hf、Ta、W的离子半径与同族上一周期的Zr、Nb、Mo几乎相等，造成这三对元素性质非常相似，形成共生元素对，给分离工作带来困难（各离子半径：Zr^{4+} 80 pm、Hf^{4+} 81 pm，Nb^{5+} 70 pm、Ta^{5+} 73pm，Mo^{6+} 62pm、W^{6+} 65pm）。

(5) 对于镧系离子，由于4f电子能被5s和5p电子很好地屏蔽，因此4f电子在轨道中运动的磁效应不能被抵消，计算磁矩时应同时考虑轨道运动和电子自旋两个方面的影响。轨道磁性由轨道角动量 L 决定，自旋磁性由自旋角动量 S 产生。

$$\mu=g\sqrt{J(J+1)}$$

其中 J 为总角动量，g 为朗德(Landé)因子：

$$g=1+\frac{S(S+1)+J(J+1)-L(L+1)}{2J(J+1)}$$

而纯自旋公式

$$\mu=g\sqrt{J(J+1)}=2\sqrt{S(S+1)}=\sqrt{n(n+2)}$$

其中 $g\approx2$。

当 g 为0或2时，计算结果具有与纯自旋公式所得一致的磁矩。而 $La^{3+}(f^0)$、$Gd^{3+}(f^7)$、$Lu^{3+}(f^{14})$ 的 g 值分别为0、2、0，所以镧系+3价离子的配合物中具有与纯自旋公式所得一致的磁矩的有 $La^{3+}(f^0)$、$Gd^{3+}(f^7)$ 和 $Lu^{3+}(f^{14})$。

17. $Ln^{3+}(aq)+EDTA(aq)\longrightarrow[Ln(EDTA)]^{+}(aq)$

上述生成配合物的反应中，随镧系元素原子序数的增加，配合物的稳定性将发生怎样的递变？为什么？

答 从金属离子的酸碱分类出发，Ln^{3+} 属于硬酸（静电作用为主），它倾向于与属于硬碱（如电负性大的O、N、F等）的配位原子进行配位。因此，随着镧系元素原子序数的增加，Ln^{3+} 的离子半径逐渐变小，与 EDTA 之间形成的键越牢固，则放出的热量越多，上述反应的焓变越负，生成的配合物越稳定。

18. 试述 ^{238}U 和 ^{235}U 的分离方法和原理。

答 在铀的化合物中，UF_6 是具有挥发性的化合物。因此，利用 $^{238}UF_6$ 和 $^{235}UF_6$ 蒸气扩散速度的差别，可使 ^{238}U 和 ^{235}U 分离，达到富集核燃料 ^{235}U 的目的。例如，气体扩散法是第一种浓缩方法，就是依靠不同质量的铀同位素在转化为气态时运动速率的差异。在每一个气体扩散级，当高压 UF_6 气体透过在级联中顺序安装的多孔镍膜时，其 ^{235}U 分子的气体比 ^{238}U 分子的气体更快地通过多孔膜壁。已通过膜管的气体随后被泵送到下一级，而留在膜管中的气体则返回较低级进行再循环。在每一级中，^{235}U 与 ^{238}U 浓度比略有增加。

19. 在核动力工厂，核燃料铀生产中的关键反应如下：

$$UO_2(s)+4HF(g) \longrightarrow UF_4(s)+2H_2O(g)$$

$$UF_4(s)+F_2(g) \longrightarrow UF_6(g)$$

计算上述反应的 $\Delta_r H_m^\ominus$。

解 上述反应总的反应方程式：

$$UO_2(s)+4HF(g)+F_2(g) \longrightarrow UF_6(g)+2H_2O(g)$$

查化合物的标准热力学数据，有 $\Delta_f H_m^\ominus(H_2O, g) = -241.8 kJ \cdot mol^{-1}$，$\Delta_f H_m^\ominus(F_2, g) = 0$，$\Delta_f H_m^\ominus(HF, g) = -271.1 kJ \cdot mol^{-1}$，$\Delta_f H_m^\ominus(UO_2, s) = -1018 kJ \cdot mol^{-1}$，$\Delta_f H_m^\ominus(UF_6, g) = -2030 kJ \cdot mol^{-1}$，则上述反应的 $\Delta_r H_m^\ominus$ 为

$$\Delta_r H_m^\ominus = -2030 - 2\times241.8 + 1018 + 4\times271.1 = -411.2(kJ \cdot mol^{-1})$$

20. 用配合剂 2-羟基异丁酸作淋洗剂从离子交换柱上淋洗重镧系金属离子（含 Eu^{3+} 到 Lu^{3+} 之间的多种三价稀土离子），洗出的顺序如何？为什么？

答 离子交换包括树脂的吸附和淋洗两个过程，离子的洗出顺序不但与金属离子和树脂的作用力有关，还与金属离子和淋洗剂形成的配合物的稳定性有关。对于镧系金属离子，它们与树脂基团之间的静电作用力大小差异很小，因而离子的洗出顺序主要取决于淋洗剂和金属离子形成配合物的能力强弱。分离是基于洗脱液中配合剂和镧系金属离子形成配合物的稳定性差异，越小的离子形成的配合物越稳定。Ln^{3+} 与淋洗液中的配位体形成配合物的稳定常数一般是随原子序数的增加或离子半径的减少而增大。对于重镧系金属离子，随着原子序数的增加，配合物的稳定性增强，从树脂上解吸出来变得容易，因此从 Eu^{3+} 到 Lu^{3+}，Lu^{3+} 最先洗出，依次是 Yb^{3+}、Tm^{3+}、Er^{3+}、Ho^{3+}、Dy^{3+}、Tb^{3+}、Gd^{3+}，最后洗出的是 Eu^{3+}。

第13章　无机功能材料化学

一、学习要点

(1) 纳米材料的定义与特性。

(2) 纳米 TiO_2、纳米银、纳米 ZnO 及纳米 Fe_2O_3 的应用。

(3) 储氢材料的组成及特性，$LaNi_5$ 储氢材料的作用机理。

(4) 压电材料的定义与压电效应。

(5) 微孔晶体材料的定义与性质。

(6) 半导体、超导材料的定义与性质。

二、习题解答

1. 解释下列名词：

(1) n型和p型半导体　　(2) 本征半导体和掺杂半导体

(3) 超导性　　(4) 功能陶瓷

(5) 纳米材料　　(6) 4A分子筛

答　(1) 在纯净的硅晶体中掺入+5价元素(如磷)，使之取代晶格中硅原子的位置，就形成n型半导体。在n型半导体中，自由电子为多子，空穴为少子，主要靠自由电子导电。自由电子主要由杂质原子提供，空穴由热激发形成。掺入的杂质越多，多子(自由电子)的浓度就越高，导电性能就越强，因此称为电子半导体，简称n型半导体。

在纯净的硅晶体中掺入+3价元素(如硼)，使之取代晶格中硅原子的位置，就形成p型半导体。在p型半导体中，空穴为多子，自由电子为少子，主要靠空穴导电。空穴主要由杂质原子提供，自由电子由热激发形成。掺入的杂质越多，多子(空穴)的浓度就越高，导电性能就越强，因此称为空穴半导体，简称p型半导体。

(2) 不含杂质的纯净半导体称为本征半导体。本征半导体是指依靠导带中的电子和价带中的空穴(电子空位在价带中称为空穴，恰似一个正电荷)来导电的半导体。本征半导体的电导率与导带中的电子浓度或价带中的空穴浓度成正比，这两种载流子(指在半导体中对电导有贡献的粒子，包括电子和空穴，统称为载流子)浓度相等。Si和Ge是最重要的本征半导体。掺杂半导体是指在本征半导体中掺入极少量杂质而形成的半导体。掺杂半导体又可分为n型和p型。

(3) 某些纯金属、合金和化合物，在某一特定温度(足够低的)T_c(临界温度)附近时，电阻突然消失，并出现完全抗磁性，这种电磁综合特性称为超导性(临界温度 T_c 指超导体正常状态转变为超导态时的温度)。

(4) 功能陶瓷是一类或能感知光线，或能区分气味，或能储存信息等在电、磁、声、光、热等方面具备许多优异性能的陶瓷(陶瓷是由许多微小的晶体构成的烧结体)材料，而这些性质的实现往往取决于其内部的电子状态或原子核结构，又称电子陶瓷。

(5) 纳米材料是由纳米粒子(粒径处于纳米尺度范围 1～100nm)构成的固体材料。纳米粒子是介于宏观物质与微观原子的一个过渡区域。当颗粒尺寸进入纳米级时，其本身和它所构成的纳米固体具有三种效应(小尺寸效应、表面效应和量子尺寸效应)，并由此派生出传统固体不具备的许多奇异特性。

(6) 晶胞组成为 $Na_{12}[Al_{12}Si_{12}O_{48}]\cdot 27H_2O$ 的 A 型分子筛，它属于立方晶系结构的硅铝酸盐，晶胞中 12 个 Na^+，8 个分布在六元环上，4 个分布在八元环上，每个晶胞分摊到 3 个八元环，每个八元环上平均有 1 个以上 Na^+。Na^+ 处于八元环的一侧，挡住八元环孔道的一部分，孔径约为 4Å(0.4nm)，所以 NaA 型沸石称为 4A 分子筛。

2. 纳米颗粒具有哪三大效应？什么是量子尺寸效应？

答 纳米颗粒具有小尺寸效应、表面效应和量子尺寸效应。

量子尺寸效应是随着粒径的减小，能级发生改变，能隙变宽，产生蓝移的现象。这将导致纳米微粒在光、电、磁、热、声以及超导性与宏观材料具有明显不同的特性。例如，1993 年美国贝尔实验室在硒化镉中发现：随着颗粒尺寸的减小，发光的颜色产生红色→绿色→蓝色的变化，这说明发光带波长由 690nm 移向 480nm，蓝移了 210nm。

3. 举例说明纳米材料的应用。

答 例如，以纳米铁粉(Fe_2O_3)作为药物的磁性载体，注入人体内的血管，通过外磁场导航即药物在外磁场的作用下引导到病变部位，再释放药物达到定向治疗的目的(或定向诊断)。这就减少了药物对人体的肝、脾、肾等产生损害。这是因为 10nm 以下的磁性纳米粒子比血液中的红血球(200～300nm)小得多，在血管中可自由移动到病变部位。又如，人身体释放的红外线大致在 4～25μm 的中红外波段，如果不对这个波段的红外线进行屏蔽，很容易被非常灵敏的红外探测器所发现，在夜间军人的安全受到威胁。研究发现，纳米粒子复合粉体(主要成分为 SiO_2、Al_2O_3、TiO_2、Fe_2O_3 等)具有很强的吸收红外线的功能，将其填充到纤维中，由于粒子小在纤维拉丝时不会堵塞喷头。用这种功能纤维制成军装(隐身衣)，能将人体释放的红外线吸取(屏蔽)，热没有往外发散，就难以被灵敏度高的红外探测器发现，安全性提高。

4. 组成相同的纳米固体材料与普通块状材料相比具有哪些特点？

答 化学物质变化到纳米级以后，具有普通块状材料所不具备的奇异特性和反常现象。纳米颗粒比之传统颗粒不仅体积尺度上大大减少，而且它的某些物理、化学性质也发生了质的变化。纳米颗粒的比表面积、表面原子数的比例、表面能和表面张力都随粒径的减小而急剧上升，表现出常规微粒所没有的小尺寸效应、表面效应和量子尺寸效应，并由此造成它在电、磁、光、热、化、敏感性等方面的异乎寻常的特异性能。例如，纳米银在沸水中就可以熔化，纳米铁和空气中的氧就能剧烈地反应燃烧起来。

5. 什么是本征半导体？什么是杂质半导体？以示意图表示它们的能带结构。说明半导体是如何导电的。

答 不含杂质的纯净半导体称为本征半导体。本征半导体是指依靠导带中的电子和价带中的空穴(电子空位在价带中称为空穴,恰似一个正电荷)来导电的半导体。本征半导体的电导率与导带中的电子浓度或价带中的空穴浓度成正比,这两种载流子(指在半导体中对电导有贡献的粒子,包括电子和空穴,统称为载流子)浓度相等。本征半导体的导电性能在导体与绝缘体之间。

在本征半导体中掺入某些微量元素作为杂质,可使半导体的导电性发生显著变化。掺入的杂质主要是+3价或+5价元素。掺入杂质的本征半导体称为杂质半导体。制备杂质半导体时一般按百万分之一数量级的比例在本征半导体中掺杂。半导体中的杂质对电导率的影响非常大,本征半导体经过掺杂就形成杂质半导体,一般可分为n型半导体和p型半导体。半导体中掺入微量杂质时,杂质原子附近的周期势场受到干扰并形成附加的束缚状态,在禁带中产生附加的杂质能级。

半导体的能带结构,满带与空带之间也是禁带,但是禁带很窄(ΔE_g 为 0.1~2eV)。满带上的一个电子跃迁到空带后,满带中出现一个空位,相当于产生了一个带正电的粒子(称为"空穴"),把电子抵消了,因此电子和空穴总是成对出现的。

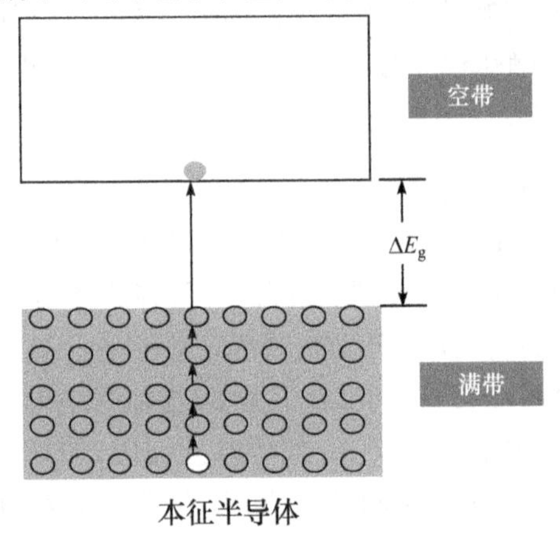

本征半导体

+4价的本征半导体硅(Si)、锗(Ge)等,掺入少量+5价的杂质元素(如磷)形成电子型半导体,称为n型半导体。掺杂后多余的电子的能级在禁带中紧靠空带处,$\Delta E_D \approx 10^{-2}$ eV,极易形成电子导电。

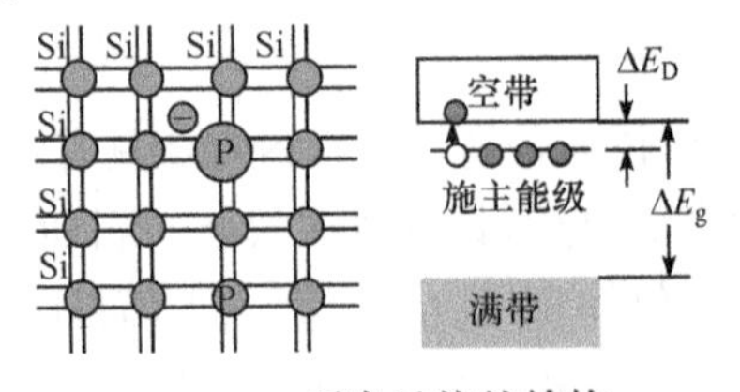

n型半导体的结构

+4价的本征半导体硅(Si),掺入少量+3价的杂质元素(如硼)形成空穴型半导体,称为p型半导体。掺杂后多余的空穴的能级在禁带中紧靠满带处,$\Delta E_a \approx 10^{-2}$ eV,极易产生空穴导电。

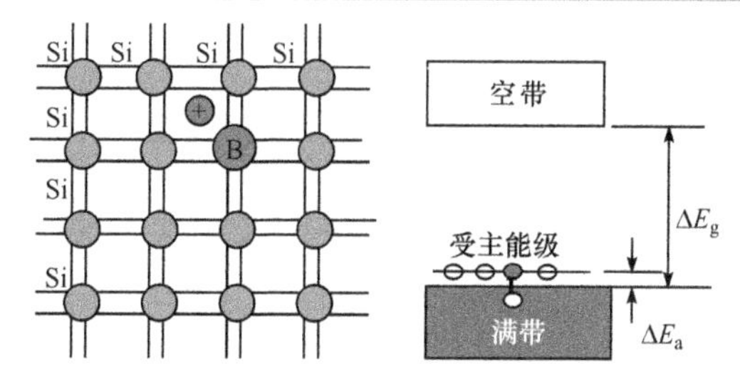

p 型半导体的结构

6. 如果以单晶砷作基质，掺杂硒后是什么类型的半导体？掺杂锗后是哪类半导体？为什么？

答　如果以单晶砷作基质，掺杂硒后是 n 型半导体，因为＋5 价 As 掺杂＋6 价 Se 后多余的电子的能级在禁带中紧靠空带，是电子导电；掺杂锗后是 p 型半导体，因为＋5 价 As 掺杂＋4 价 Ge 后掺杂后多余的空穴的能级在禁带中紧靠满带处，是空穴导电。

7. 试述分子筛的化学组成、结构特点，分子筛是依据什么原理筛分分子的？4A 分子筛的主要用途有哪些？

答　分子筛用以表示能在分子水平上筛分物质的所有微孔晶体材料。沸石是最早发现也是用途最广的一类硅铝酸盐分子筛，常称为沸石分子筛，简称沸石。构成分子筛骨架的主要元素是硅、铝和磷元素及与其配位的氧原子，由它们结合的硅氧四面体(SiO_4)和铝氧四面体(AlO_4)以及磷氧四面体(PO_4)是构成分子筛骨架的最基本结构单元(就像大楼中的一块砖)。在沸石分子筛中，硅氧四面体和铝氧四面体之间通过共用晶格顶点氧原子互相连接而形成各种链状和环状结构单元。当链和环中有铝氧四面体存在时，由于铝原子是＋3 价的，铝氧四面体中有 1 个氧原子价电子没得到中和，这样就使整个铝氧四面体带有 1 个负电荷，为了保持电中性，在铝氧四面体附近必须有 1 个带正电荷的阳离子(M^+)来抵消它的负电荷。人工合成沸石的化学组成可写成：$M_{2/x}O \cdot Al_2O_3 \cdot mSiO_2 \cdot nH_2O$，式中 x 是金属离子 M(常为 Na^+、K^+或 Ca^{2+})的化合价，m 是 SiO_2 对 Al_2O_3 的物质的量之比，n 是结晶水的化学计量数。分子筛的结构非常空旷，晶体内有大量的与分子大小相近的微孔孔道和孔笼，其孔体积为总体积的 40%～50%，且比表面很大，一般可达 500～1000$m^2 \cdot g^{-1}$，内表面也非常大，约占总表面积的 99%。晶体的孔内存在强静电场和极性，对流体分子具有很强的吸附能力。分子筛的孔径可人为控制。

分子筛筛分分子依据的原理：孔径小的分子可以进入分子筛的微孔内后被吸附，而大于孔径的分子则不能进入分子筛的微孔中，只得从孔隙间穿过，从而达到分离大小不同分子的目的。这就是分子筛的选择吸附效应。分子筛对于极性分子和不饱和分子有很高的亲和力，对于极化率大的分子有较高的选择吸附优势。

4A 分子筛的主要用途：4A 沸石分子筛中的 Na^+ 可以被 Ca^{2+} 和 Mg^{2+} 交换，从而达到软化水的目的。因此，4A 分子筛在工业上可用作洗涤剂的添加剂。4A 沸石分子筛可用于气体和液体的纯化和深度干燥；它能吸附含硫(如 SO_2、H_2S)、含氮(如 NO_2、NO)等有毒气体，达到消除污染的目的。

8. 说明储氢合金 $LaNi_5$ 的储氢机理。La、Ni 在其中扮演何角色？H_2 分子的状态发生了何种变化？

答 $LaNi_5$ 是稀土系储氢合金的典型代表，块状 $LaNi_5$ 合金在室温下与一定压力氢气发生氢化反应，其反应方程式表示如下：

$$LaNi_5+3H_2 \underset{\text{放氢(吸热)}}{\overset{\text{储氢(放热)}}{\rightleftharpoons}} LaNi_5H_6^* \qquad (* \quad \text{H 最多为 9})$$

可逆反应中，氢化反应（正向）吸氢，为放热反应；逆向反应解吸，为吸热反应。改变温度与压力条件以使反应按正反方向反复交替进行，实现材料的吸释氢功能。$LaNi_5$ 具有高的储氢能力和高的安全性的实质是氢分子以原子态形式存在于合金之中。

$LaNi_5$ 金属化合物的表面结构与内部并不一样，它直接影响储氢合金的活化、动力学以及抗中毒和循环寿命等重要性能。$LaNi_5$ 中靠近表面的 La 大量扩散到表面并与氧化合成 La_2O_3 或 $La(OH)_3$，同时 Ni 则脱溶沉淀，产生了所谓表面分凝。分凝的结果是 La_2O_3 或 $La(OH)_3$ 氧化层保护了亚表层 Ni 的催化活性，使氢分子得以在活性 Ni 表面上分解。随着每次吸放氢循环的进行，分凝也相应产生，因此新鲜 Ni 粒始终存在，使 $LaNi_5$ 具有自再生能力。由于 $La(OH)_3$ 和 Ni 在 $LaNi_5$ 表面上始终组成覆盖层，能起着保护 $LaNi_5$ 的作用，故其对氢气中所携带的杂质气体（O_2、H_2O 和 CO_2 等）表现出惰性。

H_2 能为 $LaNi_5$ 所吸收，首先 H_2 需要原子化，即 H_2 分子在合金表面解离为 2H 原子，以原子状态进入合金内部。H 原子进入金属的空隙中形成 $LaNi_5H_6$。其中，Ni 对 H_2 分子起了一种离解吸附的作用或 Ni 活化了 H_2 分子。当 H_2 吸附在 $LaNi_5$ 表面上，H_2 的 σ_{1s}^* 轨道和 Ni 的 d 轨道（如 d_{xy}）对称性匹配，互相叠加，Ni 的 d 电子进入 H_2 的 σ_{1s}^* 反键轨道，从而削弱了 H—H 键，使 H_2 分子发生解离，如下所示：

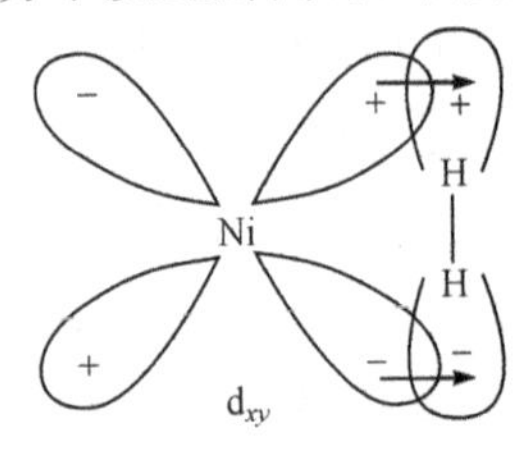

Ni 的 d_{xy} 轨道和 H_2 的 σ_{1s}^* 轨道叠加情况

9. 什么是压电效应？叙述压电陶瓷在工程技术中的应用。

答 压电材料是一类机械能与电能相互转换的材料，如 α-石英、$BaTiO_3$、$PbZrO_3$ 等，在外加机械应力时会在材料表面产生电荷，反之在外加电场作用下会产生几何形变，这种现象称为（正、逆）压电效应。

压电陶瓷是指把氧化物（氧化锆、氧化铅、氧化钛等）混合高温烧结、固相反应后而成的多晶体，并通过直流高压极化处理使其具有压电效应的铁电陶瓷的统称，是一种能将机械能和电能互相转换的功能陶瓷材料。由于具有较好的力学性能和稳定的压电性能，压电陶瓷作为一种重要的力、热、电、光敏感功能材料，已经在传感器、超声换能器、微位移器和其他电子元器件等方面得到广泛的应用。例如，极化后的压电陶瓷，即压电振子，具有由其尺寸所决定的固有振动频率，利用压电振子的固有振动频率和压电效应可以获得稳定的电振荡。当所加电压的频率与压电振子的固有振动频率相同时会引起共振，振幅大大增加。此过程交变电场通过逆压电效应产生应变，而应变又通过正压电效应产生电流，实现了电能和机械能最大限度的互相转换。利用压电振子这一特点，可以制造各种滤波器、谐振器等器件。这些器件具有成本低、体积小、不吸潮、寿命长、频率稳定性好、等效品质因数比 LC 滤波器高、适用的频率范围宽、精度高的优点，特别是用在多路通信、调幅接收以及各种无线电通信和测量仪器中能提高抗干扰能力，目前已取代了相当大一部分电磁振荡器和滤波器，而且这一趋势还在不断发展中。

10. 试述超导体的电磁学特征，举例说明超导材料的应用。

答 超导体的零电阻和完全抗磁性(迈斯纳效应)是超导态的两个独立的基本电磁学特性。超导体的零电阻现象说明超导体内没有电场，整个超导体是等电势体，完全抗磁性说明超导体内不允许存在磁感应强度，外磁场的磁力线也要被排斥在超导体外。

超导材料的应用举例如下：

(1) 输电：发电站向用户输送电时，由于通过漫长的输电线路，电线中存在电阻，使电流通过输电线时要消耗掉一部分电能(约占总发电量的 15%)。如采用超导材料做成超导电缆用于输电，输电线路上的电能损失将降为零，且不发热。

(2) 超导磁悬浮列车：超导体除电阻消失外，另一性质是具有完全的抗磁性(排斥磁场，即迈斯纳效应)。把超导体放在一块永久磁铁上，由于磁铁的磁力线不能穿过超导体，磁铁和超导体之间就会产生斥力，使超导体悬浮在磁铁上方，即使列车避免与铁轨发生摩擦，阻力小，列车时速加快(北京—上海 1962km，特快列车需 20h，磁悬浮列车只需 3h)。当时速超过 70km 时，车厢将悬浮在轨道以上大约 10cm 处向前飞驰。为了减轻列车的质量，可用碳纤维强化塑料和铝合金等材料制造。

(3) 超导计算机：高速计算机要求元件和电路密集排列，但在密集排列的电路工作时会产生大量的热，这是计算机硬件长期以来令人头痛的难题。若元件之间的接触电路用无电阻、不发热的超导材料来制作，计算机的运行速度将极大加快，可达到目前硅器件的 20～50 倍。

11. 写出下列功能材料的主要化学成分或分子式：

(1) 压电材料　　(2)磁性材料　　(3)储氢材料

(4) 形状记忆合金　　(5)光导纤维　　(6)光敏材料

答 (1) 钛酸钡 $BaTiO_3$、钛酸铅 $PbTiO_3$、锆钛酸铅 $PbZr_{1-x}Ti_xO_3$(PZT)、铌镁酸铅 $PbNb_{1-x}Mg_xO_3$ 等。

(2) 硬磁铁氧体，如钡铁氧体 $BaFe_{12}O_{19}$；软磁铁氧体，如锰锌铁氧体 $MnZnFe_2O_4$ 和镍锌铁氧体 $NiZnFeO_4$；稀土石榴型铁氧体 $3Me_2O_3 \cdot 5Fe_2O_3$(Me 为+3价稀土金属离子，如 Y^{3+}、Sm^{3+}、Gd^{3+} 等)是主要的旋磁铁氧体材料。

(3) 例如，FeTi、$LaNi_5$、$TiMn_{1.5}$、$LaNi_4Cu$、FeTiNi、$ZrMn_2$、TiNi、Mg_2Ni 等(主要成分有 Mg、Ti、Nb、V、Zr 和稀土类金属，添加成分有 Cr、Fe、Mn、Co、Ni、Cu 等)具有储氢的

功能。

（4）Au-Cd、Ag-Cd、Cu-Zn、Cu-Zn-Al、Cu-Zn-Sn、Cu-Zn-Si、Cu-Sn、Cu-Zn-Ga、In-Ti、Au-Cu-Zn、NiAl、Fe-Pt、Ti-Ni、Ti-Ni-Pd、Ti-Nb、U-Nb 和 Fe-Mn-Si 等。

（5）高纯 SiO_2。

（6）ZnO、CdS、CdTe 等。

第14章 环境化学

一、学习要点

(1) 臭氧层破坏的原因与危害。

(2) 温室效应的起因与危害。

(3) 酸雨的形成与危害。

(4) 水体污染的几种治理方法。

二、习题解答

1. 大气层中臭氧是怎样形成的？臭氧层变薄和出现空洞将造成哪些危害？为什么人们将臭氧层称为“生命之伞”？

答 自然界中存在的臭氧有91%集中在平流层中，这是氧气经太阳紫外线照射而形成的。$O_2+h\nu \longrightarrow 2O$ ($\lambda<242nm$)，$O_2+O \longrightarrow O_3$。同时，$O_3+h\nu \longrightarrow O_2+O$($\lambda=220\sim330nm$)，$O+O_3 \longrightarrow O_2+O_2$。在大气平流层中存在$O_2$、$O_3$和O的动态平衡，反应中消耗一定的太阳辐射能。即高层大气中的氧气受阳光紫外辐射变成游离的氧原子，有些游离的氧原子又与氧气结合就生成了臭氧，大气中91%的臭氧是以这种方式形成的。当达到最大值时就形成厚度约20km的臭氧层(为平流层内高15～35km)。

臭氧层厚度变薄或出现空洞，意味着有更多的紫外线到达地面，地球生态平衡将受到破坏，平流层温度也将改变，就会导致地球气候变暖、生态环境改变，严重威胁人类的生存。强烈的紫外线对生物具有破坏作用，影响人类的基因物质DNA，对人的皮肤、眼睛，甚至免疫系统都会造成伤害，使皮肤癌发病率增加，白内障患者增多，多种疾病活动增强，还会抑制植物的光合作用和生长速度，破坏浮游生物的染色体和色素，影响水生食物链，使农业减产和水产资源减少等。

由于O_3能吸收一定波长范围内的紫外光，因此能滤掉日光中大量短波紫外线，对地球表面形成保护层。有了臭氧层，地球上的生物才得以生存，所以臭氧层好像是地球生物圈的一个天然保护伞。

2. 臭氧层遭破坏的主要原因是什么？哪些污染物引起臭氧层的破坏？应采取哪些可行的办法以减少对臭氧层的破坏？

答 臭氧层遭破坏主要是由于人类活动产生的一些痕量气体，如氯氟烃CFC(商品名氟利昂，为氯氟甲烷类化合物)、氮氧化物NO_x等物质进入平流层消耗臭氧，使臭氧量减少引起的。

氟利昂(如 CF_2Cl_2、$CFCl_3$)、发泡剂、清洗剂(如 $C_2F_2Cl_3$)、杀虫剂、除臭剂、头发喷雾剂、灭火剂(如 CF_2ClBr_2 和 $C_2F_2Br_2$)、汽车尾气、工业废气、超音速飞机排出的废气(NO_x 和水蒸气)、核爆炸释放的烟尘(均能到达平流层)、氮肥生产和大量使用所产生的各种氮氧化物 NO_x(氮肥被细菌分解能转变为 N_2O)都有可能危害到臭氧层。

为了保护臭氧层免遭破坏,如完全停止氟利昂的生产和排放,以减少对臭氧层的破坏;停止生产哈龙 1211(CF_2BrCl)、哈龙 1310(CF_3Br)、哈龙2420($C_2F_4Br_2$),即对消耗臭氧层物质的生产和使用予以停止与控制,对替代品及替代技术的生产和应用予以引导和鼓励。此外,减少工业废气排放及其他一切破坏臭氧层的污染物的排放等。

3. 冰箱泄漏的氯氟烃(氟利昂)进入平流层后是怎样使臭氧层的平衡遭到破坏的?试用反应方程式表示并作简单说明。

答 氟利昂被广泛用于制冷系统(如 CF_2Cl_2、$CFCl_3$),它在对流层不分解,但进入平流层后,受紫外线辐射而分解产生 Cl 原子,Cl 原子则可引发破坏 O_3 循环的反应,使 O 和 O_3 变成 O_2,而 Cl 原子本身不发生变化,最终结果是将 O_3 变为 O_2。因此,由氟利昂释放出的 Cl 原子起了催化分解 O_3 的作用(一个活性分子往往可导致千百个 O_3 分子的破坏)。

例如,紫外线使 CF_2Cl_2 中的链断裂产生 Cl 原子:

$$CF_2Cl_2 \xrightarrow{h\nu} CF_2Cl + Cl$$

活泼的 Cl 原子参与破坏 O_3,可能的反应是

$$Cl + O_3 \longrightarrow ClO + O_2$$

$$ClO + O \longrightarrow Cl + O_2$$

净反应: $$O_3 + O \longrightarrow 2O_2$$

4. 形成酸雨的主要物质是什么?现取一份雨水样,每隔一定时间测其 pH,数据如下:

测试时间/h	0	1	2	4	8
雨水样的 pH	4.73	4.62	4.56	4.55	4.55

说明雨水样 pH 变小的主要原因。正常雨水的 pH 为 6~7,以上所取的雨水已大大偏离正常值,会给环境带来哪些危害?

答 形成酸雨的主要物质是 SO_x 和 NO_x。主要产生于化石燃料的燃烧过程(排放出 CO_2、SO_2、NO_x、CO、烟尘、碳氢化合物等)、金属硫化物矿在冶炼时所释放出的大量 SO_2 和汽车排放的尾气(如 NO_x、SO_2、CO、O_3、碳氢化合物和颗粒物等)。这些 SO_2 通过气相和液相的氧化反应产生硫酸。大气中的颗粒物(如 Fe、Mn、Cu、Mg、V 等)和 O_3 等都是反应的催化剂。燃烧过程产生的 NO 和空气中的 O_2 化合为 NO_2、NO_2 遇水则生成硝酸和亚硝酸。

正常雨水的 pH 为 6~7,以上所取的雨水已大大偏离正常值,雨水样 pH 变小的主要原因是大气污染物排放、迁移、转化、成云和在一定气象条件下生成降雨的综合过程的产物,随着时间的推移,雨水中的硫酸、硝酸和亚硝酸等物质含量逐渐增多,因此 pH 逐渐减小。

酸雨对环境有多方面的危害:使水域和土壤酸化,损害农作物和林木生长,危害渔业

生产(pH<4.8时鱼类就会消失),腐蚀建筑物、工厂设备和文化古迹,也危害人类健康(通过食物链)。因此,酸雨会破坏生态平衡,造成很大的经济损失。

5. 温室效应是指地球表面受到来自太阳的短波辐射增温后,又以长波辐射的形式向太空散射热量。然而一部分长波辐射热量会被大气中的温室气体吸收,从而使大气温度升高。以下所列气体,哪些是温室气体?为什么?

Cl_2 H_2O O_2 N_2 稀有气体 N_2O NO_2 CO_2 CH_4 O_3 $CHCl_3$ CFC(氟利昂的总称) CCl_4 SO_2

答 H_2O、N_2O、NO_2、CO_2、CH_4、O_3、$CHCl_3$、CFC、CCl_4、SO_2 是温室气体。引起温室效应的温室气体是指那些具有"红外活性"的气体,即能吸收红外线的气体。红外活性的含义是原子间呈不对称振动(伸缩振动和弯曲振动,前者为键长改变的振动,后者为键角改变的振动)时,引起分子瞬间偶极矩改变,同时吸收红外线(发生两个不同振动能级间的跃迁)。单原子分子和同核双原子分子的振动不产生偶极矩的变化是由于它们都不是温室气体,如大气主要成分 N_2、O_2 以及稀有气体、Cl_2 等就是非温室气体。

6. 自来水厂通常采用氯气和绿矾进行消毒、净化以改善水质。请简述它们所起的作用。

答 自来水通常以氯气消毒,当氯气溶于水中会变成次氯酸或次氯酸根离子,即俗称有效余氯。由于次氯酸体积小,电荷中性,易于穿过细胞壁;同时,它又是一种强氧化剂,具有极高的氧化能力,如自来水含有效余氯,它在配水管中停留时可预防细菌(病原菌)的滋生(次氯酸能损害细胞膜,使蛋白质、RNA 和 DNA 等物质释出,并影响多种酶系统从而使细菌死亡)。

绿矾既是混凝剂,也是氧化还原剂。向污水中投加一定量的药剂,使水中的污染物凝聚并沉降。水中呈胶体状态的污染物质通常带有负电荷,胶体颗粒之间互相排斥形成稳定的混合液,水中带有相反电荷的电解质(混凝剂)可使污水中的胶体颗粒改变为呈电中性,并在分子引力作用下凝聚成大颗粒下沉。绿矾还可使污水中呈溶解状态的有机和无机污染物,由于电子的迁移而发生氧化和还原作用形成无害的物质,多用于处理含铬、含汞的废水。

7. 为什么说废旧的锌锰干电池会污染环境,不能随意丢弃?

答 锌锰干电池主要有酸性锌锰电池和碱性锌锰电池两类,它们都含有汞、锰、镉、铅、锌等重金属物质。废电池废弃后,电池的外壳会慢慢地腐蚀,其中的重金属物质会逐渐渗入水体和土壤,造成污染。这些重金属离子在环境中随着生物链富集、传递,最终影响人类。例如,震惊世界的水俣病就是由汞污染造成的,痛痛病是由镉中毒引起的。这些重金属离子能够对人体产生各种危害特征效应。例如,过量的锰可引起神经功能障碍;长期食用受镉污染的水和食物,可导致骨痛病,引起骨质软化骨骼变形,严重时形成自然骨折,以致死亡;锌的盐类能使蛋白质沉淀,有致癌的危险;铅能抑制血红蛋白的合成代谢,导致儿童体格发育迟缓,慢性铅中毒的儿童智力低下等。因此,废旧的锌锰干电池会污染环境,不能随意丢弃。

8. 用沉淀法处理含汞废水时,往往是先加入一定量的硫化钠,然后加入硫酸亚铁,为什么要按上述程序进行操作？如果 Na_2S 过量会出现何种结果？加入$FeSO_4$的目的是什么？请加以说明。

答 含汞废水中加入一定量的 Na_2S 使 Hg^{2+} 或 Hg_2^{2+} 生成硫化汞(HgS)沉淀而除去。硫化物加入量要控制适当，若加过量会产生可溶性配合物，也会使处理后的出水中残余硫偏高，带来新的污染问题。生成的 HgS 沉淀与 Na_2S 的反应如下：

$$HgS + Na_2S = Na_2HgS_2 \text{（二硫合汞酸钠）}$$

过量 S^{2-} 的处理办法是在废水中加入适量 $FeSO_4$，Fe^{2+} 与 S^{2-} 生成 FeS 沉淀的同时与悬浮的 HgS 发生吸附作用共同沉淀下来。

9. 含$[Cd(CN)_4]^{2-}$废水毒性大，必须进行预处理，常投入漂白粉以消除毒性，写出有关的反应方程式。

答 含$[Cd(CN)_4]^{2-}$废水毒性大，必须进行预处理，设法破坏这些配合物。加入漂白粉使 Cd^{2+} 形成 $Cd(OH)_2$ 沉淀，CN^- 被氧化为无毒的 N_2 和 HCO_3^-。

$$Ca(OCl)_2 + 2H_2O = Ca(OH)_2 + 2HOCl$$

$$[Cd(CN)_4]^{2-} \rightleftharpoons Cd^{2+} + 4CN^-$$

$$2CN^- + 5ClO^- + H_2O = 5Cl^- + N_2\uparrow + 2HCO_3^-$$

$$Cd^{2+} + Ca(OH)_2 = Cd(OH)_2\downarrow + Ca^{2+}$$

10. Fe^{2+}和 Fe^{3+} 似乎都可以消除 CN^- 的污染，为什么在应用时往往选择 Fe^{2+}？

答 Fe^{2+} 和 Fe^{3+} 都可以与 CN^- 反应，分别形成配合物$[Fe(CN)_6]^{4-}$和$[Fe(CN)_6]^{3-}$，它们的 $K^{\ominus}_{稳}$ 分别为 10^{35} 和 10^{42}，且它们在热力学上都是很稳定的，而$[Fe(CN)_6]^{3-}$的稳定性更大。但在处理含 CN^- 的废水时，常选用 Fe(Ⅱ)盐，这是因为生成的$[Fe(CN)_6]^{4-}$在动力学上是惰性的。$[Fe(CN)_6]^{4-}$很难与水中的其他配体发生交换反应，CN^- 难以解离出来，不易产生二次污染，可达到废水排放标准。相反，$[Fe(CN)_6]^{3-}$在动力学上是活性的，由于交换反应迅速进行，$[Fe(CN)_6]^{3-}$的二次污染毒性大。因此，在应用时往往选择 Fe^{2+}。

11. 废水中的 Cd^{2+}、Cu^{2+}、Mn^{2+} 能否用加入固体 FeS 的方法除去？试通过有关计算(利用多重平衡常数)加以回答。

解 CdS、CuS、MnS 和 FeS 的溶度积常数 $K^{\ominus}_{sp}$ 分别为 $K^{\ominus}_{sp,CdS} = 8\times10^{-27}$、$K^{\ominus}_{sp,CuS} = 6\times10^{-36}$、$K^{\ominus}_{sp,MnS} = 2\times10^{-10}$ 和 $K^{\ominus}_{sp,FeS} = 6\times10^{-18}$。

根据 $M^{2+} + FeS = MS + Fe^{2+}$，反应的平衡常数为

$$K^{\ominus} = \frac{[Fe^{2+}]}{[M^{2+}]} = \frac{[Fe^{2+}]\cdot[S^{2-}]}{[M^{2+}]\cdot[S^{2-}]} = \frac{K^{\ominus}_{sp,FeS}}{K^{\ominus}_{sp,MS}}$$

则废水中的 Cd^{2+}、Cu^{2+}、Mn^{2+} 与固体 FeS 反应的平衡常数分别为 7.5×10^{8}、1.0×10^{18}、3×10^{-8}。其中，Cd^{2+}、Cu^{2+} 与固体 FeS 反应的平衡常数大于 10^6，因此废水中的 Cd^{2+}、Cu^{2+} 可以用加入固体 FeS 的方法除去，而 Mn^{2+} 与固体 FeS 反应的平衡常数远远小于 1，不可以用加入固体 FeS 的方法除去。

12. 在空气、水、土壤和食品中，存在着哪些潜在的有害物质？这些物质来自何方？

如何消除?

答 空气中存在着潜在的有害物质,如颗粒物(如 PbO_2、$CaCO_3$、ZnO 及各种重金属尘粒)、含硫化合物(如 SO_x、H_2S 等)、含氮化合物(如 NO_x、NH_3 等)、氧化物(如 O_3、CO、CO_2 等)、卤化物(如 Cl_2、HF、HCl 等)和有机化合物(如甲醛、有机酸、有机卤化物、稠环化合物等)。对大气环境造成污染有自然因素(如火山爆发、森林火灾、地震等)和人为因素。

水体中有毒无机污染物主要指 Hg、Cd、Pb、Cr、As 等的离子或化合物以及 CN^-、NO_2^- 等。它们对人类或生态系统可产生直接或长期积累性损害。水体的污染源主要来自工业废水、生活污水和径流污水。

土壤中存在着潜在的有害物质:土壤污染物的来源广、种类多,大致可分为无机污染物和有机污染物两大类。无机污染物主要包括酸,碱,重金属(铜、汞、铬、镉、镍、铅等)盐类,放射性元素铯、锶的化合物,含砷、硒、氟的化合物等。有机污染物主要包括有机农药、酚类、氰化物、石油、合成洗涤剂、3,4-苯并芘以及由城市污水和污泥及厩肥带来的有害微生物等。当土壤中含有害物质过多,超过土壤的自净能力时,就会引起土壤的组成、结构和功能发生变化,微生物活动受到抑制,有害物质或其分解产物在土壤中逐渐积累,通过“土壤→植物→人体”,或通过“土壤→水→人体”间接被人体吸收,达到危害人体健康的程度,这就是土壤污染。土壤污染的来源:近年来,由于人口急剧增长,工业迅猛发展,固体废物不断向土壤表面堆放和倾倒,有害废水不断向土壤中渗透,大气中的有害气体及飘尘也不断随雨水降落在土壤中,导致土壤污染。

食品中存在着潜在的有害物质:食品中的有害成分有一部分是因日益严重的环境污染带来的,如农药、化学品污染等。工业排放的“三废”——废水、废渣、废气,交通运输排放的尾气,城市生活产生的垃圾以及农药等在环境中的残留等导致由食品将环境中吸收的化合物转化为有毒化合物或有毒化合物被食品从其生长环境中吸收而直接污染食品或食品加工中产生有毒化合物。环境污染物对人类的危害程度大小与污染物的化学存在形式有关。例如,对于重金属元素汞,有机汞的毒性比无机汞更大;此外有一些污染物在使用时是低毒性的,经过生物代谢后可以生成毒性更大的物质。污染物对机体的毒性与人的营养状况、生理状态等也有关系,一般条件下充足的营养可以降低环境污染物对机体的危害。

消除空气、水、土壤和食品中潜在的有害物质就是要保护环境。

13. 震惊世界的八大公害事件是在何时、何地、何种环境条件下发生的?危害程度怎样?根源在何处?从中吸取哪些教训?

答 20世纪30~60年代,震惊世界的环境污染事件频繁发生,使众多人群非正常死亡、残废、患病的公害事件不断出现,其中最严重的有八起污染事件,人们称之为“八大公害”事件:

(1) 比利时马斯河谷烟雾事件。1930年12月1~5日,比利时的马斯河谷工业区,外排的工业有害废气(主要是二氧化硫)和粉尘对人体健康造成了综合影响,其中毒症状为咳嗽、流泪、恶心、呕吐,一周内有几千人发病,近60人死亡,市民中心脏病、肺病患者的死亡率增高,家畜的死亡率也大大增高。

(2) 美国多诺拉事件。1948 年 10 月 26～31 日，美国宾夕法尼亚州多诺拉镇大气中的二氧化硫以及其他氧化物与大气烟尘共同作用，生成硫酸烟雾，使大气严重污染，4 天内 43%的居民患病，17 人死亡，其中毒症状为咳嗽、呕吐、腹泻、喉痛。

(3) 美国洛杉矶光化学烟雾事件。1955 年 5～10 月，美国洛杉矶市的大量汽车废气产生的光化学烟雾，造成大多数居民患眼睛红肿、喉炎、呼吸道疾患恶化等疾病，65 岁以上的老人死亡 400 多人。

(4) 英国伦敦烟雾事件。1952 年 12 月 5～8 日，英国伦敦由于冬季燃煤引起的煤烟形成烟雾，导致 5 天时间内 4000 多人死亡。

(5) 日本水俣病事件。1953～1968 年，日本熊本县水俣湾，人们食用了海湾中含汞污水污染的鱼虾、贝类及其他水生动物，造成近万人中枢神经疾患，其中甲基汞中毒患者 283 人中有 60 人死亡。

(6) 日本四日市哮喘病事件。1955～1961 年，日本的四日市由于石油冶炼和工业燃油产生的废气严重污染大气，引起居民呼吸道疾患剧增，尤其是哮喘病的发病率大大提高。

(7) 日本爱知县米糠油事件。1968 年 3 月，在日本爱知县一带，由于对生产米糠油业的管理不善，造成多氯联苯污染物混入米糠油内，人们食用了这种被污染的油之后，酿成有 13000 多人中毒、数十万只鸡死亡的严重污染事件。

(8) 日本富山痛痛病事件。1955～1968 年，生活在日本富山平原地区的人们因为饮用了含镉的河水和食用了含镉的大米，以及其他含镉的食物，引起“痛痛病”，就诊患者 258 人，其中因此死亡者达 207 人。

八大公害事件：因环境污染造成的在短期内人群大量发病和死亡事件。上述材料说明人类面临严重的环境问题，应引起当代人的深思，从中吸取教训，思考究竟为什么会出现如此严重的环境问题。环境问题如果不解决，人们赖以生存的环境就很恶劣；不进行环境保护，带来的繁荣就是灾难。环境保护则是能否生存的问题。人们只有有效地保护自然环境，才有可能很好地借助自然来完成自己的心愿，自然环境才能更大限度地、持久地变为现实生产力。

14. 说明汽车、飞机的尾气对大气形成污染的主要原因。减少或消除污染的有效途径有哪些？

答 汽车、飞机的尾气成分非常复杂，主要包括一氧化碳、氮氧化物、碳氢化合物等。一氧化碳是燃料在发动机内燃烧不完全的产物，碳氢化合物是燃料在发动机中燃烧不完全和燃料挥发形成的。氮氧化物是在发动机内，空气中的氮和氧发生反应形成的多种化合物。氮氧化物和空气中的水等物质反应生成酸，形成酸雨、酸雾、酸雪或干的酸性颗粒物，腐蚀汽车、建筑物和历史文物等，并使河流和湖泊酸化，不适宜鱼类等生存；它与空气中的水、氨及其他化合物反应，生成含硝酸的细微颗粒物，这些颗粒物进入肺的深处，损害肺组织，引起或加重肺气肿和支气管炎等呼吸系统疾病，并加重心脏病人的病情；氮氧化物和碳氢化合物在强烈阳光照射下还会发生复杂的化学反应，在近地面形成光化学烟雾，进而导致夏季臭氧大大超标，严重危害人体和生态环境。汽车、飞机的尾气直接排放的细微颗粒物被吸入人体，将引发呼吸道、肺部疾病，所携带的多种致癌物还易引发人体癌症。

减少或消除污染的有效途径有：①尾气的净化处理技术，开发在机内净化和机外净化处理技术，提高燃油的燃烧率，安装防污染处理设备；②采用无铅汽油以代替有铅汽油，可减少汽油尾气毒性物质的排放量；③采取开发新型发动机，即无污染物排放的机动车，从控制燃料使用标准入手；④采用绿色燃料同样可减少尾气有毒气体排放量；⑤其他方面，如科学驾驶，尽量减少用油量、不完全燃烧和挥发情况。

15. 三聚磷酸钠（$Na_5P_3O_{10}$）是许多洗涤剂的添加剂，用来配位水中的 Ca^{2+}、Mg^{2+}，达到软化水的目的。请画出 $P_3O_{10}^{5-}$ 的结构式。由于 Ca^{2+}、Mg^{2+} 与 $P_3O_{10}^{5-}$ 形成的配离子易溶于水，当大量洗涤水被排入水体时，将给环境造成怎样的影响？有人提出用某些金属离子可将它们沉淀出来，以减少磷酸盐的排放量。请提供两种这样的金属离子。

答 $P_3O_{10}^{5-}$ 的结构式如下：

```
      O⁻        O         O⁻
      |         ‖         |
 O＝P—O—P—O—P＝O
      |         |         |
     ⁻O         O⁻        O⁻
```

由于 Ca^{2+}、Mg^{2+} 与 $P_3O_{10}^{5-}$ 形成的配离子易溶于水，当大量洗涤水被排入水体时造成环境污染，使水体富营养化（富含磷为植物所需营养元素的水），从而引起藻类和浮游生物迅速繁殖（如使水体呈红色、绿色、紫色等），水体溶解氧减少，透明度下降，水质恶化，导致水中鱼类、贝类等因缺氧死亡。死亡藻类分解时放出 CH_4、H_2S 等气体，将使水变得腥臭难闻。

可加入 Fe^{3+} 或 Al^{3+}，使废水中可溶物 $[MP_3O_{10}]^{3-}$（M＝Ca^{2+}、Mg^{2+}）生成沉淀而除去。

16. 提供含砷废水、含铅废水、含汞废水、含镉废水、含氰废水等的多种化学处理方法。

答 a. 含砷废水的化学处理方法

无机砷主要以 AsO_2^-（AsO_3^{3-}）、As_2O_3、AsO_4^{3-}、H_3AsO_4、As^{3+} 等形态存在。

含砷废水的处理方法有沉淀法、吸附法（常用吸附剂有活性炭、沸石、磺化煤等）、电凝聚法、离子交换法、生化法（如活性污泥法）等。

例如，沉淀法处理含砷废水如下：

利用 AsO_3^{3-}（AsO_2^-）、AsO_4^{3-} 能与许多金属离子直接生成难溶化合物的特性，经过滤而除去。由于亚砷酸盐的溶解度比砷酸盐高得多，对沉淀反应不利，预先用氯气等氧化剂将其氧化为砷酸盐。常用的沉淀剂有钙盐、铁盐、镁盐、铝盐、硫化物等。例如

$$3Ca^{2+} + 2AsO_4^{3-} = Ca_3(AsO_4)_2 \downarrow$$

$$Fe^{3+} + AsO_3^{3-} = FeAsO_3 \downarrow$$

砷可与钙、镁、铁、铝等金属氢氧化物产生共沉淀（使可溶性离子被沉淀物吸附，而微小粒子能被大量沉淀物所凝聚或网捕）而被除去。例如，使用氢氧化钙和氯化铁混合混凝剂可以提高除砷效率。

$$2Fe^{3+} + 3Ca(OH)_2 = 2Fe(OH)_3 \downarrow + 3Ca^{2+}$$

$$AsO_4^{3-} + Fe(OH)_3 = FeAsO_4 \downarrow + 3OH^-$$

$$AsO_3^{3-}+Fe(OH)_3 = FeAsO_3\downarrow+3OH^-$$

用硫化物(如 Na_2S、$NaHS$、FeS)作除砷剂,在较低的 pH 下生成 As_2S_3 沉淀而除去。

b. 含铅废水的化学处理方法

在含铅废水中存在无机铅和有机铅,无机铅的主要存在形态为 Pb^{2+}。处理方法有沉淀法、离子交换法、吸附法、铁氧体法等,其中沉淀法是一种行之有效的除铅方法。沉淀法处理含铅废水的沉淀剂有石灰、氢氧化钠、碳酸钠、磷酸盐等,使铅生成 $Pb(OH)_2$、$PbCO_3$ [$Pb_2(OH)_2CO_3$]、$Pb_3(PO_4)_2$ 沉淀而除去。

用生成 $Pb(OH)_2$ 沉淀的除铅效率与废水的 pH、碳酸盐浓度、其他金属离子的含量和有否进行废水的预处理(如过滤)有关。

用白云石($CaCO_3\cdot MgCO_3$)或石灰和硫化亚铁处理含铅废水也有报道,认为前者是一种行之有效的除铅方法。另外,用石灰加混凝剂(如硫酸亚铁)联合处理含铅的碱性废水也取得了较好的除铅效果。

c. 含汞废水的化学处理方法

废水中的汞一般以化合态形式存在,分为有机汞和无机汞两大类。无机汞的存在形态为 Hg^{2+} 和 Hg_2^{2+},Hg^{2+} 在一定条件下(如微生物作用下)转化为甲基汞,进一步转化为二甲基汞,汞的甲基化增强了汞的毒性。

消除水体中无机汞的污染有沉淀法、化学还原法、离子交换法、吸附法、电解法、溶剂萃取法、微生物浓集法等。

沉淀法处理是在含汞废水中加入 Na_2S 或 $NaHS$,使 Hg^{2+} 或 Hg_2^{2+} 生成硫化汞(HgS)沉淀而除去(如果渣量大,可用焙烧法回收汞)。硫化物加入量要控制适当,若加过量会产生可溶性配合物,也会使处理后的出水中残余硫偏高,带来新的污染问题。生成的 HgS 沉淀与 Na_2S 的反应如下:

$$HgS+Na_2S = Na_2HgS_2\text{(二硫合汞酸钠)}$$

过量 S^{2-} 的处理办法是在废水中加入适量 $FeSO_4$,Fe^{2+} 与 S^{2-} 生成 FeS 沉淀的同时与悬浮的 HgS 发生吸附作用共同沉淀下来。

用沉淀剂(Na_2S 或 $NaHS$)和混凝剂(如明矾)两步处理含汞废水,产生共沉淀,可提高沉降效率,含汞量降低。主要反应式如下:

$$Hg^{2+}+S^{2-} = HgS\downarrow$$

$$Hg_2^{2+}+S^{2-} = HgS\downarrow+Hg$$

$$Al^{3+}+3OH^- = Al(OH)_3\downarrow$$

化学还原法是将 Hg^{2+}(或 Hg_2^{2+})还原为 Hg,加以分离和回收。采用的还原剂有铁粉、锌粉、铝粉、铜屑、硼氢化钠等。据报道,采用铁粉时,pH 应控制适当,pH 太高易生成氢氧化物沉淀,pH 太低产生氢气,使铁粉耗量大且不安全。用锌粉处理较高 pH(9~11)的含汞废水效果最好。铝粉适宜于处理单一的含汞废水,当汞离子与铝粉接触时,汞即析出而与铝生成铝汞齐,附着于铝表面,再将此铝粉加热分解,即可得汞。$NaBH_4$ 将 Hg^{2+} 还原为 Hg。

$$Hg^{2+}+BH_4^-+2OH^- = Hg\downarrow+3H_2\uparrow+BO_2^-$$

铜屑与 Hg^{2+} 的反应为

$$Cu + Hg^{2+} = Cu^{2+} + Hg\downarrow$$

经还原法处理后的废水还需要用其他更为有效的方法进行二级处理，才能达到排放标准。

离子交换法处理氯碱厂含汞废水，先将 $HgCl_2$ 转变成配阴离子，然后与阴离子交换树脂发生吸附交换反应。

$$HgCl_2 + 2NaCl = Na_2HgCl_4$$

$$2R—Cl + Na_2HgCl_4 = R_2—HgCl_4 + 2NaCl$$

若废水中汞是以 Hg^{2+} 形式存在，则通过阳离子交换树脂而留在树脂上，然后用 HCl 溶液将汞淋洗下来进行回收。

d. 含镉废水的化学处理方法

在废水中镉主要以+2价形式存在，如 Cd^{2+}、$[Cd(CN)_4]^{2-}$ 等。

目前含镉废水的处理方法有沉淀法（氢氧化物或硫化物沉淀）、离子交换、吸附法（如活性炭具有比表面积大、吸附性能强、去除率高等特点）、铁氧体法，化学还原法、膜分离法和生化法等。

沉淀法是处理含镉废水的常用方法，在碱性条件下，使 Cd^{2+} 生成 $Cd(OH)_2$ 沉淀。例如，用石灰处理含镉废水发生下列反应：

$$Cd^{2+} + Ca(OH)_2 = Cd(OH)_2\downarrow + Ca^{2+}$$

实验发现，如果在含镉废水中含有一定浓度的碳酸盐（或外加碳酸盐），Cd^{2+} 可以在较低的 pH 下生成沉淀，能改善沉淀物性能（如脱水性、体积减小等）。

在含镉废水中投入石灰和混凝剂（铁盐或铝盐），由于产生共沉淀，可达到较好的除镉效果。若镉在废水中是以配离子形式存在，如 $[Cd(CN)_4]^{2-}$，必须进行预处理，设法破坏这些配合物。例如，加入漂白粉使 Cd^{2+} 形成 $Cd(OH)_2$ 沉淀，CN^- 被氧化为无毒的 N_2 和 HCO_3^-。

$$Ca(OCl)_2 + 2H_2O = Ca(OH)_2 + 2HOCl$$

$$[Cd(CN)_4]^{2-} = Cd^{2+} + 4CN^-$$

$$2CN^- + 5ClO^- + H_2O = 5Cl^- + N_2\uparrow + 2HCO_3^-$$

$$Cd^{2+} + Ca(OH)_2 = Cd(OH)_2\downarrow + Ca^{2+}$$

沉淀剂除石灰外，还有 Na_2S、FeS 等。例如

$$Cd^{2+} + S^{2-} = CdS\downarrow$$

$$Cd^{2+} + FeS = CdS\downarrow + Fe^{2+}$$

e. 含氰废水等的化学处理方法

含氰废水的处理方法通常是将含氰化合物部分氧化为毒性较低的 CNO^- 或完全氧化为 CO_2（或 HCO_3^-、CO_3^{2-}）和 N_2。

目前处理含氰废水的方法有氯化法、电解法、氧化法、沉淀法、蒸发回收法和其他处理方法（如反渗析法、离子交换法、膜分离法、高温氧化法等）。

例如，氯化法是指提供一种含有 OCl^- 的氧化剂[Cl_2 + NaOH、NaOCl、$Ca(OCl)_2$]，将 CN^- 氧化为 CNO^- 或 CO_2（HCO_3^- 或 CO_3^{2-}）和 N_2。Cl_2、NaOCl 和 $Ca(OCl)_2$ 三种氧化剂与 CN^- 的反应方程式如下：

$$2CN^- + 5Cl_2 + 8OH^- = N_2\uparrow + 2CO_2\uparrow + 10Cl^- + 4H_2O$$

$$2CN^- + 5OCl^- + 2OH^- = N_2\uparrow + 2CO_3^{2-} + 5Cl^- + H_2O$$

$$5OCl^- + 2CN^- + H_2O = N_2\uparrow + 2CO_2\uparrow + 5Cl^- + 2OH^-$$

当用 OCl^- 处理含氰的配合物时，以$[Cu(CN)_3]^{2-}$为例，将发生下列反应：

$$2[Cu(CN)_3]^{2-} + 7OCl^- + 2OH^- + H_2O = 6CNO^- + 7Cl^- + 2Cu(OH)_2\downarrow$$

用氯化法脱氰应注意以下几个问题：

(1) 反应应在碱性条件下进行，因为反应中产生的剧毒物 CNCl 在酸性条件下不易转化为微毒物 CNO^-。可能的机理是

$$CN^- + OCl^- + H_2O = CNCl + 2OH^- \quad ①$$

$$CNCl + 2OH^- = CNO^- + Cl^- + H_2O \quad ②$$

CNCl 为挥发性的中间产物，毒性与 HCN 相近，在酸性介质中稳定。当 pH>10 和温度高于 20℃，会自动快速分解。当 pH 较低时，如有足够的 Cl_2 将 CN^- 氧化为 CNO^-，也可避免剧毒物 CNCl 的释放。

(2) 用 Cl_2 氧化氰化物时，往往加入过量的氯气以提高氯化效率。当水中剩余的游离氯浓度太高时，必须设法脱氯。脱氯的方法有活性炭吸附，在一定 pH 曝气处理或加入脱氯剂等。常用的脱氯剂(还原剂)有 SO_2、Na_2SO_3、$NaHSO_3$、$Na_2S_2O_3$ 等。

(3) 在含氰废水中，往往存在多种金属离子[如 Fe^{2+}、Fe^{3+}、Cu^{2+}(Cu^+)、Ni^{2+} 等]与 CN^- 以配合物的形式存在{$[Fe(CN)_6]^{4-}$、$[Fe(CN)_6]^{3-}$、$[Cu(CN)_4]^{3-}$、$[Ni(CN)_4]^{2-}$等}，这些配合物是非常稳定的，从而阻碍了氯化反应的进行，使氯的消耗量增加，出水时的氰含量偏高。据报道，可借紫外光与加热、O_3 或加入过量氧化剂将这些配合物分解破坏掉。

氧化法常用的氧化剂有 O_2(空气中)、H_2O_2、$KMnO_4$、O_3 等。

空气氧化法的原理是在 $S_2O_5^{2-}$ 和催化剂 Cu^{2+} 存在下，在适宜的 pH 范围内，O_2 将 CN^- 氧化为 CNO^-，CNO^- 再经水解生成 NH_3 及 HCO_3^-。Cu^{2+} 可用 $CuSO_4 \cdot 5H_2O$、NaOH 或石灰调 pH，$Na_2S_2O_5$(焦亚硫酸钠)在空气中极易氧化变质，并不断放出 SO_2。反应式如下：

$$S_2O_5^{2-} + 2CN^- + 2O_2 + H_2O \xlongequal{Cu^{2+}} 2CNO^- + 2H^+ + 2SO_4^{2-}$$

$$CNO^- + 2H_2O = HCO_3^- + NH_3$$

上述反应最佳 pH 为 8.0～9.5。废水中氰化物氧化顺序为

$$CN^- > [Zn(CN)_4]^{2-} > [Fe(CN)_6]^{4-} > [Ni(CN)_4]^{2-} > [Cu(CN)_4]^{3-} > SCN^-$$

H_2O_2 氧化法的原理是：H_2O_2 可将氰化物直接氧化成 CNO^-，不产生剧毒的中间产物(CNCl)，当升高温度时 CNO^- 发生水解反应生成 CO_3^{2-} 和 NH_3。

$$CN^- + H_2O_2 = CNO^- + H_2O$$

$$CNO^- + OH^- + H_2O = CO_3^{2-} + NH_3$$

用铁盐处理含氰废水：

在含氰废水中加铁盐(如 $FeSO_4$)，CN^- 转化为毒性较小的 $Fe(CN)_2$ 沉淀或配离子

$[Fe(CN)_6]^{4-}$，从而降低了废水中氰的含量，但氰化物并未分解或破坏，没有彻底消除氰的污染。主要是生成的$[Fe(CN)_6]^{4-}$在高温和受光照射时发生氧化和水解反应产生剧毒的 HCN。

$$4[Fe(CN)_6]^{4-} + O_2 + 10H_2O = 4Fe(OH)_3 + 8HCN + 16CN^-$$

因此，含$[Fe(CN)_6]^{4-}$的废水在放置过久或日光照射后会释放出剧毒物 HCN。

第 15 章　化学元素与健康

一、学习要点

（1）生命体中常量元素与微量元素种类及其在周期表中的位置。

（2）生命体中常量元素与微量元素的重要作用。

（3）有毒有害元素对生命的危害及解毒剂。

二、习题解答

1. 人体中有哪些必需微量元素？这些微量元素有何作用？

答　生命体中一些元素含量低于人体质量的 0.01%，称为微量元素，到目前为止认为有 16 种：Zn、Cu、Co、Cr、Mn、Mo、Fe、I、Se、F、Ni、Sn、Si、V、As、B，其中 6 种为非金属元素，10 种为金属元素。

微量元素虽然在人体中含量甚微，但对人体健康影响极大。它与人体健康的关系是很复杂的，其浓度、价态、摄入肌体的途径等均对人体健康有影响。而且微量元素与人体的关系不是孤立的，微量元素之间，微量元素与蛋白质、酶、脂肪、维生素之间都存在着相互作用。

2. 宏量元素和必需微量元素划分的标准是什么？人体必需的元素在周期表的分布有何特点？

答　有 11 种元素的含量超过人体质量的 0.05%，称为常量元素；另有一些元素含量低于人体质量的 0.01%，称为微量元素，到目前为止认为有 16 种。

绝大多数生命必需元素处在第一至第四周期，几乎占满了周期表右上角的非金属区，而金属元素主要分布于ⅠA、ⅡA 族和第一过渡系，具有明显生物活性且原子序数大于 35 的元素，就目前所知只有 Mo、Sn、I，见下表。

生命元素在周期表中的分布

	ⅠA	ⅡA									ⅢA	ⅣA	ⅤA	ⅥA	ⅦA
1	**H**														
2											B	**C**	**N**	**O**	F
3	**Na**	**Mg**										Si	**P**	**S**	**Cl**
4	**K**	**Ca**	V	Cr	Mn	Fe	Co	Ni	Cu	Zn			As	Se	Br
5				Mo								Sn			I

注：表中加粗的为常量元素，其余为微量元素。

3. 最佳营养浓度定律对人体健康的意义如何?

答　无论是常量元素还是微量元素,它们在人体中都有一个最佳浓度范围,高于或低于此范围可引起中毒或生命活动不正常甚至致死,如下图所示。有的元素具有较大的体内恒定值,而有的元素在最佳浓度和中毒浓度之间只有一个狭窄的安全范围。

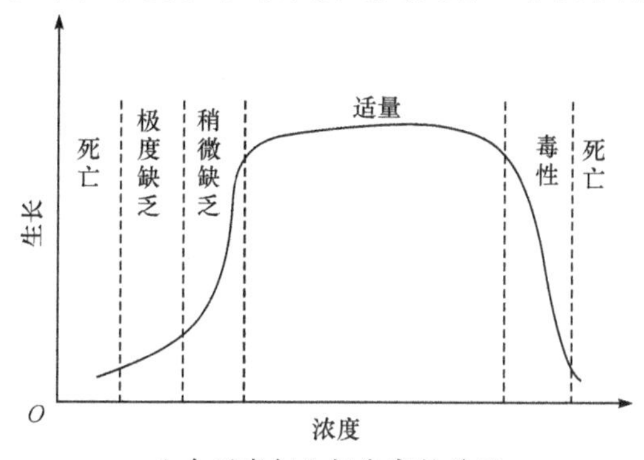

生命元素与生长发育的关系

4. 举例说明哪些金属元素为有害元素,对人类有哪些危害。

答　很多重金属元素(如 Cd、Hg、Pb、As 等)是有害的,它们在体内积累,干扰体内的代谢活动,对健康产生不良影响,引起病变。铅及其化合物均有毒,危害造血系统、心血管、神经系统和肾脏,特别是危害儿童的智力发育,甚至会引起痴呆。汞及大部分化合物均有毒,主要是积蓄性慢性中毒,主要危害中枢神经系统和肾脏。慢性汞中毒的症状主要是:食欲丧失、体重减轻、心跳加快、便秘、高血压和肌肉无力,严重时则会造成牙龈发炎、头发脱落、颤抖、步履不稳、舞蹈症、言语障碍、听力下降等。镉可以抑制体内多种酶的活性,并且易与磷结合而排挤钙,引起骨质软化和骨头疼痛。砷中毒可表现为急性,其中毒性最大的是 As_2O_3,俗称砒霜,致死量为 0.1g;砷也可以在体内积蓄,造成慢性中毒,主要抑制酶的活性,引起糖代谢停止,危害中枢神经,引发癌症。

5. 试列出有害重金属离子的解毒剂及其作用机制。

答　当发生重金属中毒时,可用螯合剂促其排出。也就是利用螯合剂从生物大分子金属配合物中夺取有毒的金属离子,从而达到排毒的作用。常用的解毒剂如下:

金属离子急性中毒的解毒剂

金　属	螯合剂
铅(Pb)	$Na_2CaEDTA$、二巯基丙醇(BAL)、青霉胺
汞(Hg)	二巯基丙醇、青霉胺
砷(As)	二巯基丙醇
镉(Gd)	$Na_2CaEDTA$
铜(Cu)	青霉胺、$Na_2CaEDTA$

6. O、N、K、Ca 这几种元素在动物体内主要分布在什么部位? 描述各自的主要功能。

答　O 主要以 H_2O、O_2 及有机物形式存在,分布在生命体内任何部位。一个体重 70kg 的人,约含 40kg 水,氧占 36kg。氧主要参与人体多种氧化过程,释放能量,供人体利用。

N是蛋白质、氨基酸等有机化合物的主要成分，分布在生命体内任何部位。氨基酸是构成生物体蛋白质的基本单位并同生命活动有关的最基本的物质，与生命活动有着密切的关系，是生物体内不可缺少的成分之一。生命运动方式是通过蛋白质来实现的，人体的生长、发育、运动、遗传、繁殖等一切生命活动都离不开蛋白质。

K多以K^+存在于血液、细胞液中，是维持体内渗透压、血液、体液的酸碱度和肌肉以及神经的应激性物质，KCl还可以使蛋白质大分子保持在溶液之中，调节血液的黏性和稠度。

生命体中99%的Ca在硬组织中，是骨骼和牙齿的主要成分——羟基磷灰石$Ca_{10}(OH)_2(PO_4)_6$；1%的Ca在血液中，保持细胞膜的完整和通透性，维持组织尤其是肌肉神经反应的功能，同时起到细胞信使作用，还是血液凝固所必需的成分。

7. 指出Fe、Mn、Cu和Zn这些微量元素在生物过程中的一种重要作用。

答 Fe在人体中的功能十分重要。铁是血红蛋白和肌红蛋白的重要组成部分，在血液中参与氧气的携带和运输。在肺部发生如下的反应，形成氧合血红蛋白，它随血液流向全身，由于身体其他部位氧气分压较小，下列平衡左移，释放出氧气，供身体内氧化还原反应之用。

$$Hb \cdot H_2O + O_2 \Longrightarrow HbO_2 + H_2O$$

Fe也是许多酶的活性中心，在生命过程中起着十分重要的作用。缺铁则会造成贫血、心悸亢进、指甲扁平。

Mn分布于一切组织中，以骨骼、肾脏、肝脏、胰脏内含量较多。在这些器官组织中的线粒体内，锰的生理作用与能量代谢有关，即维持与呼吸有关的酶的活性。锰又参与体内氧化磷酸化过程，在锰化合物的作用下，氧化过程增强，耗氧量增加，同时锰参与造血作用。

Cu是动物体内一系列酶的组成成分，广泛参与氧化磷酸化、自由基解毒、黑色素合成、儿茶酚胺代谢、结缔组织交联、血液凝固以及毛发形成等生理过程。此外，铜还是葡萄糖代谢、胆固醇代谢、骨骼矿化作用、免疫机能、红细胞生成和心脏功能等机能代谢所必需的微量元素。

Zn参与人体内80多种酶的代谢过程，尤其DNA和RNA聚合酶，它直接参与核酸蛋白质的合成、细胞的分化和增殖以及许多代谢，人体内还有一些酶需要锌的激活，从而发挥其活性作用。因此，锌是人体生长发育、生殖遗传、免疫内分泌、神经、体液等重要生理过程中必不可少的物质。

8. 硒有防癌的作用，是否食用含硒丰富的食物越多越好？为什么？

答 硒是谷胱甘肽过氧化酶的主要成分，最重要的生物活性是抗氧化性。硒对预防癌症和心血管病也有重要作用，还有抗衰老的功能，被称为延年益寿的元素。但是任何元素在生命体内都有一个最佳浓度范围，高于或低于此范围可引起中毒或生命活动不正常甚至致死，过量的硒，无论以何种途径进入机体，对各种动物均有毒性。已发现在高硒地区，牲畜会因摄入过量硒而中毒，导致发育迟缓、脱毛，甚至死亡，过量的硒可通过子宫转入胎儿、引起羔羊、马驹畸形。硒可存在于蛋中，使孵化率降低，影响雏鸡的生长。从乳汁中排出的硒可使吮乳幼畜发生慢性中毒。因此，人体在摄取与排泄中要保持体内的硒大致平衡，缺硒当然会患病，但摄入量过多对肌体也会造成伤害。

9. 铅中毒的治疗办法：临床上注射乙二胺四乙酸二钠钙（$Na_2CaEDTA$，简写为 Na_2CaY）。为什么不直接注射 EDTA（简写为 Na_2H_2Y）？

答　如果直接注射 EDTA，EDTA 将和体内的 Ca^{2+} 结合，造成缺钙。$Na_2CaEDTA$ 可以释放出 Ca^{2+}：

$$Na_2CaEDTA = 2Na^+ + Ca^{2+} + EDTA^{4-}$$

10. 生物体通常选择容易形成气体和水溶性化合物的元素，这是为什么？

答　当某一生物功能可以利用两种或更多的元素来完成时，生物体将选择自然界存在较多并易获得的那种元素。这有两层含义：生物体通常选择岩石圈、水圈和大气圈中含量最多的元素；生物体通常选择那些容易形成气体和水溶性化合物的元素。这就是丰度规则和生物可利用规则。这是因为形成容易形成气体和水溶性化合物的元素比较容易被生物吸收利用。例如，碳和硅化学性质相似，硅在地壳中的丰度比碳大得多，但硅的化合物大多难溶于水，—Si—O—Si—键十分不活泼，而碳的很多化合物可溶于水，碳原子之间可形成双键、三键并且可结合形成长链或环状化合物，所以生命体大量利用碳而较少利用硅。

第 16 章　无机制备化学

一、学习要点

（1）溶胶-凝胶法制备纳米粒子。

（2）金属单质的制备。

（3）无水金属氯化物的制备。

（4）从金属低氧化态制备金属高氧化态化合物。

二、重要方程式

$2NaCl(l) \xlongequal{电解} 2Na(l) + Cl_2(g)$　（可制 Li、Na、Be、Mg、Ca、Al 等）

$Na(g) + MCl(l) \xlongequal{高温} NaCl(l) + M(g)$　（M=K、Rb、Cs）

$SnO_2 + 2C \xlongequal{} Sn + 2CO\uparrow$

$ZnO + C \xlongequal{\triangle} Zn + CO\uparrow$

$PbO + C \xlongequal{\triangle} Pb + CO\uparrow$

$SnO_2 + 2CO \xlongequal{\triangle} Sn + 2CO_2$

$2PbS + 3O_2 \xlongequal{} 2PbO + 2SO_2$

$PbO + CO \xlongequal{\triangle} Pb + CO_2$

$3SrO + 2Al \xlongequal{} Al_2O_3 + 3Sr$

$3BaO + 2Al \xlongequal{\triangle} Al_2O_3 + 3Ba$

$GeO_2 + 2H_2 \xlongequal{\triangle} Ge + 2H_2O$

$WO_3 + 3H_2 \xlongequal{\triangle} W + 3H_2O$

$MoO_3 + 3H_2 \xlongequal{\triangle} Mo + 3H_2O$

$2Ag_2O \xlongequal{\triangle} 4Ag + O_2\uparrow$　（活泼顺序位于氢之后金属氧化物受热容易分解）

$ZrI_4(g) \underset{553K}{\overset{1723K}{\rightleftharpoons}} Zr(s) + 2I_2$　（Ti、Zr、Hf、Cr、Mo、W 均有类似反应）

$Ni(s) + 4CO(g) \underset{453\sim473K}{\overset{323\sim353K}{\rightleftharpoons}} Ni(CO)_4(g)$

$3(NH_4)_2PtCl_6(s) \xlongequal{\triangle} 2NH_4Cl(g) + 16HCl(g) + 2N_2(g) + 3Pt(s)$

$$TiCl_4(g)+2Mg(l)\xrightarrow[\text{惰性气氛(Ar)}]{\triangle}Ti(s)+2MgCl_2(l)$$

$$4FeCr_2O_4+8Na_2CO_3+7O_2 = 8Na_2CrO_4+2Fe_2O_3+8CO_2\uparrow$$

$$2Na_2CrO_4+H_2SO_4 \xrightarrow{\triangle} Na_2Cr_2O_7+Na_2SO_4+H_2O$$

$$Na_2Cr_2O_7+2C \xrightarrow{\triangle} Cr_2O_3+Na_2CO_3+CO\uparrow$$

$$Cr_2O_3+2Al \xrightarrow{\triangle} 2Cr+Al_2O_3$$

$$4Au+O_2+8CN^-+2H_2O = 4[Au(CN)_2]^-+4OH^-$$

$$2Au+4S_2O_3^{2-}+1/2O_2+H_2O = 2[Au(S_2O_3)_2]^{3-}+2OH^-$$

$$4Au+16OCl^-+12H^+ = 4AuCl_4^-+6H_2O+5O_2\uparrow$$

$$2[Au(CN)_2]^-+Zn = 2Au+[Zn(CN)_4]^{2-}$$

$$4Ag+8CN^-+O_2+2H_2O = 4[Ag(CN)_2]^-+4OH^-$$

$$Zn+2[Ag(CN)_2]^- = [Zn(CN)_4]^{2-}+2Ag$$

$$Al+3[Ag(CN)_2]^-+3OH^- = 3Ag+6CN^-+Al(OH)_3$$

$$Al_2O_3+3C+3Cl_2 \xrightarrow{\triangle} 2AlCl_3+3CO\uparrow$$

$$2Cr_2O_3+3C+6Cl_2 \xrightarrow{973K} 4CrCl_3+3CO_2\uparrow$$

$$TiO_2+2C+2Cl_2 \xrightarrow{1123K} TiCl_4+2CO\uparrow$$

$$BeO+C+Cl_2 \xrightarrow{873\sim1023K} BeCl_2+CO\uparrow$$

$$Ln_2O_3+3SOCl_2 \xrightarrow{723K} 2LnCl_3+3SO_2\uparrow$$

$$4Ln_2O_3+3S_2Cl_2+9Cl_2 \xrightarrow{673\sim973K} 8LnCl_3+6SO_2$$

$$Ln_2O_3+3CCl_4 \xrightarrow{673\sim773K} 2LnCl_3+3Cl_2\uparrow+3CO\uparrow$$

$$Ln_2O_3+6NH_4Cl \xrightarrow{\triangle} 2LnCl_3+3H_2O+6NH_3\uparrow$$

$$NiCl_2\cdot6H_2O+6SOCl_2 \xrightarrow{\triangle} NiCl_2+6SO_2\uparrow+12HCl\uparrow$$

$$FeCl_3\cdot6H_2O+6SOCl_2 \xrightarrow{\triangle} FeCl_3+6SO_2\uparrow+12HCl\uparrow$$

$$2MnO_2+O_2+4KOH \xrightarrow{\triangle} 2K_2MnO_4+2H_2O$$

$$MnO_2+KNO_3+K_2CO_3 \xrightarrow{\triangle} K_2MnO_4+KNO_2+CO_2\uparrow$$

$$3MnO_2+KClO_3+6KOH \xrightarrow{\triangle} 3K_2MnO_4+KCl+3H_2O$$

$$2CoCO_3+1/2O_2 \xrightarrow{\triangle} Co_2O_3+2CO_2$$

$$2NiCO_3+1/2O_2 \xrightarrow{\triangle} Ni_2O_3+2CO_2$$

$$2Fe^{3+}+3ClO^-+10OH^- \xrightarrow{\triangle} 2FeO_4^{2-}+3Cl^-+5H_2O$$

$$Fe_2O_3+3KNO_3+4KOH \xrightarrow{\triangle} 2K_2FeO_4+3KNO_2+2H_2O$$

$$2FeSO_4+6Na_2O_2 \xrightarrow[N_2]{973K} 2Na_2FeO_4+2Na_2O+2Na_2SO_4+O_2\uparrow$$

$Pb(OH)_3^- + ClO^- = PbO_2\downarrow + Cl^- + OH^- + H_2O$

$Pb^{2+} + ClO^- + 2OH^- = PbO_2\downarrow + Cl^- + H_2O$

$Bi(OH)_3 + Cl_2 + 3OH^- + Na^+ = NaBiO_3\downarrow + 2Cl^- + 3H_2O$

三、习题解答

1. 举例说明合成超细颗粒的两三种方法。

答 合成超细颗粒有很多方法，包括液相法、气相法、固相法。

胶体化学法合成 Cr_2O_3 纳米粒子：$CrCl_3$ 溶液 $\xrightarrow[pH=4.0\sim5.0]{\text{氨水}}$ $Cr(OH_3)$ 沉淀 $\xrightarrow[pH=3.5\sim4.0]{\text{盐酸(1∶1)搅拌}}$ Cr_2O_3 水溶胶 $\xrightarrow{DBS①}$ 溶胶凝聚体 $\xrightarrow[\text{激烈搅拌}]{\text{苯-丙酮混合液}}$ Cr_2O_3 有机溶胶 $\xrightarrow{\text{分离}}\xrightarrow{\text{蒸馏}}\xrightarrow{\text{热处理}}$ 纳米 Cr_2O_3。

水热合成：用 TiO_2 粉体和 $Ba(OH)_2\cdot 8H_2O$ 的粉体为前驱物，经水热反应即可得到钙钛矿型 $BaTiO_3$ 晶粒。

热还原法制备纳米钨粉：由 $(NH_4)_6\cdot(H_2W_{12}O_{10})\cdot 4H_2O$ 粉体在 500℃ Ar 气氛中热解得到黄色的 WO_3 粉体，用纯度为 99.999% H_2 还原 WO_3 便得纳米 W 粉体。

2. 已知工业上用真空法提炼铷的反应式为

$$2RbCl + Mg \xrightleftharpoons{\text{熔融}} MgCl_2 + 2Rb(g)$$

利用有关平衡移动原理对此反应进行解释。

答 在熔融状态时，Rb 的沸点低于 Mg，会变成蒸气从体系中游离出来，促使平衡向右移动，故可用真空法提炼 Rb。

3. 最近的研究发现，某些固相反应能在室温的条件下发生，而且可以迅速完成。例如，将浅蓝色分析纯二水合氯化铜和白色的对甲基苯胺分别研磨，按一定物质的量比装入带塞的小试管中，略加振摇，数分钟后颜色发生变化，得到固体产物，经元素分析，其结果如下(假设产率为 100%)：

元 素	C	H	N	Cu	Cl
测试值/%	48.15	5.15	8.05	18.23	20.36

通过有关计算，写出完整的反应方程式。

已知：

元 素	C	H	N	Cu	Cl
相对原子质量	12.0	1.00	14.0	63.6	35.5

解 由元素分析知固体产物中 C、H、N、Cu、Cl 的分子数之比为

$$\frac{48.15}{12.0}:\frac{5.15}{1.00}:\frac{8.05}{14.0}:\frac{18.23}{63.6}:\frac{20.36}{35.5}=4.01:5.15:0.575:0.287:0.573$$

---

① DBS 为十二烷基苯磺酸钠。

由于在对甲基苯胺(C_7H_9N)中 C 与 N 的质量比与固体产物中 C 与 N 的质量比相同都为 6，因此可知固体产物中 C 与 N 的分子个数之比也为 7∶1，相应固体产物中各元素的分子个数为 $Cu_{0.5}ClC_7H_9N$，即分子式为 $CuCl_2(C_7H_9N)_2$，反应方程式为

$$CuCl_2 \cdot 2H_2O + 2C_7H_9N = CuCl_2(C_7H_9N)_2 + 2H_2O$$

4. 钠的第一电离能高于钾，但通过下列反应却可以制备金属钾。为什么？

$$KCl(熔) + Na = NaCl(熔) + K$$

答　由于 K 的原子半径大，金属键较 Na 弱，其沸点较低，故在熔融状态时会变成蒸气从体系中游离出来，促使平衡向右移动，分离出 K。

5. 铬铁矿($FeO \cdot Cr_2O_3$)与大气中氧气和氢氧化钾在高温条件下反应产生紫红色和黄色高氧化态的中间产物，再经一定处理可制得重铬酸钾。请回答下列问题：

(1) 写出反应方程式(指所得中间产物)。

(2) 如何用最简便的方法除去杂质铁，最终制得产品重铬酸钾？

答　(1) $FeO + O_2 + 2OH^- = FeO_4^{2-}$(紫红色)$+ H_2O$

$2Cr_2O_3 + 3O_2 + 8OH^- = 4CrO_4^{2-}$(黄色)$+ 4H_2O$

(2) 将制得的固体溶于水中，高铁酸盐分解为 $Fe(OH)_3$ 和氧气，过滤后酸化，可制得重铬酸钾。

6. 工业上提炼金属的主要方法有哪些？试比较这些方法的优缺点。

答　主族金属的制备：熔盐电解法、化学还原法。

过渡金属单质的制备：热还原法、热分解法、配合物-金属还原法、细菌吸附还原回收金等贵金属。

稀土金属的制备：熔盐电解法、热还原法。

各种方法的优缺点如下：

熔盐电解法：用于活泼金属的制备，原料必须经预处理—精制(除水分和杂质等)，加入助熔剂降低电解温度。此方法不适用于金属在其自身的氯化物熔盐中的溶解度很大的金属。电解过程中由于助熔剂的加入，阳极产物不纯。

化学还原法：K、Rb、Cs、Sr、Ba 等金属由于易溶于电解质中，在熔盐中溶解度大，不能用熔盐电解法制备。根据它们熔、沸点低的特性，选用钠、钙等还原剂，在高温下还原它们的氯化物。

热还原法：由于金属大部分以正氧化态存在，必须用还原法提取，可根据金属自身的特性，采用不同的还原手段和还原剂。

热分解法：加热金属化合物使其分解得到金属单质。制备方法简单，纯度高。

配合物-金属还原法：金等贵金属主要以游离态存在，加入配合剂促使其溶解后还原。提金的氰化法工艺成熟、浸出率高，但氰化物剧毒，严重污染环境。

细菌吸附还原回收：利用细菌提取溶液的贵金属离子为金属单质目前处于实验阶段。细菌有较强的吸附、还原 Au^{3+} 等金属离子的能力。利用细菌还原法还可制备高分散度 $Au/\alpha\text{-}Fe_2O_3$ 负载型催化剂；藻类的细胞壁可吸附 Au^{3+} 或 Au^+，并将其还原为单质 Au，但藻类较难培养，而 Ag^+ 则在硫杆菌细胞表面积累形成 Ag_2S 颗粒。

7. 简述无水金属氯化物的制备方法。

答 制备无水金属氯化物有以下几种方法：氧化物转化法、水合盐脱水法、金属直接氯化法、热分解法、盐酸法等。例如

$$Al_2O_3+3C+3Cl_2 \xlongequal{\triangle} 2AlCl_3+3CO$$

$$MgCl_2 \cdot 6H_2O \xlongequal[\triangle]{HCl} MgCl_2+6H_2O\uparrow$$

$$2Al+3Cl_2 \xlongequal{\triangle} 2AlCl_3$$

8. 以 $CoCl_2$ 溶液和 Na_2CO_3 溶液为原料制备超细 Co_3O_4 过程中：

(1) 反应初期所产生的沉淀可能是什么？

(2) 沉淀经洗涤至 pH=7 后，为什么又要加入适量的 $CoCl_2$ 水溶液？

(3) 最后加入表面活性剂(十二烷基磺酸钠)，用二甲苯萃取的目的是什么？

(4) 用 Co(Ⅱ)为原料，为什么最终产物却是 Co_3O_4？

答 (1) 碳酸钴、氢氧化钴。

(2) 形成溶胶。

(3) 形成有机溶胶利于分离，且进一步保护纳米颗粒不团聚。

(4) Co(Ⅱ)在碱性条件下还原性较强，部分会在制备过程中被氧化为+3 价。

9. 纳米 Fe_2O_3 粒子的制备方法如下：

$$\underset{(0.01\sim0.05\text{mol}\cdot\text{L}^{-1};\text{pH}=0.8\sim1.6)}{Fe(NO_3)_3\text{ 溶液}} \xrightarrow[(100\pm2)^\circ C]{\text{陈化}(22h)} \xrightarrow[\text{冰水中}]{\text{淬冷}(30min)} \xrightarrow[\text{弃上层清液}]{\text{离心分离}} \xrightarrow[\text{用水}]{\text{洗涤沉淀}(5\text{次})} \xrightarrow{\text{真空干燥}}$$

纳米 Fe_2O_3

根据上述流程回答：

(1) 为什么要将 $Fe(NO_3)_3$ 溶液加热到(100±2)℃一段时间？

(2) 为什么要放入冰水中淬冷？

答 (1) 水解是吸热反应，加热到(100±2)℃一段时间会促使 Fe^{3+} 的水解，促进成核。

(2) 阻止晶体长大，使胶态的 $Fe(OH)_3$ 聚沉时颗粒较小。

10. 由二氧化钛(其中含有杂质铁、硅、铝、钒等氧化物)采用氯化法可以制得海绵状钛。金属钛的制备流程简述如下：

$$TiO_2(\text{矿粉}) \xrightarrow[\triangle]{Cl_2+C} TiCl_4 \xrightarrow[\text{惰性气氛}]{Mg,\triangle} Ti+MgCl_2$$

现就上述过程提出若干问题，请回答：

(1) 为什么不采用由 TiO_2 直接通 Cl_2 来制备 $TiCl_4$，加入 C 的目的是什么？

(2) 氯化过程中带入的副产物如 $FeCl_3$、$SiCl_4$、$AlCl_3$，如何与 $TiCl_4$ 分离？它们在一定压力下的沸点如下：

化合物	$TiCl_4$	$FeCl_3$	$SiCl_4$	$AlCl_3$	$VOCl_2$
沸点/℃	136	310	56.5	180	150

(3) 若将 TiO_2 改用氯化亚硫酰进行氯化，其产物是什么？

(4) 为什么要在惰性条件下进行还原操作？在空气中为什么不行？

(5) 为什么不选用 Al 作还原剂？可能的原因是什么？

(6) $TiCl_4$ 中常含有少量杂质 $VOCl_3$，两者沸点相近，直接蒸馏难以分离，请提供新的方案。

(7) 如何将钛产品中所含的少量金属镁分离出来(要求简便、价廉)？

答　(1) 不加 C 反应：

$$TiO_2(s)+2Cl_2(g)=TiCl_4(l)+O_2(g)$$

计算吉布斯自由能变可知：

$$\Delta_r H_m^\ominus=141kJ\cdot mol^{-1}$$

$$\Delta_r S_m^\ominus=-39.19J\cdot mol^{-1}\cdot K^{-1}$$

$$\Delta_r G_m^\ominus=153kJ\cdot mol^{-1}$$

且反应属于焓增、熵减类型，在标准态下的任何温度反应都不能自发进行。

$$TiO_2(s)+2Cl_2(g)=TiCl_4(l)+O_2(g)$$

$$C(s)+O_2(g)=2CO(g)$$

二者偶合为

$$TiO_2(s)+2Cl_2(g)+2C=TiCl_4(l)+2CO(g)$$

偶合后反应：

$$\Delta_r H_m^\ominus=-80.14kJ\cdot mol^{-1}$$

$$\Delta_r S_m^\ominus=139.42J\cdot mol^{-1}\cdot K^{-1}$$

$$\Delta_r G_m^\ominus=-121.3kJ\cdot mol^{-1}$$

考虑到反应速率，工业上实际控制的反应温度为 1173～1273K。

(2) 可采用蒸馏的方法将各组分依次分离，再多次蒸馏进行纯化。

(3) SO_2 和 $TiCl_4$。

(4) 在空气中，性质活泼的 Mg 会和氮气、氧气反应生成 Mg_3N、MgO，因此必须用氩气作保护气体。

(5) Al 和 Ti 在高温会形成合金。

(6) 加还原剂，如 Cu 丝等。

$$2VOCl_3+Cu=2VOCl_2+CuCl_2$$

$VOCl_2$ 沸点较高，这样与 $TiCl_4$ 沸点的差距拉大，易于分馏提纯。

(7) 加入 HCl，利用 Ti 与稀 HCl 不反应，而 Mg 则生成 $MgCl_2$。该法生产成本较低，但产品含氧、氯量较高。

11. 利用 298K 时的下列数据，近似估算在 1.01325×10^5 Pa 下，二氧化钛能用碳来还原的最低温度为多少($TiO_2+2C=Ti+2CO$)。能否用此法来制 Ti？为什么？

$$2C+O_2=2CO \qquad \Delta_r H^\ominus=-221kJ\cdot mol^{-1}$$

$$Ti+O_2=TiO_2 \qquad \Delta_r H^\ominus=-912kJ\cdot mol^{-1}$$

$S^\ominus(C)=5.5J\cdot mol^{-1}\cdot K^{-1}$，$S^\ominus(Ti)=30J\cdot mol^{-1}\cdot K^{-1}$，$S^\ominus(O_2)=205J\cdot mol^{-1}\cdot$

K^{-1}，$S^{\ominus}(TiO_2)=50.5J\cdot mol^{-1}\cdot K^{-1}$，$S^{\ominus}(CO)=198J\cdot mol^{-1}\cdot K^{-1}$。

解 (1) $TiO_2+2C═══Ti+2CO\uparrow$

$\Delta_r H^{\ominus}=-221-(-912)=691(kJ\cdot mol^{-1})$

$\Delta_r S^{\ominus}=30+2\times198-50.5-2\times5.5=0.364(kJ\cdot mol^{-1}\cdot K^{-1})$

反应逆转点时 $\Delta_r G^{\ominus}=0$，$\Delta_r H^{\ominus}-T\Delta_r S^{\ominus}=0$，即

$$691-0.364T=0 \qquad T=1898K$$

(2) 反应温度很高，若用此法制备会浪费过多的资源，相应的成本就会很高，同时在高温 C 和 Ti 可生成 TiC，因此实际生产中不采用这种方法。

12. 由 $\Delta G^{\ominus}$-T 图，讨论下列问题：

(1) 图线的转折点说明什么问题？

(2) Mn 能否从 Cr_2O_3 中置换出 Cr？

答 (1) 埃林厄姆(Ellingham)图上线的斜率为$-\Delta_r S^{\ominus}$。因此，折点说明在这个温度下，物质发生了状态的改变。

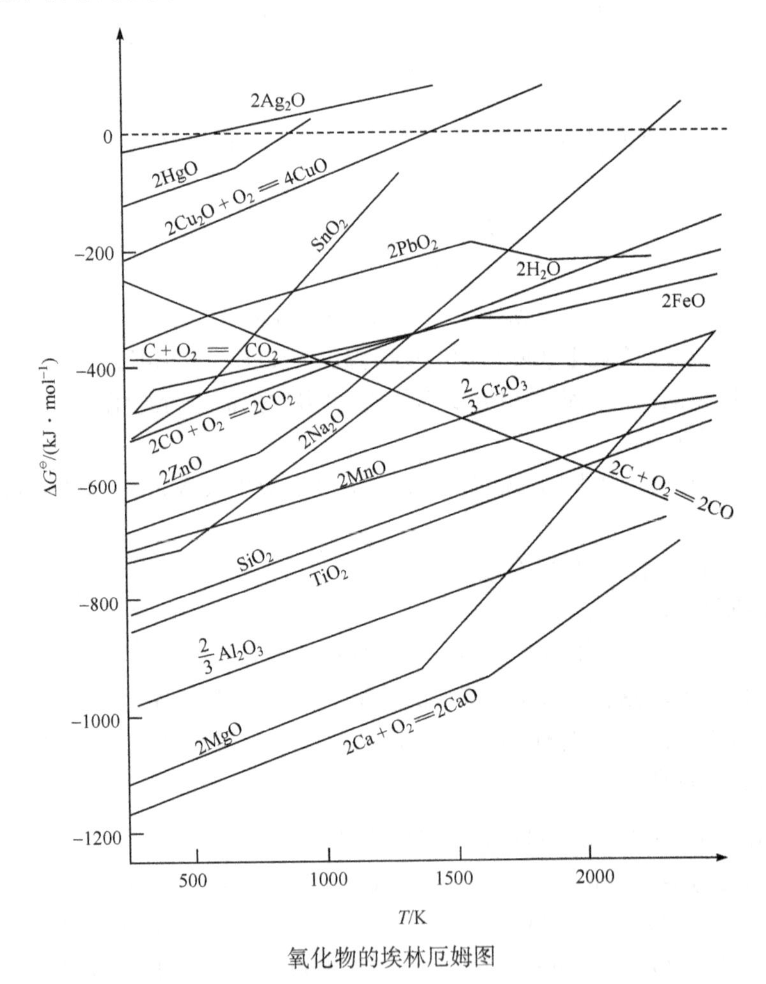

氧化物的埃林厄姆图

(2) 根据热力学，在埃林厄姆图中位居图下方的单质可以还原上方的氧化物，从图中

看到，Mn可以从Cr_2O_3中还原出Cr。

13. 试分析$Cu(NO_3)_2$与NH_4HCO_3两溶液反应的一些现象：

(1) 将$Cu(NO_3)_2$缓慢滴入NH_4HCO_3溶液中(倒滴法)，反应初期不见沉淀析出，为什么？随着$Cu(NO_3)_2$的不断加入，发现有沉淀产生，试判断是何种沉淀。写出有关的离子反应方程式。

(2) 上述这种滴加方式能否获得大颗粒沉淀？为什么？

答 (1) NH_4HCO_3水解产生的$NH_3 \cdot H_2O$与Cu^{2+}反应生成铜氨配离子$[Cu(NH_3)_4]^{2+}$。随$[Cu^{2+}]$的增加，有碱式碳酸铜$[Cu(OH)_2 \cdot CuCO_3]$沉淀生成。

$$2Cu^{2+} + 2OH^- + CO_3^{2-} = Cu(OH)_2 \cdot CuCO_3 \downarrow$$

(2) 能获得大颗粒沉淀。因为有$[Cu(NH_3)_4]^{2+}$生成，难以提供大量的Cu^{2+}，使成核速率降低，有利于$Cu(OH)_2 \cdot CuCO_3$晶核的生长，形成大晶粒。

第17章　超分子化学

一、学习要点

(1) 超分子与超分子化学的定义。

(2) 主-客体化合物与超分子的关系。

(3) 超分子体系稳定的因素。

二、习题解答

1. 简述超分子、超分子化学的定义，以及超分子化学与配位化学的关系。

答　超分子通常是指由两种或两种以上分子依靠分子间相互作用结合在一起，组成复杂的、有组织的聚集体，保持一定的完整性，使它具有明确的微观结构和宏观特征。

超分子化学是超越分子层次的化学，即由两个或多个化学物种依靠分子间力相结合而成的、具有高度复杂性体系为研究对象的化学。对超分子化学的定义也有另一种简单表述：超分子化学是分子组装体和分子间键的化学。

超分子化学是广义的配位化学。这种广义的配位作用是有选择性、有目的的结合。配位化学包括以电子授-受为基础的经典配位化学和以弱相互作用为基础的分子之间授-受体化学。在传统的配位化学中授-受的对象是电子对，而超分子化学中授-受的对象是分子或离子。

2. 说明超分子体系中各种相互作用的特性和强度。

答　超分子体系是通过多种弱相互作用协同配合产生的叠加效应，其作用力强度不低于化学键。其作用力的本质也离不开化学的吸引和排斥，这种相互作用的净结果使体系的总能量降低(能量降低因素)。分子间作用力包括：静电作用、氢键、π-π 堆积作用、范德华力、疏水效应等。

静电作用包括带相反电荷基团间产生的吸引作用(盐键)、离子-偶极子相互作用和偶极子-偶极子相互作用等。

氢键是一种特殊的偶极-偶极相互作用。常规氢键是指半径小的 H 原子与电负性高的 X 原子以共价键结合后，还可以与另一分子中一个电负性高的 Y 原子形成一个弱键，常用 X—H⋯Y 表示(H—X 可作为质子的给予体，Y 可作为质子的接受体)。氢键键能通常为 4～120kJ・mol^{-1}，介于共价键和范德华作用能之间。根据最多氢键原理，在多种相 (g,l,s) 中，总是倾向于尽可能多生成氢键，以增加体系的稳定性。

π-π 堆积作用(π-π 相互作用)属于一种弱静电相互作用。通常发生在含有 π 电子的芳香环之间，由于芳香环中含有易于流动的 π 电子，容易发生变形，这种离域 π 键体系有强的给电子倾向(质子的接受体)。π-π 堆积产生的能量效应对稳定含芳香环的超分子体系是有利的。

在水溶液中,非极性分子或非极性基团(疏水组分)被水分子挤出(被水疏远),迫使它们自相缔合形成聚集体的力称为疏水效应。疏水效应的本质并不是非极性分子之间有较大的吸引力,而是水分子和水分子之间有强的氢键力,迫使非极性分子聚集在一起后,可以增加氢键数量,使体系能量降低。

作用力强度对比:离子-偶极子相互作用能为 50～200kJ·mol^{-1},盐键(带电基团间的作用能)的键能约 200kJ·mol^{-1};氢键的键能为 4～120kJ·mol^{-1}(分强、中、弱三类,中等强度氢键的键能约 25kJ·mol^{-1});偶极子-偶极子相互作用能为 5～50kJ·mol^{-1},π-π 堆积作用能为 1～50kJ·mol^{-1}。

3. 疏水效应为什么能降低体系的能量?

答 在水溶液中,非极性分子或非极性基团(疏水组分)被水分子挤出(被水疏远),迫使它们自相缔合形成聚集体的力称为疏水效应。疏水效应的本质并不是非极性分子之间有较大的吸引力,而是水分子和水分子之间有强的氢键力,迫使非极性分子聚集在一起后,可以增加氢键数量,使体系能量降低。

4. 试说明配体和中心金属、主体和客体、受体和底物这三组术语之间的对应关系。

答 主体-客体和受体-底物这两组术语有对应关系(主体-客体→受体-底物),配体既是主体也是受体;中心金属既是客体也是底物。在配位化合物中,配体、中心金属分别与主体、客体相对应,即配体相当于主体,中心金属相当于客体。

5. 试说明在药物配方中的药物分子、环糊精;生物体中的酶、蛋白质、抑制剂(重金属离子、氰化物等),它们中哪个相当于主体(受体)? 哪个又是客体?

答 药物分子、环糊精分别是客体、主体;生物体中的酶和蛋白质相当于主体(受体),抑制剂(重金属离子、氰化物等)相当于客体。

6. 富勒烯既能作为主体,也能作为客体。指出"内含式"金属富勒烯配合物,如 $La@C_{60}$、$Y@C_{82}$、$Sc_2@C_{84}$ 中,富勒烯是作为主体还是客体?

答 $La@C_{60}$、$Y@C_{82}$、$Sc_2@C_{84}$ 中,富勒烯是作为主体。

7. 什么是分子识别? 举例说明。

答 分子识别指不同分子间的一种特殊的、专一的相互作用,它既满足相互结合的分子间的空间要求,也满足分子间各种次级键力的匹配。分子识别是主体和客体相互选择对方,达到最佳键合并产生特定功能的过程。一种主体分子的特殊部位(含某些基团)恰好与另一种客体分子的某些部位相匹配(结构上互补),通过相互选择对方,满足分子间形成多种次级键的最佳条件,使作用力得到充分发挥。例如,冠醚对球形碱金属离子的识别称为球形识别,即不同冠醚提供的腔径大小和电荷分布适合于不同大小的球形碱金属离子居住。

8. 比较可燃冰与以水作为配体的金属配合物(如$[Na(H_2O)_6]^+$),水在其中扮演的角色有哪些不同(如相互作用的性质和类型)?

答 甲烷水合物晶体中，CH_4 分子包合在水分子通过氢键形成的骨架的多面体孔穴中，即由水分子通过氢键搭建的“笼子”有较大孔洞，允许甲烷分子“寄宿”其中，其组成可简单表示为 $M \cdot nH_2O$（M 代表水合物中的气体分子，n 为水分子数），如 $6CH_4 \cdot 46H_2O$、$8CH_4 \cdot 46H_2O$（甲烷水合物的理想组成）。这种水合物是一种气水合物准固体物，其稳定性受周围环境的制约，轻微的温度升高或压力变化都有可能使它失稳而产生分解。水作为配体的金属配合物如水合钠离子$[Na(H_2O)_6]^+$，其中的 Na^+ 与极性 H_2O 中的 O 原子的孤对电子发生静电吸引，$Na^+ \cdots OH_2$ 离子-偶极子相互作用也包括配位键（本质上是静电作用）。

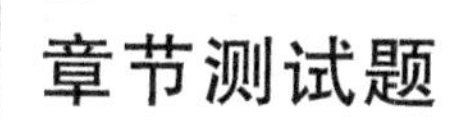

章节测试题

第一章　碱金属和碱土金属

1. $CaCO_3$、$SrCO_3$、Rb_2CO_3 三种碳酸盐的热稳定性从大到小的顺序为______________。
2. CsF、CsCl、CsBr 和 CsI 中溶解度最小的是____________________。
3. 写出高温下 Li_3N 与 H_2 反应的配平的化学方程式____________________。
4. 纯净的 CaO_2 与过氧化氢作用后的产物为________。
5. 制备锂的过氧化物时，通常会有结晶水，除去这些结晶水的方法是________________。
6. 画出 CsCl 和 ZnS 晶体的单胞：________________。
7. Ca 盐和 Rb 盐焰色反应的颜色分别是________和________。
8. 写出侯氏制碱法的总反应式________________________。
9. 常见的锂离子电池的工作机理为 $LiCoO_2+6C \rightleftharpoons Li_{1-x}CoO_2+Li_xC_6$，负极材料是______________，放电时的正极反应____________________。
10. 碱金属、碱土金属的液氨溶液顺磁性、具有高的导电性，因为溶液中存在________。
11. Li 与 Mg、Be 与 B、K 与 Ca 三组元素最相似的为____________________。
12. 碱土金属离子水合热变化的顺序为____________________。
13. $Mg(OH)_2$、$Ca(OH)_2$、$Sr(OH)_2$、$Ba(OH)_2$ 碱性变化的规律是________________。
14. 碱土金属的盐通常比相应的碱金属的盐溶解度________，碱土金属硫酸盐的溶解度从上到下________，碱土金属的酸式盐溶解度一般比正盐________。
15. 芒硝、光卤石与泻盐相应的化学式分别是________________________。
16. 人体中的钙主要以________存在于骨骼与牙齿中，是生命中重要的常量元素，儿童、青春期少年及老人应该关注补钙，同时维生素 D 有利于钙的吸收。
17. Cs_2O_2 比 Na_2O_2 稳定的原因是____________________。
18. Li 的盐类很难形成复盐的原因是____________________。
19. 无水 $CaCl_2$ 是一种很好的干燥剂，不可以用来干燥________类物质，但是可以干燥________类物质；电解熔融盐时常加入 $CaCl_2$，其作用是________。
20. Na^+、K^+ 是维持体内渗透压、酸碱度和肌肉以及神经的应激性物质，细胞外以________为主，细胞内以________为主。

第二章　硼 族 元 素

1. 硼烷中存在________、________、________、________和________键。
2. 硼酸是________元酸，是________酸。

3. 硼砂在医学、工业、生活等方面用途很多，硼砂添加在洗衣粉中，可起到稳定溶液________、增加洗涤效果的作用；硼砂添加在扁食、粽子中，可增加食物的 Q 弹口感，但是____________________。

4. 硼砂水溶液是缓冲溶液，化学方程式为____________________。

5. 对于硼族元素，随着原子序数增大，从________过渡到________，有效核电荷的总趋势________，原子半径的总趋势________。

6. 金属 Ga 常用于制造测量高温的温度计，这是利用了 Ga 的________性质。

7. 写出制备无水 $AlCl_3$ 的两种反应方程式________________和________________。

8. B_2O_3 熔融时可溶解许多金属氧化物，生成有特征颜色的玻璃状________________，碱金属以及镁、铝均能使其________。

9. $InCl_2$ 为抗磁性化合物，其中 In 的化合价为________。

10. 聚合氯化铝也称为________，是一种无机高分子材料，组成为________，它是多羟基多核配合物。

11. Be、Al 元素具有相似性，它们的单质都是________，但可与浓硝酸形成钝化膜；它们的卤化物均有________，可以升华，且溶于有机溶剂。

12. 反应 $4NaH + B(OCH_3)_3 = NaBH_4 + 3CH_3ONa$ 可以看作________反应，其中 $B(OCH_3)_3$ 为________。

13. BF_3 和 BCl_3 中，________是更好的电子接受体。

14. BX_3 是以形成________来满足对电子的要求，但它依然是________，为路易斯酸。

15. $AlCl_3$ 具有明显的________，在水中强烈水解，甚至在空气中会发烟；气态 $AlCl_3$ 具有________结构，铝为 sp^3 杂化，含有________氯桥键。

16. 含 25%铟的镓合金 16℃便________。若温度在熔点之上，镓和铟混合研磨时便可自动形成________。

17. Ga、In 的氢氧化物为________，Tl 的氢氧化物为________，相同价态的氢氧化物从上往下碱性________。

18. 氮化硼有两种结构，六方氮化硼类似________、立方氮硼烷类似________。

19. 由于 Tl^+ 电荷/半径与________相近，因此 Tl(OH)与________的碱性近似、TlI 与________同晶形。

20. Al、Ga、In 易形成笼状簇合物，如________。

第三章 碳族元素

1. CO 与 N_2 是等电子体，但 CO 具有较强的________。人体发生 CO 中毒应给予高压氧治疗，其理由为____________________。

2. 离子型碳化物常具有无色、不透明、固态时不导电等性质；碳化硅属于________，是原子晶体；金属型碳化物具有________________。

3. 碳化硅俗称________，工业上是由________和________加热到 2300K 以上制得的；B_4C 是具有光泽的黑色晶体，其耐磨能力比碳化硅高出 50%，工业上用________和________在电炉中加热反应制得。

4. 绿柱石的主要化学成分为____________，具有____________结构。
5. GeH_4、CaH_2、SiH_4、$LiAlH_4$四种氢化物中，________在室温下不易与水反应产生氢气。
6. $SnCl_4$ 遇水能生成________和组成不固定的________，又称为________。
7. $SnCl_2$ 具有还原性、易被氧化，保存其溶液应放入________防止 Sn^{2+} 氧化。其在水溶液中________，产物为________，因此配制 $SnCl_2$ 的水溶液需要________，然后再稀释。
8. PbO_2 与浓盐酸反应的化学方程式为________________。
9. 铅白的分子式________，铅丹的分子式________，铬黄的分子式________。
10. PbO_2 的颜色________，PbI_2 的颜色________，$PbBr_2$ 的颜色________。
11. $ZnCO_3$ 分解温度比 $FeCO_3$ 分解温度________。
12. C_{60}分子含有不饱和键，与 F_2 发生加成反应生成________。
13. 在成键中，碳原子间能以________结合；而硅原子间________双键结合，主要以________结合。其主要原因是____________。
14. 古人用铅白作颜料，日久天长与________反应生成黑色________沉淀，因此古代的壁画、陶俑的面部等使用铅白的地方会变黑，而________可使其重新变白。
15. SiF_4 强烈水解，水解产物是________和________。
16. 硅酸盐的结构比较复杂，但基本结构单元是硅氧四面体。复杂的硅酸盐可以表示成氧化物的形式，表示顺序为________________。
17. 去除人体铅中毒的常见药物是____________。
18. SnS_2 可与 Na_2S 作用生成________。
19. Pb^{2+}可和过量的 Cl^-形成________，因此 Pb 可以溶于浓 HCl，并置换出 H_2。
20. 由于________，PbO_2 是________，可以氧化浓 HCl 为________，在酸性介质中可以把 Mn^{2+} 氧化为________。原因可能与____________有关。

第四章　氮族元素

1. 工业上通过热法制取磷单质，反应需要加入________，利用反应的________，使反应向生成单质磷的方向进行。
2. 氮族元素氢化物 NH_3、AsH_3、PH_3 的沸点从高到低的顺序________，水溶液碱性从大到小的顺序________。
3. H_3PO_4、H_3PO_3、H_3PO_2 中 P 原子的氧化态分别是________，P 原子是________构型的中心，三种酸在水中的解离度不同，但是差别不太大。
4. NH_2OH、NH_2^-、NH_3、N_2H_4 碱性大小顺序____________。
5. 三聚偏磷酸的化学式为________，属于________结构。
6. $POCl_3$ 和 NCl_3 中________的水解产物中既有酸又有碱。
7. NF_3 与 NH_3 的偶极矩大小比较________。
8. 常温下 F_2 不能氧化 O_2，但是加入 SbF_5 蒸气后，可以发生下列反应：$2O_2+F_2+2SbF_5 \xlongequal{} 2[O_2][SbF_6]$，其原因是____________________。
9. Sb_2S_3 溶于 Na_2S 生成________，溶于 Na_2S_2 生成____________。

10. 过渡金属氮化物通常属于________________，如 TiN、ZrN、Mn_5N_2、W_2N_3，氮原子填充在________间隙中，具有金属的外形。

11. 氮的卤化物中，NF_3 的化学性质较稳定，NCl_3 受震动爆炸分解为________，NBr_3 ________，NI_3 难以制得。

12. 关于磷的卤化物，PX_3 是分子晶体，PCl_5 固体为________，含有四面体的________和八面体的________，气态 PCl_5 的分子结构是________，P 采取________杂化。

13. 三聚磷酸钠具有较强的缓冲能力和配位能力，可配合水中的________，以前经常被添加到洗衣粉中；由于含磷废水的排放带来________，目前已经禁止在洗衣粉中添加三聚磷酸钠。

14. 根据鲍林规则，估算磷酸的 $pK_{a1}^{\ominus}$ 为________，$pK_{a2}^{\ominus}$ 为________。

15. 在砷分族的氢氧化物（包括含氧酸盐）中，酸性________最强，碱性________最强；________的还原性最强，________的氧化性最强。

16. N_2O 与________是等电子体，均为________，有两个相互垂直的________键。

17. 磷酸根具有很强的配位能力，Fe^{3+} 和 PO_4^{3-} 可以生成无色的可溶性配合物________，因此分析化学上常用磷酸掩蔽 Fe^{3+}。

18. N_2 和 CO 一样，既能________，又可以________，能够与过渡金属原子形成配位化合物。

19. 正磷酸盐比较稳定，除铵盐以外其他常见的盐在通常情况下不易分解。磷酸氢盐较易分解，加热时可发生缩聚反应，生成________或________。

20. Bi(Ⅲ)易水解，因此配制硝酸铋溶液不能____________；在酸性介质中 Bi(Ⅴ)氧化 Cl^- 为________，在碱性介质中________可将 Bi(Ⅲ)氧化成 Bi(Ⅴ)。

第五章 氧族元素

1. CaO_2 中 O—O 键键长比 O_2SbF_6 中的________。

2. O_2PtF_6 和 O_2BF_4 中都存在________。

3. O_2 可与血红蛋白中的________可逆结合，形成________________。

4. 亚硫酰氯的构型是________。

5. 硫的一个成键特征是以________键形成________状化合物；可以给出电子，并可以________轨道，接受孤对电子形成________键。

6. 气态 SO_2 偶极矩________气态 SO_3 偶极矩。

7. H_6TeO_6 的酸性比 H_2SeO_3 ________。

8. O_2^- 和 O_2^{2-} 两种离子都比 O_2 分子稳定性________，O_2^{2-} 磁性是________，而 O_2^- 磁性是________。

9. $H_2S_2O_7$ 和 $H_2S_2O_8$ 中，________含有过氧键。

10. 钠硫电池一般在高温下运行，电池体系要________，反应的电解质是________。

11. 有一种化合物，在酸性条件下不稳定，可以由亚硫酸钠与________反应得到，能够溶解溴化银，该物质是________。

12. 连二硫酸钠、连三硫酸钠和保险粉的物质结构中，________含有不与氧成键的硫原子。

13. 氧族元素化合物的含氧酸中，________是可溶解金的单一酸。
14. 在酸性溶液中，H_2O_2 能使重铬酸盐生成________。
15. Na_2S_2 与 Na_2O_2 一样，既具有________又具有________。
16. SF_6 是很稳定的气体，偶极矩为________，________水解。
17. 加入________可以鉴别 Na_2SO_4、Na_2SO_3、$Na_2S_2O_3$、Na_2S。
18. 硫代硫酸钠可以作为解毒剂，可解________、________之毒；在工业上常用作________，也可用于剩余碘量法中滴定剩余的________。
19. 硒和碲及其化合物均有毒，但口服适量或者向农作物上喷洒________可预防和治疗地方病________。
20. Se_8 和 S_8 分子的结构________，硒和硫可________形成混合八元环状________分子。

第六章 卤 素

1. 软酸金属离子与卤素阴离子 X^- 形成配合物的稳定性顺序为________________。
2. KI_3 的稳定性比 LiI_3 ________。
3. $[ICl_4]^-$ 的构型是________，$[I_3]^-$ 的构型是________。
4. 可以用浓硫酸和卤化物反应的方法制备的卤化氢气体是________。
5. 卤素单质中常温下与碱反应，主要生成次卤酸盐的是________。
6. 卤化氢稀溶液的酸性顺序为______________。
7. 直接加热含有结晶水的氯化物________________，难以得到无水氯化物。
8. HClO、$HClO_3$、$HClO_4$ 的氧化性顺序______________。
9. ClO_2、ICl_3、BrF_3、IF_7 分别与水反应，不涉及氧化还原反应的化合物是________。
10. 卤化氢的沸点高低顺序为 ______________。
11. Cl_2 可用于纸浆和棉布的漂白，其漂白机理是______________。
12. ICl 的最初水解产物是________________。
13. 工业上从海水制溴，先把盐水加热到 363K 后，控制 pH 为 3.5，通入________把________置换出来，再用空气吹出，用________________吸收，溴就歧化生成________，最后用________，单质 Br_2 又从溶液中析出。
14. 在卤素互化物中，较轻卤原子的数目经常是________。
15. 往酸化的 KI 溶液中逐滴加入不足量的 $KBrO_3$ 溶液，先有________，然后转化为________。
16. I_2 与 I^- 反应生成 I_3^-，I_3^- 进一步与 I_2 作用生成通式为________________的多碘离子。
17. 在+7 氧化态的卤素互化物的氟化物中，只有________能稳定存在，________和________均不存在。
18. 拟卤素主要有________、________、________等。
19. 写出 K_2MnF_6 与 SbF_5 反应的化学方程式____________________。
20. 高碘酸的化学式________________，构型为________________。

第七章 氢与氢能源

1. 氢的同位素有________________,其中具有放射性的是________。
2. H_3^+ 是在气体放电中发现的,化学键类型是________,为________结构,它比 H_2^+ 的稳定性________。
3. 写出 LiH 与 B_2H_6 的化学反应方程式________________________________。
4. Li_3N+2H_2 ══ $LiNH_2+2LiH$,在这个反应中,H_2 既是________,又是________,还可称为________________。
5. 氢氧燃料电池工作时,________为负极,________为正极,电池反应为________,是________的逆过程,将________转变为电能的电池。
6. 氢氧燃料电池若电解质溶液是碱性的,则负极反应式为____________________,正极反应式为______________。
7. 氢氧燃料电池若电解质溶液是酸性的,则负极反应式为____________________,正极反应式为______________。
8. 水煤气与水蒸气反应制氢需要的催化剂是____________________。
9. 镁、钛、钒、锆、稀土系储氢合金,氢气分子______________进入金属原子间的间隙;配位金属氢化物中,则通过________的作用,结合形成配合物阴离子,实现氢气的储存。
10. 活性炭、碳纳米纤维等碳质储氢材料则采用________方法,利用碳质材料________达到储氢目的。
11. 碱金属氢化物都是________________氢化物,最稳定的是________________。
12. 到目前为止,工业使用的 H_2 仍然主要来自于________。
13. TiO_2 可以作为水分解为氢气的________,________氢化物可用于氢气的分离与纯化。
14. 氢键可以看成________键,氢通常与电负性高半径小的 F、O、N 原子结合的氢化物形成氢键。
15. 稀土氢化物可以由________________反应制得。铀和氢气在一定的温度下反应可生成________。

第八章 铜族与锌族元素

铜 分 族

1. Cu(Ⅰ)的卤化物都________溶于水,固态高温情况下,Cu(Ⅰ)化合物的稳定性________Cu(Ⅱ),水溶液中 Cu(Ⅰ)化合物的稳定性________Cu(Ⅱ)。
2. Ag 投入浓氢碘酸中生成____________________。
3. 无水氯化铜具有明显的________________,其结构通过________组成长链。
4. $CuCl_2$ 浓溶液中显绿色是因为____________________。
5. $CuCl_2 \cdot 2H_2O$ 受热分解的化学反应方程式____________________。
6. $[Cu(NH_3)_4]^{2+}$(蓝色),$[Cu(en)_2]^{2+}$(蓝紫色),其颜色差别的原因是____________。

7. 从 AgF 到 AgI 共价性________，溶解度________，颜色________。
8. 卤化银中，____________________都具有感光性，常用于感光器件的生产。
9. CuCl 是工业上常用的原料，合成 CuCl 可采用 SO_2 还原 $CuSO_4$ 的方法，流程大致为

$$\xrightarrow[CuSO_4+NaCl]{\text{合成}}\xrightarrow[\text{通入 }SO_2]{\text{还原}}\xrightarrow[\text{大量水}]{\text{稀释}}\xrightarrow{\text{洗涤}}\xrightarrow{\text{干燥}}\text{成品}$$

加入 NaCl 的目的是____________________；当反应时出现深棕色溶液，溶液中存在__________________。
10. 在硝酸银溶液中加入氨水观察到的现象是____________________，再加入溴化钠，现象为________。
11. α-AgI 是一种固体电解质，其晶体只需一定的电场力作用就可导电，其原因是__________________。
12. $Na_2S_2O_3$ 是定影液的主要成分，与未感光的 AgBr 反应生成________而起到定影的作用。
13. $CuSO_4 \cdot 5H_2O$ 俗称________，加热失水时，先失去________________，再失去________________，最后失去________________。
14. 三氯化金常温下为褐红色晶体，气态以________形式存在，其构型为________。
15. K_3CuF_3 是唯一的顺磁性 Cu(Ⅲ)配合物，其 Cu(Ⅲ)配位构型为________，具有抗磁性的 $KCuO_2$ 的 Cu(Ⅲ)配位构型为________。

锌 分 族

1. 锌族元素中锌、镉的性质比较类似，而与汞差别较大，单质汞的熔、沸点低，汞是唯一的________金属。
2. 锌族元素从上到下，单质的稳定性________，易形成配合物，形成配合物的配位数通常为________。
3. 锌族元素化学活泼性比碱土金属________，形成共价化合物和配离子的倾向比碱土金属________，锌族元素离子在溶液中的水解性比碱土金属离子________。
4. 铜族元素$(n-1)$d 轨道往往________，锌族元素$(n-1)$d 轨道________。与铜族元素单质的熔、沸点相比，锌族元素单质的熔、沸点________，铜族元素与过渡元素性质更接近，而锌族元素________________。
5. Hg^{2+}、Zn^{2+}、Cd^{2+} 的水溶液中，加入 $2mol \cdot L^{-1}$ 稀盐酸后加入少量 H_2S 溶液，沉淀的离子是________。
6. ________为白色针状晶体，微溶于水，固态易升华，因此称为“升汞”。
7. $ZnCl_2$ 溶解于水形成配合酸，可以用于焊接除锈，方程式为________________。
8. 立德粉又称锌钡白，是常用的________，用于油漆、油墨、橡胶，其化学式为________________。
9. 向氯化汞溶液中滴加氯化亚锡，现象为______________，此现象可以用于鉴定________。
10. 由于硫化物的 K_{sp} 不同，硫化物在酸中的溶解性也不同，ZnS 可溶于

________,CdS 可溶于________,PbS 可溶于________,CuS、Ag_2S 可溶于________,HgS 溶于________。

11. HgC_2O_4 难溶于水,但可溶于含有 Cl^- 的溶液中,生成________。
12. 在 $Hg(NO_3)_2$ 溶液中加入 KI,首先生成________,并迅速转化为________,之后________,得到无色________溶液。
13. CdS 用作黄色颜料,称为________,这种颜料可以是纯的 CdS,也可以是________的共熔体。
14. HgS 溶于 Na_2S 生成________。
15. ZnS 在 H_2S 气氛中灼烧转变为晶体 ZnS,在晶体中加入微量的金属(如银或铜或锰等)活化,经光照后能________,这种材料称为________,可用于制作荧光屏或夜光表中的材料等。

第九章 过渡金属概论

1. 同一族过渡元素,第一过渡系的原子半径比第二过渡系的原子半径________,第二过渡系的原子半径与第三过渡系的原子半径相比________。
2. 同一族过渡元素,随着周期增大,金属第一电离能________,金属的活泼性总趋势________。
3. 过渡元素存在多种氧化态,这与________有关。过渡金属从左至右,能够形成的化合物的最高价态________,同周期从左至右形成族氧化态的能力________。
4. 过渡金属元素从左至右有效核电荷________,半径总趋势________,电离能总趋势________。
5. 在同一族中,自上而下高氧化态趋向于________,因过渡元素中随着周期数的增大,$(n-1)$d轨道和 ns 轨道能量________,$(n-1)$d 轨道更易________。
6. 过渡金属及其化合物由于含有未成对电子而呈现________,通过________可以确定某些特殊类型的化学键。
7. 乙酸亚铬的分子构型为________,两个铬离子的配位数为________,其磁性为________。
8. $[Ru(NH_3)_5(N_2)]Cl_2$ 配合物中的 N_2 是侧基配位,属于________配体。在某些情况下,N_2 分子也可作为________参与配位。
9. $[Mn(CO)_6]^+$、$[Cr(CO)_6]$、$[V(CO)_6]^-$ 为等电子体(18e),随金属原子上负电荷的逐渐增加,这种反馈作用逐渐________,C—O 键的伸缩振动频率________。
10. 符合 18e 电子规则的配合物,其配体一般具有分裂能________和能形成________的特点,但也有这类配体的化合物其电子构型不符合 18 电子规则,如 $Mn(CO)_3(PPh_3)_2$ 为________电子构型。

第十章 过渡元素(一)

1. TiO_2 有三种晶形,分别是________、________、________。

2. 钛被称为“生物金属”,能________,因此常用于接骨和人工关节。
3. 钛合金通常有记忆功能,如________合金、超导功能________合金和________功能,如Ti-Mn、Ti-Fe合金等。
4. 氯化法制备 TiO_2 的化学反应方程式________。
5. 与V相关物质对应的颜色,VO_2^+ ________,VO_3^- ________,VO^{2+} ________,VO_4^{3-} ________。
6. 在 Ag^+ 溶液中,先加入少量的 $Cr_2O_7^{2-}$,再加入适量的 Cl^-,最后加入 $S_2O_3^{2-}$,反应现象是________。
7. Pd、Ru、Rh和Pt的电子构型分别是________。
8. 铁、钴、镍的三价离子氢氧化物的氧化性顺序________。
9. 在酸性条件下________、________、________等可将 Mn^{2+} 转化为 MnO_4^-,NaClO ________。
10. 锰的各价态对应的溶液颜色,Mn^{2+} ________,MnO_4^- ________,Mn^{3+} ________,MnO_4^{2-} ________。
11. 锰酸钾与 CO_2 的反应方程式为________。
12. 在NaOH溶液中 $Fe(OH)_3$ 可与氯气反应生成________。
13. 向 $CoCl_2$ 溶液中滴加氨水,先________,继续加入氨水,________,很快溶液又________。
14. 向 Fe^{2+} 溶液中加入 CN^- 溶液的现象是________。
15. Co^{2+} 溶液中加入 SCN^- 溶液,在丙酮中可观察到________。
16. 欲将 K_2MnO_4 转变为 $KMnO_4$,产率最高、质量最好的方法是________。
17. $[Fe(CN)_6]^{4-}$ 和 I_2 在溶液中________。
18. $[CoF_6]^{3-}$、$[Co(NH_3)_6]^{3+}$、$[Co(CN)_6]^{3-}$、Co^{3+} 的氧化性顺序是________。
19. 第一过渡系的某金属离子在八面体弱场中的磁矩是4.90B.M.,而在八面体强场中的磁矩为0,该中心金属离子可能是________。
20. 钢中加入Mn,可以增加钢的硬度,防止生成________使钢变脆,同时防止冷却钢形成气泡或沙孔。
21. 使用 H_2O_2 可以鉴别钛的化合物,产物为________,其颜色是________。
22. 钒(V)也能与 H_2O_2 生成有色配合物,在强酸性溶液中得到________,其颜色是________。
23. 在酸性介质中,用锌还原 $Cr_2O_7^{2-}$ 的现象为________。
24. 把 H_2S 通入用 H_2SO_4 酸化的 $K_2Cr_2O_7$ 溶液中的现象是________,对应的方程式为________。
25. $K_2Cr_2O_7$ 溶液分别与 $BaCl_2$、KOH、浓HCl(加热)作用,主要产物分别为________、________、________。
26. 酸化 K_2CrO_4 溶液,溶液________,加入 Na_2S,溶液________;继续加入 Na_2S,溶液________。

27. 在碱性介质中 H_2O_2 能将 Cr^{3+} 氧化为________；在酸性介质中 H_2O_2 能将 $Cr_2O_7^{2-}$ 还原为________。

28. 铬元素不同的价态在生命中作用不同，________是生命体中的微量有益元素，而________则是有毒的。

29. 铬的化合物颜色丰富，可用作颜料，如铬黄、铬绿和锌铬黄，其化学式分别是________、________和________。

30. 用 H_2O_2 鉴定铬(Ⅵ)，在乙醚相可以看到深蓝色的溶剂配合物________，其中铬的价态为________。

31. 由 $E^{\ominus}_{Mn^{2+}/Mn}=-1.19V$ 可推断 Mn 单质的化学性质________，________非氧化性酸。

32. $[Fe(H_2O)_6]^{3+}$ 的颜色为________，由于其水解能力强，溶液颜色往往呈现________。

33. Ni^{2+} 可与 CN^- 形成配合物________，为________杂化，结构为________。

34. $FeCl_3$ 的熔、沸点较低，具有明显的________，蒸气中有____________分子存在。

35. 羰基化合物的熔、沸点一般比常见的金属化合物________，容易________，受热________，利用这一性质可______________；但羰基化合物有毒，制备必须在与外界隔绝的密封容器中进行。

第十一章　过渡元素(二)

1. 第二、三过渡系元素化学性质与第一过渡系元素相比，其高氧化态物质________稳定，易形成高配位数化合物、____________及多聚物或簇合物。

2. Nb 和 Ta 在空气中加热生成 M_2O_5，二者相比________更稳定；M_2O_5 同 NaOH 共熔分别生成____________。

3. MoO_4^{2-} 和 WO_4^{2-} 在溶液和晶体中结构为____________。

4. 将钼酸铵用硝酸酸化，加入 Na_2HPO_4 溶液，可生成________的黄色晶状沉淀，用于检测__________。

5. $ReCl_3$ 分子是一个三聚物，其为________磁性，三个 Re 原子之间形成一个________形状，说明 Re-Re 之间存在________键。

6. PtF_6 是最强的氧化剂之一，可以氧化 Xe 生成________，这是第一次合成的稀有气体化合物。

7. 二氯二氨合铂为________磁性化合物，其结构为____________，有顺反异构体；顺式的溶解度________，具有抗癌活性。

8. $NbCl_5$ 在固态时是________，加热分解为________，易水解生成________的水合物。

9. 大多数铂系金属能吸收气体并使其活化，如 Pd 吸收 H_2 时________生成。

10. 已知 Pt(Ⅱ)配合物配体的反位效应强度顺序如下：硫脲 $CS(NH_2)_2>Cl^->NH_3$，因此硫脲与顺式的 $Pt(NH_3)_2Cl_2$ 反应生成____________，与反式的 $Pt(NH_3)_2Cl_2$ 反应生成____________。

第十二章　镧系元素和锕系元素

1. 镧系元素的 4f 电子只能屏蔽核电荷的一部分，因此 4f 电子的增加使有效核电荷

________，核对外层电子的引力________，引起原子半径或离子半径的收缩。

2. 镧系元素的吸收光谱极为复杂，其显色的原因通常是________、________和________。成单电子数为 2～5 的离子都是有色的，成单电子数相同的离子所显示的颜色是________。

3. 镧系元素的标准电极电势较负(－2.37～－1.99V)，单质都是________金属，因此镧系金属易________放出氢气，但在氢氟酸和磷酸中不易溶解，这是由于________________。

4. 镧系氢氧化物为离子型，从 $La(OH)_3$ 到 $Lu(OH)_3$ 碱性______________，其氢氧化物开始沉淀时的 pH __________________。

5. 镧系水合草酸盐受热逐步脱出结晶水，形成________，最后得到________。

6. 在弱酸性、中性或碱性介质中，________、________、________等氧化剂都可以将 Ce(Ⅲ)氧化成 Ce(Ⅳ)。

7. 镧系元素配合物中配位键主要是离子性的，最常见的配位数为________，最高可达到________。镧系元素配合物在溶液中________配体取代反应，Ln^{3+} 与 CO、CN^- 和 PR_3 ________生成稳定的配合物。

8. 用离子交换法分离镧系元素时，树脂对镧系元素亲和力随着原子序数的增大而________，淋洗液中的配体与 Ln^{3+} 形成的配合物的稳定常数逐渐________，从而________首先被淋洗出来，而________最后淋洗下来。

9. 在混合稀土溶液中加入 H_2O_2，可氧化________，调节 pH＝0.7～1.0，可沉淀出________，从而达到分离的目的；玻璃中添加________可以改善玻璃因含有铁的化合物而使玻璃呈现________，增加玻璃的透明度。

10. UO_3 具有两性，溶于酸生成________，溶于碱生成________。

参考答案

第一章　碱金属和碱土金属

1. $Rb_2CO_3 > SrCO_3 > CaCO_3$
2. CsI
3. $Li_3N(s) + 2H_2(g) \rightleftharpoons LiNH_2(s) + 2LiH(s)$ (1700℃)
4. $Ca(O_2)_2$
5. 减压加热脱水
6.

CsCl　　ZnS

7. 橙红色；紫红色
8. $2NH_3 + 2NaCl + H_2O + CO_2 \longrightarrow Na_2CO_3 + 2NH_4Cl$
9. 填充了锂离子的石墨(Li_xC_6)；$Li_{1-x}CoO_2 + xLi^+ + xe^- = LiCoO_2$
10. $M(NH_3)_y^+$ 或 $M(NH_3)_y^{2+}$

11. Li与Mg
12. $Be^{2+}>Mg^{2+}>Ca^{2+}>Sr^{2+}>Ba^{2+}$
13. $Mg(OH)_2<Ca(OH)_2<Sr(OH)_2<Ba(OH)_2$
14. 小;减小;大
15. $Na_2SO_4\cdot 10H_2O$、$KCl\cdot MgCl_2\cdot 6H_2O$、$MgSO_4\cdot 7H_2O$
16. $Ca_{10}(OH)_2(PO_4)_6$
17. 离子的半径大小匹配
18. 其半径太小
19. 醇、酚、胺、酰胺;醛、酮;降低金属的熔点
20. Na^+;K^+

第二章 硼族元素

1. 硼硼键;硼氢键;3c-2e氢桥键;开放的3c-2e硼桥键;闭合的3c-2e硼键
2. 一;路易斯
3. pH;对健康有害,目前禁止添加
4. $Na_2B_4O_7+7H_2O$ ═══ $4H_3BO_3+2NaOH$,$H_3BO_3+OH^-$ ═══ $B(OH)^{4-}$ 或 $B_4O_5(OH)_4^{2-}+5H_2O$ ═══ $2H_3BO_3+2B(OH)^{4-}$
5. 从非金属过渡到金属;增大;增大
6. 熔、沸点相差大
7. $2Al+3Cl_2$ ═══ $2AlCl_3$ 或 $Al_2O_3+3C+3Cl_2$ ═══ $2AlCl_3+3CO$,$FeCl_3(s)+Al$ ═══ $AlCl_3(s)+Fe$
8. 硼酸盐、偏硼酸盐;还原成单质硼
9. +1价和+3价
10. 碱式氯化铝;$[Al_2(OH)_nCl_{6-n}]_m(1\leqslant n\leqslant 5, m\leqslant 10)$
11. 活泼金属;共价性
12. 酸碱;路易斯酸
13. BCl_3
14. 大π键;缺电子化合物
15. 共价性;二聚分子缔合;三中心四电子
16. 熔化;合金
17. 两性;强碱性;增强
18. 石墨;金刚石
19. K^+;KOH;KI
20. Al_{12}、Ga_{12}、In_8

第三章 碳族元素

1. 还原能力;因为铁与CO的配位能力比铁与O_2更强,CO中毒的病人通过高压氧使铁与CO的配位解离,恢复对O_2的配位
2. 共价型碳化物;金属的导电性和光泽
3. 金刚砂;石英;过量的焦炭;焦炭;氧化硼
4. $Be_3Al_2(Si_6O_{18})$;环状硅酸盐
5. GeH_4
6. 盐酸;二氧化物水合物;锡酸
7. 锡粒;易水解;碱式盐Sn(OH)Cl;将其溶于盐酸
8. $PbO_2+4HCl(浓)$ ═══ $PbCl_2+Cl_2+2H_2O$

9. $Pb_2(OH)_2CO_3$;Pb_3O_4;$PbCrO_4$
10. 棕黑色;黄色;无色
11. 高
12. $C_{60}F_{60}$
13. 单键、双键、三键;很难以;单键;硅原子半径比碳原子半径大得多
14. H_2S 或硫化物;PbS;H_2O_2
15. $SiO_2 \cdot xH_2O$;HF
16. 活泼的金属氧化物—不活泼的金属氧化物—二氧化硅—水
17. $Na_2CaEDTA$
18. Na_2SnS_2
19. $[PbCl_4]^{2-}$
20. 惰性电子对效应;强氧化剂;Cl_2;MnO_4^-;6s 电子对钻穿能力强

第四章　氮族元素

1. SiO_2;耦合
2. $NH_3>AsH_3>PH_3$;$NH_3>PH_3>AsH_3$
3. +5、+3、+1;四面体
4. $NH_2^->NH_3>N_2H_4>NH_2OH$
5. $H_3P_3O_9$;环状
6. NCl_3
7. $NF_3<NH_3$
8. SbF_5 接受 F^- 形成稳定的 SbF_6^-,推动了反应的进行
9. Na_3SbS_3;Na_3SbS_4
10. 间充型氮化物;金属结构
11. N_2+Cl_2;极不稳定
12. 离子晶体;$[PCl_4]^+$;$[PCl_6]^-$;三角双锥;sp^3d
13. Ca^{2+}、Mg^{2+};富营养化污染
14. 3;8
15. H_3AsO_4;$Bi(OH)_3$;Na_3AsO_3;$NaBiO_3$
16. 叠氮离子 N_3^-;直线形;π_3^4
17. $[Fe(HPO_4)_2]^-$、$[Fe(PO_4)_2]^{3-}$
18. 给予电子对;反键轨道接受电子对
19. $Na_4P_2O_7$;$Na_5P_3O_{10}$
20. 将固体直接溶于水;Cl_2;Cl_2

第五章　氧族元素

1. 长
2. 二氧基阳离子 O_2^+
3. Fe^{2+};氧合血红蛋白
4. 三角锥构型
5. 共价;链;d;反馈
6. 大于
7. 弱

8. 小;反磁性;顺磁性
9. $H_2S_2O_8$
10. 无水无氧;固态电解质
11. 硫;硫代硫酸钠
12. 连三硫酸钠
13. H_2SeO_4
14. 过氧化铬 CrO_5
15. 氧化性;还原性
16. 零;难(不)
17. 稀盐酸
18. 重金属;卤素;脱氯剂;I_2
19. 亚硒酸钠;克山病
20. 相似;相互取代;Se_nS_{8-n}

第六章 卤素

1. $F^- < Cl^- < Br^- < I^-$
2. 大
3. 正方形;直线形
4. HCl、HF
5. Cl_2
6. HF<HCl<HBr<HI
7. 易发生水解
8. $HClO > HClO_3 > HClO_4$
9. IF_7
10. HCl<HBr<HI<HF
11. $Cl_2 + H_2O \longrightarrow HCl + HClO$ (可逆反应),$HClO \longrightarrow HCl^+ [O]$ (可逆反应;生成的[O]是游离氧,正是这个游离氧氧化了有机染料使其褪色),次氯酸的分解反应在光照或受热时速度加快
12. HCl+HIO
13. 氯气;单质溴;碳酸钠;Br^- 和 BrO_3^-;硫酸酸化
14. 奇数
15. 紫黑色浑浊;澄清溶液
16. $(I_2)_n(I^-)$
17. IF_7;BrF_7;ClF_7
18. $(CN)_2$;$(SCN)_2$;$(OCN)_2$
19. $K_2MnF_6 + 2SbF_5 \xlongequal{} 2KSbF_6 + MnF_3 + 1/2F_2$ (423K)
20. H_5IO_6;八面体

第七章 氢与氢能源

1. 氕、氘、氚;氚
2. 三中心二电子键;三角形;更高
3. $2LiH + B_2H_6 \xlongequal{} 2LiBH_4$
4. 氧化剂;还原剂;布朗斯特酸
5. 氢气;氧气;$2H_2 + O_2 \xlongequal{} 2H_2O$;水的电解反应;化学能
6. $2H_2 + 4OH^- - 4e^- \xlongequal{} 4H_2O$;$O_2 + 2H_2O + 4e^- \xlongequal{} 4OH^-$

7. $2H_2-4e^- = 4H^+$；$O_2+4H^++4e^- = 2H_2O$
8. Fe_2O_3
9. 解离成氢原子；共价键(配位键)
10. 物理储氢；对氢气的吸附作用
11. 离子型；氢化锂
12. 化石燃料
13. 催化剂；金属型
14. 三中心四电子
15. 稀土金属和氢气直接；氢化铀 UH_3

第八章　铜族与锌族元素

铜分族

1. 难；大于；小于
2. $AgI+H_2$
3. 共价性；氯桥键
4. $[CuCl_4]^{2-}$是黄色，$[Cu(H_2O)_6]^{2+}$是蓝色，$CuCl_2$浓溶液中两者同时存在，所以显绿色
5. $2CuCl_2 \cdot 2H_2O = Cu(OH)_2 \cdot CuCl_2+2HCl+2H_2O$
6. 因为d轨道未充满，电子可以吸收光能在 d_ε 与 d_γ 轨道间发生跃迁，从而使配离子呈现被吸收光的互补色。$[Cu(en)_2]^{2+}$颜色较深是由于光化学序列 $\Delta(en)>\Delta(NH_3)$，$[Cu(en)_2]^{2+}$的电子跃迁吸收的光与$[Cu(NH_3)_4]^{2+}$相比向短波方向移动，从而使互补色显更深的颜色
7. 增加；减小；加深
8. AgCl、AgBr、AgI
9. 可以提高$[Cl^-]$，促使平衡向正方向移动，提高产率；混合价态的配合物(不是纯粹的 Cu^+ 配合物)
10. 先生成棕色沉淀，然后沉淀溶解为无色溶液；产生浅黄色沉淀
11. I^- 仍保持原位置，而 Ag^+ 可以移动
12. $[Ag(S_2O_3)_2]^{3-}$
13. 胆矾；Cu^{2+}周围的两个非氢键配位水；两个氢键配位水；阴离子上的氢键水
14. 二聚体 Au_2Cl_6；基本上是平面正方形
15. 八面体；平面正方形

锌分族

1. 常温常压呈液态
2. 增加；4
3. 差；强；强
4. 参与成键；不参与成键；较低；则比较接近主族元素
5. Hg^{2+}和Cd^{2+}
6. $HgCl_2$
7. $FeO+2H[ZnCl_2(OH)] = Fe[ZnCl_2(OH)]_2+H_2O$
8. 白色颜料；$ZnS \cdot BaSO_4$
9. 先生成白色沉淀，继续滴加，白色沉淀变为灰色沉淀，最后变为黑色沉淀；Hg^{2+}或Sn^{2+}
10. 2.0mol·L^{-1} HCl；6.0mol·L^{-1} HCl；浓盐酸；硝酸；王水
11. $HgCl_4^{2-}$
12. 黄色 HgI_2 沉淀；红色；沉淀溶解；$[HgI_4]^{2-}$
13. 镉黄；$CdS \cdot ZnS$

14. $Na_2[HgS_2]$

15. 发出不同颜色的荧光;荧光粉

第九章 过渡金属概论

1. 小;较为接近
2. 增大的趋势;降低
3. 它们有未饱和的价电子构型,$(n-1)$d 和 ns 能量相近;先上升再下降;下降
4. 增加;减小;增大
5. 稳定;能量越来越接近;全部参加成键
6. 顺磁性;磁矩测定
7. 变形八面体;6;抗磁性
8. π 酸;π 配体
9. 增强;减小
10. 大;强反馈键;17e

第十章 过渡元素(一)

1. 金红石型;尖晶石型;板钛矿型
2. 与骨骼、肌肉生长在一起
3. Ti-Ni;Nb-Ti;储氢
4. $TiO_2(s)+2Cl_2(g)+2C = TiCl_4+2CO(g)$,$TiCl_4+O_2(g) = TiO_2+2Cl_2(g)$
5. 黄色;黄色;浅黄色;无色
6. 加入 $Cr_2O_7^{2-}$ 生成砖红色沉淀,加入 Cl^- 生成白色沉淀,加入 $S_2O_3^{2-}$ 白色沉淀溶解为无色溶液
7. Pd:$4d^{10}$,Ru:$4d^7 5s^1$,Rh:$4d^8 5s^1$,Pt:$5d^9 6s^1$
8. $Fe(OH)_3 < Co(OH)_3 < Ni(OH)_3$
9. $NaBiO_3$;PbO_2;$K_2S_2O_8$;不可以
10. 肉色;紫红色;樱桃红色;墨绿色
11. $3K_2MnO_4+2CO_2 = 2KMnO_4+MnO_2+2K_2CO_3$
12. Na_2FeO_4
13. 有蓝色沉淀生成;沉淀溶解生成土黄色$[Co(NH_3)_6]^{2+}$;被空气中氧气氧化后生成红褐色$[Co(NH_3)_6]^{3+}$
14. 先生成白色 $Fe(CN)_2$ 沉淀,然后沉淀溶解生成黄血盐$[Fe(CN)_6]^{4-}$
15. 蓝色$[Co(NCS)_4]^{2-}$
16. 电解氧化 K_2MnO_4 溶液
17. 不能共存,发生反应生成$[Fe(CN)_6]^{3-}$和 I^-
18. $Co^{3+} > [CoF_6]^{3-} > [Co(NH_3)_6]^{3+} > [Co(CN)_6]^{3-}$
19. Fe(Ⅱ)
20. FeS
21. $[TiO(H_2O_2)]^{2+}$;橘红色
22. $[V(O_2)]^{3+}$;红棕色
23. 溶液颜色由橙色经绿色变成蓝色,放置时又变成绿色
24. 溶液颜色由橙色变成绿色,同时产生乳白色浑浊;$K_2Cr_2O_7+3H_2S+4H_2SO_4 = Cr_2(SO_4)_3+3S\downarrow+7H_2O+K_2SO_4$
25. $BaCrO_4$;K_2CrO_4;$CrCl_3+Cl_2$
26. 由黄色变成橙色;变成绿色;出现灰绿色沉淀

27. CrO_4^{2-}；Cr^{3+}
28. 三价铬；六价铬
29. $PbCrO_4$；Cr_2O_3；$ZnCrO_4$
30. $[CrO(O_2)_2(C_2H_5)_2O]$；+6
31. 活泼；可溶于
32. 淡紫色；黄色
33. $[Ni(CN)_4]^{2-}$；dsp^2；平面正方形
34. 共价性；二聚分子 Fe_2Cl_6
35. 低；挥发；易分解为金属和 CO；分离或提纯金属

第十一章　过渡元素（二）

1. 较为稳定；M—M 键化合物
2. Ta_2O_5；$NaNbO_3$、Na_3TaO_4
3. 四面体
4. 12-钼磷酸铵；MoO_4^{2-} 或 PO_4^{3-}
5. 反；等边三角形；三重键
6. $XePtF_6$
7. 反；平面正方形；大
8. 二聚分子；$NbOCl_3$；Nb_2O_5
9. 有原子氢
10. 氯化四硫脲合铂（Ⅱ）；二氯二硫脲合铂（Ⅱ）

第十二章　镧系元素和锕系元素

1. 略有增大；略有增强
2. f→f 跃迁；f→d 跃迁；电荷转移跃迁；相似的
3. 强化学活性的；溶于稀酸；生成了难溶的氟化物和磷酸盐阻止反应继续发生
4. 减小；随原子序数的增大而降低
5. 无水盐；氧化物
6. H_2O_2；$KMnO_4$；$(NH_4)_2S_2O_8$
7. 8 或 9；12；易发生；难以
8. 减小；增大；Lu^{3+}；La^{3+}
9. Ce^{3+}；$Ce(OH)_3$；CeO_2；黄绿色
10. 铀氧基 UO_2^{2+}；重铀酸根 $U_2O_7^{2-}$

主族元素测试题

(总分:100 分　时间:120 分钟)

一、选择题(共 18 小题,35 分)

1. (2 分) $InCl_2$ 为逆磁性化合物,其中 In 的化合价为(　　)。
   (A) +1　(B) +2　(C) +3　(D) +1 和+3
2. (2 分) 下列氢化物中,在室温下与水反应不产生氢气的是(　　)。
   (A) $LiAlH_4$　(B) CaH_2　(C) SiH_4　(D) NH_3
3. (2 分) 与水反应得不到 H_2O_2 的是(　　)。
   (A) K_2O_2　(B) Na_2O_2　(C) KO_2　(D) KO_3
4. (2 分) 下列物质的水解产物中既有酸又有碱的是(　　)。
   (A) Mg_3N_2　(B) $SbCl_5$　(C) $POCl_3$　(D) NCl_3
5. (2 分) 有关 H_3PO_4、H_3PO_3、H_3PO_2,不正确的论述是(　　)。
   (A) 氧化态分别是+5、+3、+1　(B) P 原子是四面体几何构型的中心
   (C) 三种酸在水中的解离度相近　(D) 都是三元酸
6. (2 分) 下列各组化合物中,都有颜色的一组化合物是(　　)。
   (A) $SiCl_4$,$SnCl_4$,PbO　(B) CCl_4,NO_2,HgI_2
   (C) SiC,B_2H_6,N_2O_4　(D) PbO_2,PbI_2,SnS
7. (2 分) 下列化合物中最稳定的是(　　)。
   (A) Li_2O_2　(B) Na_2O_2　(C) K_2O_2　(D) Rb_2O_2
8. (2 分) 1mol 下列各物质溶于 1L 水中,生成的溶液 中 H^+ 浓度最高的是(　　)。
   (A) SO_3　(B) P_4O_{10}　(C) HF　(D) MgH_2
9. (2 分) 对于 H_2O_2 和 N_2H_4,下列叙述正确的是(　　)。
   (A) 都是二元弱酸　(B) 都是二元弱碱
   (C) 都具有氧化性和还原性　(D) 都可与氧气作用
10. (2 分) 下列分子式中错误的是(　　)。
    (A) SF_2　(B) SF_3　(C) SF_4　(D) SOF_4
11. (2 分) O_2^{2-} 可作为(　　)。
    (A) 配体　(B) 氧化剂　(C) 还原剂　(D) 三者皆可
12. (2 分) 下列含氧酸根中,属于环状结构的是(　　)。
    (A) $S_4O_6^{2-}$　(B) $S_3O_{10}^{2-}$　(C) $P_3O_9^{3-}$　(D) $P_3O_{10}^{5-}$
13. (2 分) BF_3 通入过量的 Na_2CO_3 溶液,得到的产物是(　　)。

(A) HF 和 H_3BO_3　　(B) HBF_4 和 $B(OH)_3$

(C) $NaBF_4$ 和 $NaB(OH)_4$　　(D) HF 和 B_4O_3

14. (2 分) 下列含氧酸中酸性最弱的是(　　)。

(A) $HClO_3$　　(B) $HBrO_3$　　(C) H_2SeO_4　　(D) H_6TeO_6

15. (2 分) 下列各组物质氧化性变化顺序不正确的是(　　)。

(A) $HNO_3 > H_3PO_4 > H_3AsO_4$　　(B) $HBrO_3 > HClO_3 > HIO_3$

(C) $H_2SeO_4 > H_6TeO_6 > H_2SO_4$　　(D) $HClO_4 > H_2SO_4 > H_3PO_4$

16. (2 分) 锌粉与酸式亚硫酸钠反应生成(　　)。

(A) $Na_2S_2O_4$　　(B) $Na_2S_2O_3$　　(C) Na_2SO_3　　(D) Na_2SO_4

17. (2 分) 用于制备 $K_2S_2O_8$ 的方法是(　　)。

(A) 在过量的硫酸存在下,用高锰酸钾使 K_2SO_4 氧化

(B) 在 K^+ 存在下,往发烟硫酸中通入空气

(C) 在 K^+ 存在下,电解使硫酸发生阳极氧化作用

(D) 用氯气氧化硫代硫酸钾 $K_2S_2O_3$

18. (1 分) 鉴别 Sn^{4+} 和 Sn^{2+},应加的试剂为(　　)。

(A) 盐酸　　(B) 硝酸

(C) 硫酸钠　　(D) 硫化钠(过量)

二、填空题(共 8 小题,25 分)

19. (5 分) 比较下列各物质的性质:

(1) $BeCl_2$ 和 $CaCl_2$ 的沸点,前者__________后者。

(2) NH_3 和 PH_3 的碱性,前者__________后者。

(3) NaOCl 和 $NaClO_3$ 的氧化性,前者__________后者。

(4) $BaCrO_4$ 和 $CaCrO_4$ 在水中的溶解度,前者__________后者。

(5) TlCl 和 $TlCl_3$ 的水解度,前者__________后者。

20. (5 分) 把下列氯化物分别置于纯水中:

(1) 能生成盐酸和碱式盐沉淀的是__________。

(2) 能生成盐酸和相应的含氧酸的是__________。

(3) 能生成盐酸和氧化物的水合物的是__________。

NaCl,KCl,$MgCl_2$,$AlCl_3$,$SnCl_2$,$SbCl_3$,$SnCl_4$,$ZnCl_2$,SCl_4,PCl_5,$BaCl_2$。

21. (5 分) 在砷分族的氢氧化物(包括含氧酸盐)中,酸性以__________为最强,碱性以__________最强,以__________的还原性最强,以__________的氧化性最强,这说明从砷锑到铋氧化数为__________的化合物渐趋稳定。

22. (2 分) ① Bi　　② Sn　　③ Se　　④ F_2

上述单质与 NaOH 溶液反应:

(1) 很难发生反应的是__________。

(2) 发生歧化反应的是__________。

(3) 有氢气生成的是__________。

(4) 在一定条件下,有氧气放出的是__________。

23. (2分) 在 $AlCl_3$ 和 $SbCl_3$ 溶液中各加入适量 Na_2S 溶液，将分别产生__________和__________沉淀，使后者与过量的 Na_2S 溶液作用，将生成__________而溶解。

24. (2分) 在 Sn(Ⅱ)的强碱溶液中加入硝酸铋溶液，发生变化的化学方程式为______________________________。

25. (2分) H_3BO_3 是极弱的一元酸，在定量分析中不能直接用强碱滴定，如果加一定量的______________，生成__________________后，因酸性大为增强，则就可滴定了。

26. (2分) $TlCl_3$ 与 H_2S 以及 Tl 与稀 HNO_3 的反应式分别为____________________和__________________。

三、计算题 (共2小题，15分)

27. (10分) 在酸性溶液中，$KBrO_3$ 能把 KI 氧化成 I_2 和 KIO_3，本身可被还原为 Br_2、Br^-；而 KIO_3 和 KBr 反应生成 I_2 和 Br_2，KIO_3 和 KI 反应生成 I_2。现于酸性溶液中混合等物质的量的 $KBrO_3$ 和 KI，生成哪些氧化还原产物？它们的物质的量的比是多少？

28. (5分) 高纯锡可在600K温度下炼铸，这时反应 $Sn(l)+O_2(g)=\!=\!=SnO_2(s)$ 的 $\Delta_r G_m^\ominus = -418.4kJ \cdot mol^{-1}$。炼铸时常用氩作为保护气体，然而其中常包含分压力为 1.0×10^{-6} 标准压力($p^\ominus=100kPa$)的氧。试回答在此环境中锡是否会被氧化。

四、问答题 (共4小题，25分)

29. (3分) 比较 BH_4^- 和 AlH_4^- 的碱性。哪一个离子是较强的还原剂？写出 GaH_4^- 与过量 $HCl(c=1mol \cdot L^{-1})$ 反应的方程式。

30. (5分) 写出下列物质的名称或化学式：

(1) BaO_4 (2) HN_3 (3) H_2NOH (4) $H_2SO_4 \cdot SO_3$ (5) KH_2PO_2

(6) 芒硝 (7) 海波 (8) 保险粉 (9) 联膦 (10) 正高碘酸

31. (10分) 氮、磷、铋都是ⅤA族元素，它们都可以形成氯化物，如 NCl_3、PCl_3、PCl_5 和 $BiCl_3$。试问：

(1) 为什么不存在 NCl_5 及 $BiCl_5$ 而有 PCl_5？

(2) 对比 NCl_3、PCl_3、$BiCl_3$ 水解反应的差异(指水解机理及水解物性质上差异)，写出有关反应方程式。

32. (7分) 石硫合剂是以硫磺粉、石灰及水混合，煮沸、摇匀而制得的橙色至樱桃红色透明水溶液，写出相应的反应方程式。该溶液在空气的作用下又会发生什么反应？

参考答案

一、选择题

1.D 2.D 3.D 4.D 5.D 6.D 7.D 8.A 9.C 10.B 11.D 12.C 13.C 14.D 15.A 16.A 17.C 18.D

二、填空题

19. (1) 低于 (2) 强于 (3) 强于 (4) 小于 (5) 小于

20. (1) $SnCl_2$，$SbCl_3$ (2) SCl_4，PCl_5 (3) $SnCl_4$

21. H_3AsO_4 $Bi(OH)_3$ Na_3AsO_3 $NaBiO_3$ +3

22. (1) ① (2) ③ (3) ② (4) ④

23. $Al(OH)_3\downarrow$(白) $Sb_2S_3\downarrow$(橙) Na_3SbS_3

24. $3Sn(OH)_3^- + 2Bi^{3+} + 9OH^- = 3Sn(OH)_6^{2-} + 2Bi\downarrow$(黑)

25. 甘油或甘露醇(己六醇) 配合物

26. $2TlCl_3 + 3H_2S = Tl_2S\downarrow + 2S\downarrow + 6HCl$

$3Tl + 4HNO_3$(稀)$= 3TlNO_3 + NO\uparrow + 2H_2O$

三、计算题

27. $6KBrO_3 + 5KI + 3H_2SO_4 = 3Br_2 + 5KIO_3 + 3K_2SO_4 + 3H_2O$

6mol 5mol 3mol 5mol

所余 1mol KI 将和$\frac{1}{5}$mol KIO_3 作用生成$\frac{3}{5}$mol I_2。

$$KIO_3 + 5KI + 3H_2SO_4 = 3I_2 + 3K_2SO_4 + 3H_2O$$

$\frac{1}{5}$mol 1mol $\frac{3}{5}$mol

生成 Br_2、I_2、KIO_3 的物质的量比为 $3:\frac{3}{5}:\frac{24}{5}$。

28. $\Delta_r G_m = \Delta_r G_m^\ominus + RT\ln(1/p_{O_2}) = -349.4\text{kJ}\cdot\text{mol}^{-1}$,表明锡在氩中能被氧化。

四、问答题

29. 碱性 $BH_4^- \ll AlH_4^-$,AlH_4^- 是较强的还原剂。

$GaH_4^- + 4HCl \longrightarrow GaCl_4^- + 4H_2\uparrow$

30. (1) 超氧化钡 (2) 叠氮化氢或叠氮酸

(3) 羟氨 (4) 焦硫酸或一缩二硫酸

(5) 次磷酸钾 (6) $Na_2SO_4\cdot 10H_2O$

(7) $Na_2S_2O_3\cdot 5H_2O$ (8) $Na_2S_2O_4\cdot 2H_2O$

(9) P_2H_4 (10) H_5IO_6

31. (1) 氮为第二周期元素,只有 2s、2p 轨道,最大配位数为 4。故只能形成 NCl_3,不可能有 NCl_5。

磷为第三周期元素,有 3s、3p、3d 轨道,既可以以 sp^3 杂化轨道成键,也可以以 sp^3d 杂化轨道成键,最大配位数为 6。故除可以形成 PCl_3 外,还可以形成 PCl_5。

铋为第六周期元素,由于存在 $6s^2$ 惰性电子对效应,Bi(Ⅴ)有强氧化性,Cl^- 又有还原性,所以 $BiCl_5$ 不会形成。

(2) $NCl_3 + 3H_2O = NH_3 + 3HClO$

NCl_3 中 N 上孤对电子作路易斯碱配出,发生亲电水解,产物为 NH_3(碱)及 HClO(酸)。

$$PCl_3 + H_2O = HP(O)(OH)_2 + 3HCl$$

(结构式:P 上连 O(配位键箭头指向 O)、H、两个 OH)

PCl_3 中 P 有孤对电子,又有空轨道,所以可以发生亲电亲核水解。

$$BiCl_3 + H_2O = BiOCl\downarrow + 2HCl$$

水解产物是生成更难溶的盐及酸,其机理可以认为是酸碱电离平衡。

32. $3S + 3Ca(OH)_2 = 2CaS + CaSO_3 + 3H_2O$

$(x-1)S + CaS = CaS_x$(橙色),随 x 升高显樱桃红色。

$S + CaSO_3 = CaS_2O_3$

所以石硫合剂是 $CaS_x \cdot CaS_2O_3$ 和 $Ca(OH)_2$ 的混合物。

石硫合剂在空气中与 H_2O 及 CO_2 作用，发生以下反应：

$$CaS_x + H_2O + CO_2 = CaCO_3 + H_2S_x$$

$$H_2S_x = H_2S\uparrow + (x-1)S\downarrow$$

副族元素测试题

(总分:100 分　时间:120 分钟)

一、选择题(共 9 小题,17 分)

1. (1 分) 在下列化合物中,属杂多酸盐的是(　　)。

(A) $Na_3[P(W_{12}O_{40})]$　　(B) $KCr(SO_4)_2 \cdot 12H_2O$

(C) $Na_4Mo_7O_{23}$　　(D) $Fe_2(CO)_9$

2. (2 分) 欲将 K_2MnO_4 转变为 $KMnO_4$,下列方法中产率高、质量好的是(　　)。

(A) CO_2 通入碱性 K_2MnO_4 溶液　　(B) 用 Cl_2 氧化 K_2MnO_4 溶液

(C) 电解氧化 K_2MnO_4 溶液　　(D) 用 HAc 酸化 K_2MnO_4

3. (2 分) 下列物质不能大量在溶液中共存的是(　　)。

(A) $[Fe(CN)_6]^{3-}$ 和 OH^-　　(B) $[Fe(CN)_6]^{3-}$ 和 I^-

(C) $[Fe(CN)_6]^{4-}$ 和 I_2　　(D) Fe^{3+} 和 Br^-

4. (2 分) 下列离子中氧化性最强的是(　　)。

(A) $[CoF_6]^{3-}$　　(B) $[Co(NH_3)_3]^{3+}$

(C) $[Co(CN)_6]^{3-}$　　(D) Co^{3+}

5. (2 分) 某金属离子在八面体弱场中的磁矩是 4.90B. M.,而在八面体强场中的磁矩为 0,该中心金属离子可能是(　　)。

(A) Cr(Ⅲ)　　(B) Mn(Ⅱ)　　(C) Mn(Ⅲ)　　(D) Fe(Ⅱ)

6. (2 分) 弱场中,八面体和四面体配合物的晶体场稳定化能(CFSE)相等的是(　　)。

(A) Fe^{2+}　　(B) Ni^{2+}　　(C) Mn^{2+}　　(D) Cu^{2+}

7. (2 分) 在$[Co(en)(C_2O_4)_2]$中,中心离子的配位数为(　　)。

(A) 3　　(B) 4　　(C) 5　　(D) 6

8. (2 分) $[Fe(H_2O)_6]^{2+}$的 CFSE 是(　　)。

(A) $-4Dq$　　(B) $-12Dq$　　(C) $-6Dq$　　(D) -8 Dq

9. (2 分) 根据晶体场理论,在八面体场中,由于场强的不同,有可能产生高自旋或低自旋的电子构型是(　　)。

(A) d^2　　(B) d^3　　(C) d^4　　(D) d^8

二、填空题(共 5 小题,25 分)

10. (4 分) $K_2Cr_2O_7$ 溶液分别与 $BaCl_2$、KOH、浓 HCl(加热)和 H_2O_2(乙醚)作用,将分别转变为________、________、________和________。

11. (3 分) 在 $NiSO_4$ 和 $CoSO_4$ 溶液中各加入过量 KCN 溶液,将分别生成________和

__________;将后者溶液放置或微热渐渐转化而成__________。

12. (2分) 配合物$[Cr(OH)(C_2O_4)(en)(H_2O)]$的系统命名法名称为______________。

13. (10分)

配离子	几何构型	杂化轨道类型
$[Fe(CN)_6]^{4-}$	________	________
$[Ni(CN)_4]^{2-}$	________	________
$[Ni(NH_3)_4]^{2+}$	________	________
$[MnCl_4]^{2-}$	________	________
$[CoF_6]^{3-}$	________	________

14. (6分) 比较下列羰基配合物 M—C 键的强弱。用>或<表示。

$[Mn(CO)_6]^+$、$Cr(CO)_6$、$[V(CO)_6]^-$

____

三、综合题(共7小题,58分)

15. (5分) 在某温度时用1.0L 1.00mol·L^{-1} $NH_3·H_2O$处理过量的$AgIO_3$固体时,溶解了85g $AgIO_3$,计算$K^{\ominus}_{稳,[Ag(NH_3)_2]^+}$值。

(已知该温度时$K^{\ominus}_{sp,AgIO_3}=4.5\times10^{-8}$,相对原子质量:$A_{r,Ag}=108$,$A_{r,I}=127$)

16. (10分) 已知:$Co^{3+}+e^- \longrightarrow Co^{2+}$　　$E^{\ominus}=1.808V$

$O_2+4H^++4e^- \longrightarrow 2H_2O$　　$E^{\ominus}=1.229V$

$[Co(NH_3)_6]^{3+}$的$K^{\ominus}_{稳}=1.6\times10^{35}$,$[Co(NH_3)_6]^{2+}$的$K^{\ominus}_{稳}=1.3\times10^5$,$NH_3$的$K^{\ominus}_b=1.8\times10^{-5}$。

(1) 试确定Co^{3+}在水溶液中能否稳定存在。

(2) 当体系中加入氨水后,试确定$[Co(NH_3)_6]^{3+}$在1.0mol·L^{-1}氨水中能否稳定存在(设各物质浓度均为1.0mol·L^{-1})。

17. (5分) 根据pH=14时锰元素的吉布斯生成自由能变-氧化态图,回答下列问题:

(1) 其中最稳定的物质是哪一个?

(2) 写出能发生歧化反应的化学方程式。

(3) 写出两例能互相发生氧化还原反应(歧化反应的逆反应)的化学方程式。

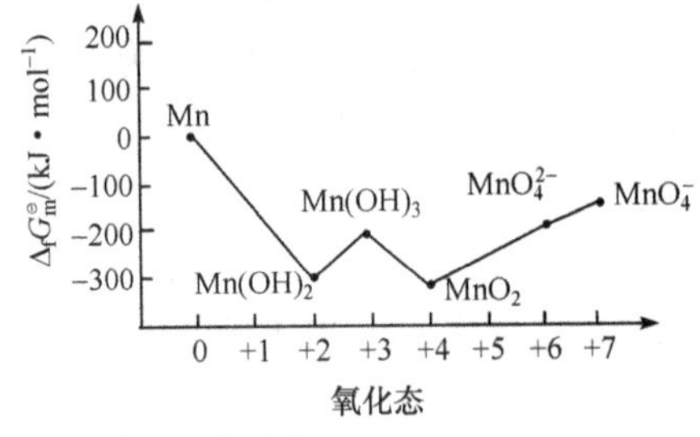

18. (8分) 利用18电子规则,完成下列反应:

(1) $Re_2O_7+CO \longrightarrow$

(2) $Fe(CO)_5+NO \longrightarrow$

(3) $Co_2(CO)_8+NO \longrightarrow$

(4) $Cr(CO)_6+NO$ (完全取代)$\longrightarrow$

19. (10分) 在放有 Fe^{2+} 和硝酸盐(或亚硝酸盐)的混合溶液的试管中小心地加入浓 H_2SO_4,在浓 H_2SO_4 溶液的界面上出现了“棕色环”。近年来对此“棕色环”进行了深入研究,结果表明,该棕色环是铁的低氧化态八面体配合物,其分子式可写为 $[Fe(NO)(H_2O)_5]SO_4$,其中有3个未成对电子,且这些单电子全来源于铁。请根据这些信息描述配合物的成键细节,包括配体形成、中心离子的价态和电子分布、成键情况等。写出形成“棕色环”有关的反应方程式。

20. (10分) 现有一种合金钢样品,用稀 HNO_3 溶解后,加过量 NaOH,有沉淀 A 产生,过滤后,滤液 B 呈绿色;若加入溴水并加热,溶液由绿色变为黄色,加 $BaCl_2$ 溶液得黄色沉淀。沉淀 A 加稀 HCl 部分溶解,过滤后得沉淀 C 和滤液 D。沉淀 C 溶于浓 HCl,并有黄绿色气体产生及近乎无色的溶液,小心往溶液中加 NaOH 溶液又得沉淀 C。将滤液 D 分成两份:第一份加入 KSCN 溶液,呈现血红色;第二份加入少量酒石酸钠,再用氨水调节 pH=5~10,再滴加数滴丁二酮二肟溶液,有鲜红沉淀产生。试根据上述实验现象回答:

(1) 该合金钢样品中含有哪几种金属元素?

(2) 用化学式表示出各物质间转化关系图。

21. (10分) 含汞废水处理是环保工作的重要任务之一,化学沉淀法是在含汞废水中先加入一定量的硫化钠,再加入 $FeSO_4$。通过计算说明以上过程为什么要加入 $FeSO_4$。(已知:$K^{\ominus}_{sp,HgS}=4\times10^{-53}$,$K^{\ominus}_{sp,FeS}=6.25\times10^{-18}$,$K^{\ominus}_{稳,HgS_2^{2-}}=9.5\times10^{52}$)

参考答案

一、选择题

1.A 2.C 3.C 4.D 5.D 6.C 7.D 8.A 9.C

二、填空题

10. $BaCrO_4$ K_2CrO_4 $CrCl_3$ CrO_5

11. $[Ni(CN)_4]^{2-}$ $[Co(CN)_6]^{4-}$ $[Co(CN)_6]^{3-}$

12. 一羟基·草酸根·乙二胺·一水合铬(Ⅲ)

13.

配离子	几何构型	杂化轨道类型
$[Fe(CN)_6]^{4-}$	正八面体形	d^2sp^3
$[Cu(NH_3)_4]^{2+}$	平面正方形	dsp^2
$[Ni(NH_3)_4]^{2+}$	四面体形	sp^3
$[MnCl_4]^{2-}$	四面体形	sp^3
$[CoF_6]^{3-}$	八面体形	sp^3d^2

14. $[Mn(CO)_6]^+ < Cr(CO)_6 < [V(CO)_6]^-$

三、综合题

15. $AgIO_3 + 2NH_3 \rightleftharpoons [Ag(NH_3)_2]^+ + IO_3^-$

$c_{AgIO_3}=\frac{85}{283}=0.30\ (mol\cdot L^{-1})$ $c_{Ag^+}=\frac{4.5\times10^{-8}}{0.30}=1.5\times10^{-7}(mol\cdot L^{-1})$

$$[Ag(NH_3)_2]^+ \rightleftharpoons Ag^+ + 2NH_3$$

平衡浓度/$(mol \cdot L^{-1})$ $0.30-1.5\times10^{-7}$ 1.5×10^{-7} $1.00-2(0.30-1.5\times10^{-7})$

$$K^{\ominus}_{稳}=\frac{0.30}{1.5\times10^{-7}\times0.40^2}=1.3\times10^7$$

16. (1) 不能。因为 $E^{\ominus}_{Co^{3+}/Co^{2+}} > E^{\ominus}_{O_2/H_2O}$，所以

$$4Co^{3+}+2H_2O = 4Co^{2+}+O_2\uparrow+4H^+$$

(2) $E^{\ominus}_{[Co(NH_3)_6]^{3+}/[Co(NH_3)_6]^{2+}} = E^{\ominus}_{Co^{3+}/Co^{2+}} + 0.0592\lg\frac{K^{\ominus}_{稳,[Co(NH_3)_6]^{2+}}}{K^{\ominus}_{稳,[Co(NH_3)_6]^{3+}}}$

$$=1.808+0.0592\lg\frac{1.3\times10^5}{1.6\times10^{35}}=0.027(V)$$

$$NH_3+H_2O \rightleftharpoons NH_4^+ + OH^-$$

$$[OH^-]=\sqrt{1.8\times10^{-5}\times1.0}=4.2\times10^{-3}(mol\cdot L^{-1})$$

$$[H^+]=(1\times10^{-14})/(4.2\times10^{-3})=2.4\times10^{-12}(mol\cdot L^{-1})$$

$$E^{\ominus}_{O_2/H_2O}=1.229+\frac{0.0592}{4}\lg(2.4\times10^{-12})^4=0.541(V)$$

因为 $E^{\ominus}_{[Co(NH_3)_6]^{3+}/[Co(NH_3)_6]^{2+}} < E^{\ominus}_{O_2/H_2O}$，所以$[Co(NH_3)_6]^{3+}$能稳定存在。

17. (1) MnO_2

(2) $2Mn(OH)_3 = Mn(OH)_2+MnO_2+2H_2O$

$3MnO_4^{2-}+2H_2O = 2MnO_4^-+MnO_2+4OH^-$

(3) $Mn+2Mn(OH)_3 = 3Mn(OH)_2$

$2Mn(OH)_3+MnO_4^{2-} = 3MnO_2+2OH^-+2H_2O$

18. (1) $Re_2O_7+17CO \longrightarrow Re_2(CO)_{10}+7CO_2$

(2) $Fe(CO)_5+2NO \longrightarrow Fe(CO)_2(NO)_2+3CO$

(3) $Co_2(CO)_8+2NO \longrightarrow 2Co(CO)_3NO+2CO$

(4) $Cr(CO)_6+NO$ (完全取代)$\longrightarrow Cr(NO)_4+6CO$

19. $3Fe^{2+}+NO_3^-+4H^+ = 3Fe^{3+}+NO\uparrow+2H_2O$

$[Fe(H_2O)_6]^{2+}+NO = \underset{棕色}{[Fe(NO)(H_2O)_5]^{2+}}+H_2O$

根据题中信息推断，配合物中心原子 Fe 的氧化态为+1，配位体为 NO^+。也就是说，NO 与 Fe^{2+} 成键时，NO 先后提供 3 个电子，其中 1 个电子给予 Fe^{2+}，另 2 个电子则参与形成配位键，$[Fe(NO)(H_2O)_5]^{2+}$中的电子分配如下：

3d					4s	4p			4d	
↑↓	↑↓	↑	↑	↑	↑↓	↑↓	↑↓	↑↓	↑↓	↑↓
					↑	↑	↑	↑	↑	↑
					NO^+	H_2O	H_2O	H_2O	H_2O	H_2O

20. (1) 合金钢样品中含有 Fe、Cr、Mn、Ni。

(2) 样品 Fe、Cr、Mn、Ni $\xrightarrow{HNO_3}$ Fe^{3+}、Cr^{3+}、Mn^{2+}、Ni^{2+}

$\xrightarrow{过量 NaOH}$ 沉淀 A：$Fe(OH)_3\downarrow$、$MnO(OH)_2\downarrow$、$Ni(OH)_2\downarrow$

　　　　　　　　 滤液 B：CrO_2^-

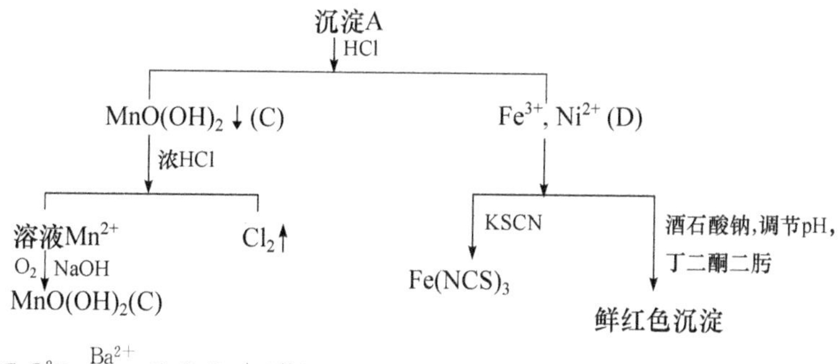

滤液 B $\xrightarrow[Br_2]{\triangle} CrO_4^{2-} \xrightarrow{Ba^{2+}} BaCrO_4 \downarrow$（黄）

21.

$$HgS + S^{2-} = HgS_2^{2-}$$

$$K^{\ominus} = K^{\ominus}_{sp, HgS} \times K^{\ominus}_{稳, HgS_2^{2-}} = 4 \times 10^{-53} \times 9.5 \times 10^{52} = 3.8 \text{（可逆）}$$

汞废水处理中，硫化物的加入要适量，若加入过量会产生可溶性配合物 HgS_2^{2-}，也会使处理后的水中残余硫偏高，带来新的污染。处理过量 S^{2-} 的办法是在废水中加入适量的 $FeSO_4$，生成 FeS 沉淀的同时与悬浮的 HgS 发生吸附作用共同沉淀下来。

$$HgS_2^{2-} + Fe^{2+} = HgS + FeS$$

$$\begin{aligned} K^{\ominus} &= \frac{1}{[HgS_2^{2-}][Fe^{2+}]} \\ &= \frac{[Hg^{2+}][S^{2-}][S^{2-}]}{[HgS_2^{2-}][Hg^{2+}][S^{2-}][Fe^{2+}][S^{2-}]} \\ &= \frac{1}{K^{\ominus}_{稳} \times K^{\ominus}_{sp, HgS} \times K^{\ominus}_{sp, FeS}} \\ &= \frac{1}{4 \times 10^{-53} \times 9.5 \times 10^{52} \times 6 \times 10^{-18}} \\ &= 4 \times 10^{16} > 10^{7} \text{（反应彻底）} \end{aligned}$$